圖解 507種 機械傳動

亨利・布朗 著
郭政宏 譯

507 Mechanical Movements

站在巨人的肩膀上，窺探人類科技發展結晶

國立台灣大學機械系教授 李志中

機械的主要功能是傳力作功和轉換能量，因此在古老的年代，機械被人類用來產生省力的效果，例如古人所用的尖劈、斜面、螺旋、槓桿以及滑輪等五項基本的省力法寶。今天，拜現代科技突飛猛進之賜，機械結合了不同領域的科技，如電機、電子、資訊工程、材料科學等科技，以精密、高速、輕量化和智能化的特徵進展；然而若剝開其外殼，研究其中的原理，仍然不脫離上述古人所歸納的基本運動和力學原理。

從事機械設計的人，大多能體會「機械工程」是一門與經驗傳承有密切關係的學科。也就是說，新的設計構想，很仰賴個人的學識和經驗累積，再加上部分的個人天賦，方能有所成就。「站在巨人的肩膀上」這句話，對機械設計工程師而言會特別有所感受。因此，這些知識和經驗的累積，以及個人直覺的「靈光乍現」，可以是來自閱讀任何技術資料而產生的結果。翻閱這些資料時，從基本的構造去探討、剖析及歸納，內化後成為工程師的知識和靈感。有鑑於此，新舊知識的收集和研讀，對機械設計者而言是一條必經的道路。

《圖解507種機械傳動》收錄了507種的機器發明，時間橫跨了第一次工業革命後約一百年間的重要發明。諸如滑輪組合、行星齒輪、多鉸式

伸縮鉗、用於搗物之碓、擒縱機構等，作者以圖示簡潔地描繪了各式機構的外觀，並在旁頁簡述其運動方式和功能，使得讀者能明瞭複雜的機器背後，其內在組成機構的樣式。以現今的技術來看，這本書集結當時應用於水力、空氣動力、蒸汽引擎、磨坊、鐘錶、壓製等場合之機器裝置，充分展現當時的機構已具備了機構原理的一般性，從而一直影響到現在。它留給我們的不僅是工藝，也是人類在科技發展過程中智慧的結晶。期盼閱讀此書的人能夠從當中的原理及構造獲得靈感，並且能夠結合現今的科技，進而產生新的構想和創意。

許多工匠、發明家和學習機械技術的學生長久以來總是渴望擁有一本圖文並茂且詳盡的機械運作說明集，正是這些需求觸發了本書的編纂工作。書中圖文散見於五冊《美國藝匠》（American Artisan）期刊中，在期刊發行時即獲得讀者廣大好評，使我們相信有其必要將這些內容加以修訂並集結成冊。

本書取材範圍相當廣泛，部份來自強生（Johnson）、威爾考克（Willcock）、威爾森（Wylson）與丹尼森（Denison）等英國人的作品，美國及其他國家也貢獻了許多資料。書中超過四分之一內容從未在任何出版品中出現過，其中有許多來自於美國。本書收錄的機械數量是目前任何一本美國書籍的三倍，更是其他外國書籍的數倍，不過編輯者的目標絕對不是單純充數，而是以實用度為最優先考量。有鑑於此，我們排除了許多過往已經出現的範例，只為滿足讀者不凡的需求。

由於編輯者親身參與內容的挑選，在精挑細選之際又要確保書能準時付梓印刷，在分類上可能有未盡之處，然而瑕不掩瑜。相信比起其他著作，本書索引之龐大，加上插圖和解說對頁印刷的新穎編排方式，一定更具參考價值。

機械運動

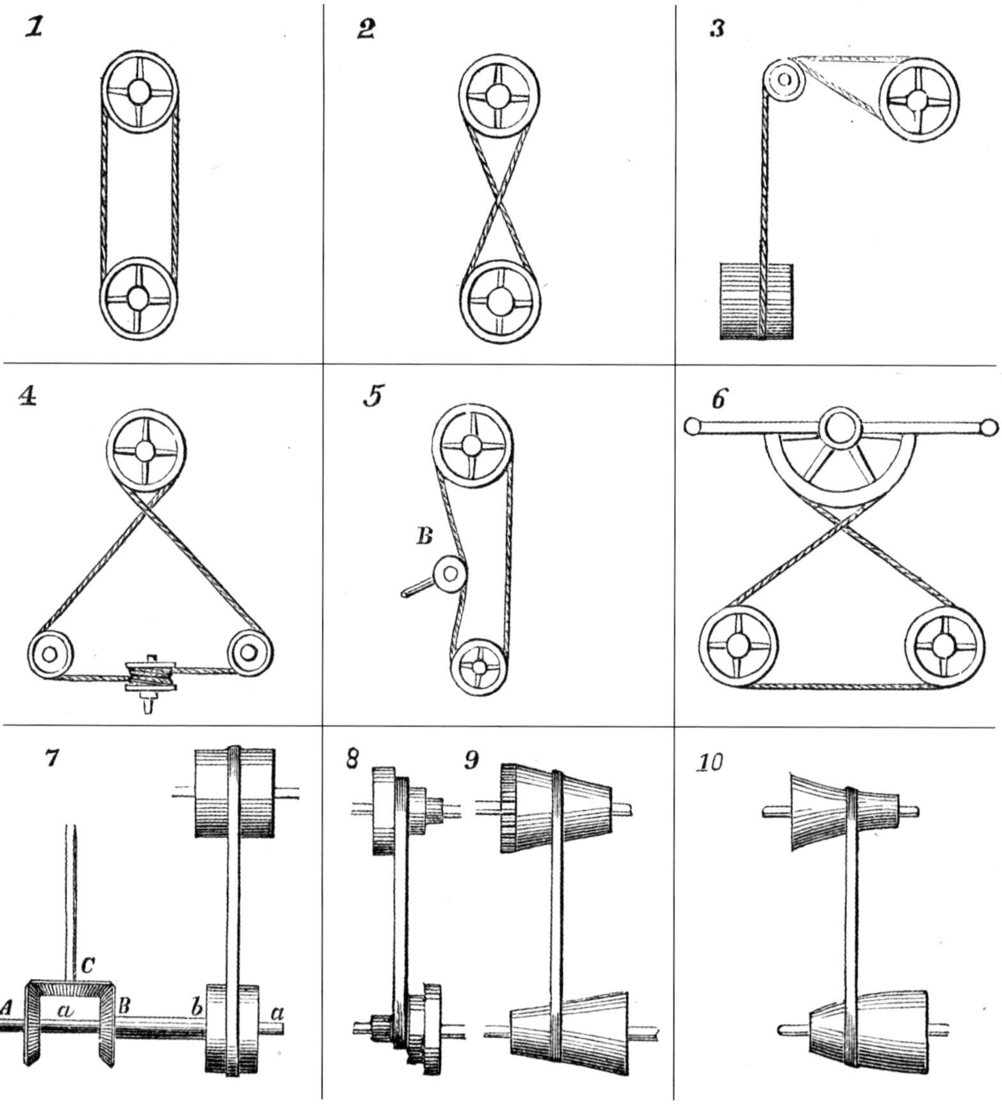

1 ～ 10

1 此機構利用簡單的滑輪和一條開口皮帶來傳遞動力。在此情形下，兩個滑輪的旋轉方向相同。

2 與圖 1 不同的是，開口皮帶換成了交叉皮帶。在此，兩個滑輪的旋轉方向相反。如果想要在從動軸上安裝三個並排的滑輪，中央是定滑輪、兩旁是游滑輪，並同時使用開口皮帶和交叉皮帶，就能在不停止或不反轉驅動輪的情形下改變軸的旋轉方向。兩條皮帶會分別維持在定滑輪和其中一個游滑輪上。軸的從動方向取決於繫在定滑輪上的是開口皮帶或是交叉皮帶。

3 利用導輪，將軸的旋轉運動傳遞至與其垂直的另一支軸上。圖中有兩個並排的導輪，分別位於皮帶的兩端。

4 將軸的運動傳遞至另一支與其垂直且共面的軸上。圖中使用的是交叉皮帶；雖然也可以使用開口皮帶，但由於交叉皮帶接觸面積較大而較受歡迎。

5 與圖 1 類似，不同之處在於多了一個收緊用的動滑輪 B。當這個滑輪抵住皮帶使其收緊時，皮帶會將轉動的動作由大滑輪傳遞至小滑輪上。但當 B 移開時，皮帶會變鬆，像是沒在傳遞動作一樣。

6 上下反覆拉動槓桿時，安裝在槓桿上的扇形部件會拉動皮帶，帶動下方的兩個滑輪往復轉動。

7 此機構能使左邊的垂直軸轉動、停止或反轉。皮帶位在下方軸 a、b 上三個滑輪之一的中央游滑輪上，所以動作不會傳遞到軸上。當皮帶移至固定在空心軸 b 上的左滑輪時，b 軸會帶動斜齒輪 B，使動作從一個固定方向傳遞至垂直軸；當皮帶切換到固定在 a 軸上的右滑輪時，由於 a 軸在 b 軸內運轉，因此帶動垂直軸往反方向轉動。

8 圖為用於車床等機械工具的調速滑輪，負責調節轉速以符合工作需求。

9 這組錐型滑輪的功能與圖 8 相同，通常用於棉花加工機或其他需要漸進加速或減速的機械。

10 圖 9 的另一種版本，滑輪的造型不同。

機械運動

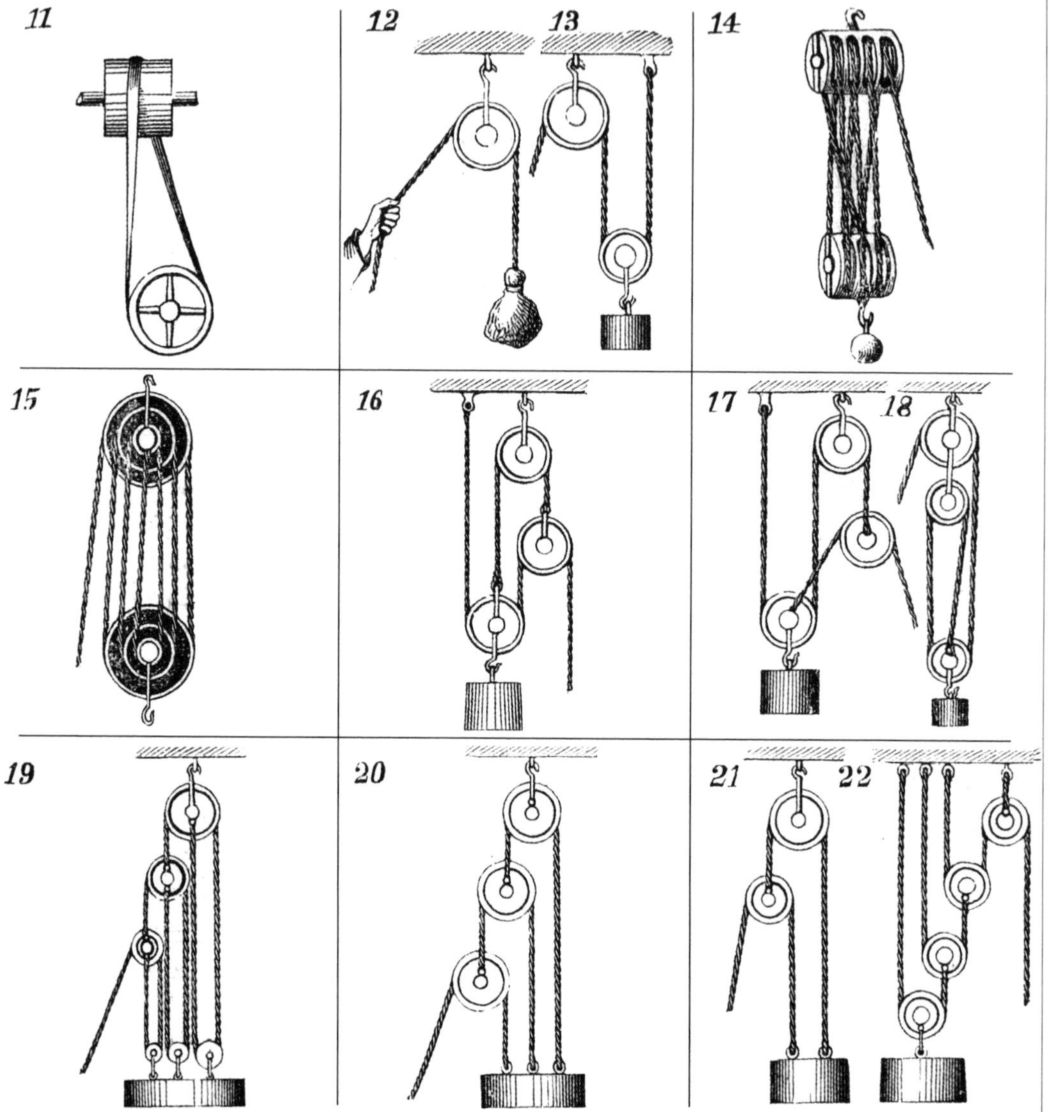

11 ～ 22

11 這是另一種功能與圖 3 相同的機構，不過沒有導輪。

12 簡易的起重用滑輪。施力必須等於物體的重量才能平衡。

13 機構中的下方滑輪是動滑輪。繩索的一端固定，而另一端拉動的速度必須是重物移動速度的兩倍。相對地，可使施力發揮對應的效果。

14 圖為滑車組。此機構可發揮的力量計算法如下：負重的重量除以下方滑車中滑輪數量的兩倍，就是拉動負重所需的力量。

15 圖為懷特滑輪（White's pulleys），可以由數個游滑輪組成，或者在一個實心滑車上刻出幾道直徑與繩索速度成比例關係的溝槽；也就是說，其中一組溝槽的直徑為 1、3、5 倍，另一組溝槽的直徑為 2、4、6 倍。拉力則由 1 至 7。

16 和圖 17 均為西班牙滑輪。

18 由兩個定滑輪與一個動滑輪組成的滑輪組。

19 和圖 20、21、22 分別是滑輪組的不同配置方式。這些滑輪系統的規則如下：每一個滑輪的外圍都繞著一條繩索，繩索的一端固定於一點，另一端則固定於動滑輪的中心點。假設系統中的動滑輪數量為 n，此時可以得到的整體效益是 2 的 n 次方。

機械運動

23

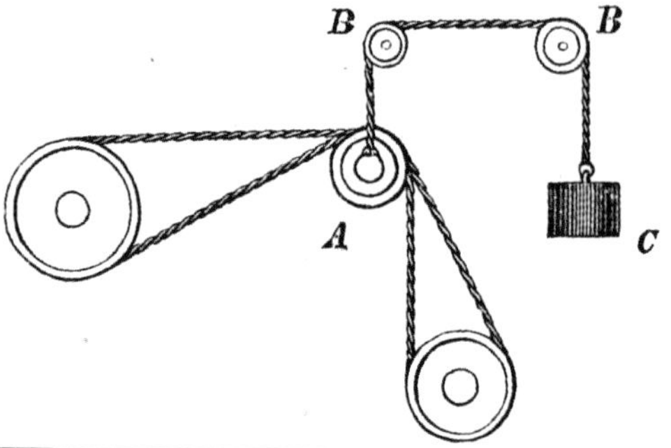

24

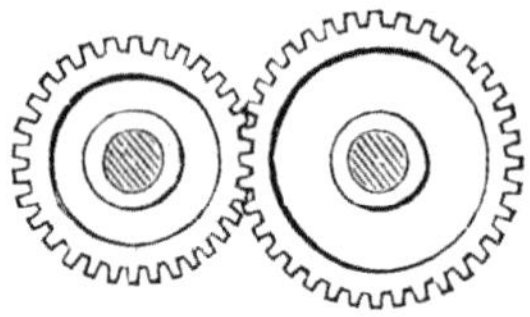

25

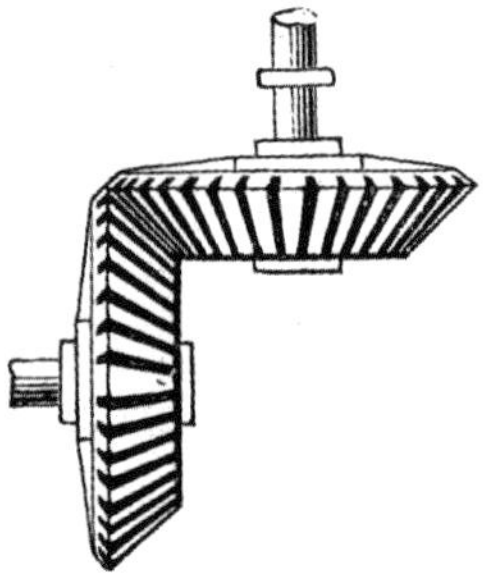

26

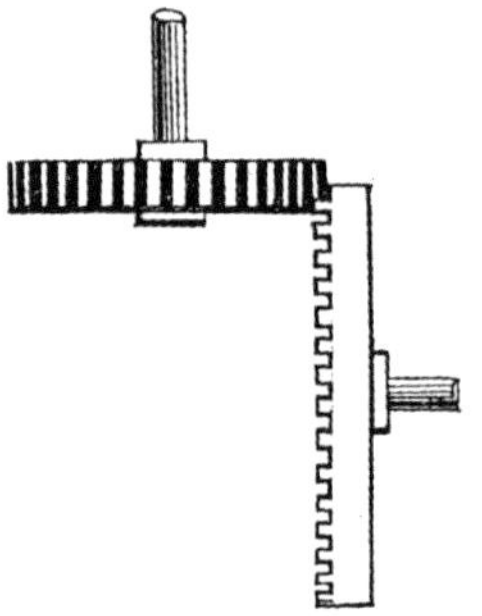

27

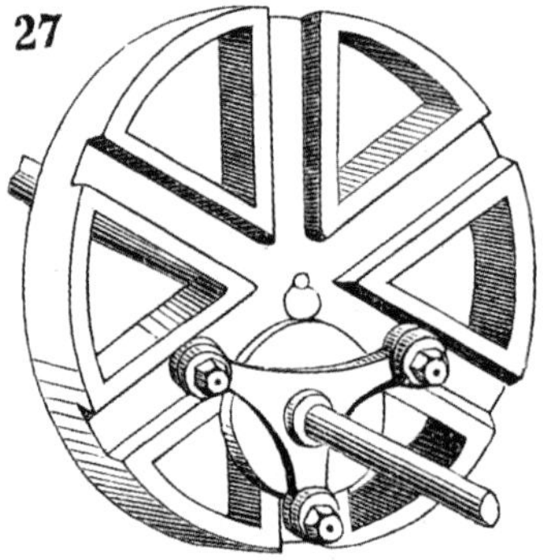

28

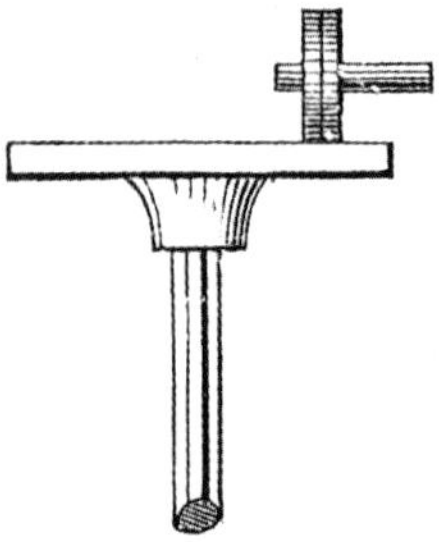

29

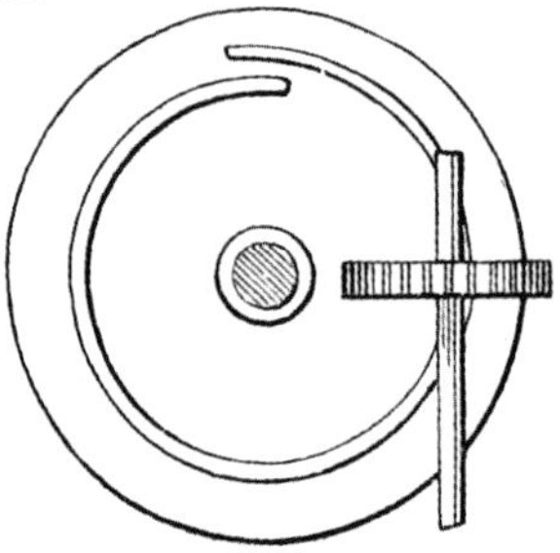

30

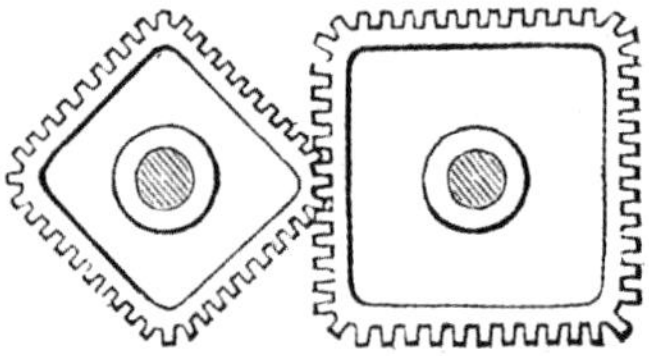

23 ～ 30

23 圖為一種能將旋轉動作傳遞至動滑輪的機構。圖片最下方的滑輪是動滑輪，隨著它升起或下降，皮帶會跟著收緊或放鬆。為了維持皮帶的張度，滑輪A（安裝於可滑動框架的導軌上，但圖中未畫出）吊在一條繩索上，繩索經過兩個導輪B、B，再由平衡用的配重C操縱，來得到想要的結果。

24 圖為一對正齒輪。

25 圖為一對斜齒輪。兩個相同直徑的斜齒輪又稱為斜方齒輪。

26 右方的齒輪稱為冠輪，和它嚙合的則是正齒輪。冠輪的齒厚一定要很薄，因此這種齒輪組並不常見，而且只能用在負荷較輕的情況。

27 「多重嚙合」機構是近期的新發明。小型三角輪上的摩擦滾輪在放射狀溝槽裡移動，藉以驅動大輪。

28 此機構有時候稱為「刷輪」。調整上齒輪到下齒輪軸心的距離，就能夠改變齒輪之間的相對速度。兩個齒輪藉由摩擦力或附著力來驅動彼此，下齒輪如果貼上橡膠則能加強這股力道。

29 旋轉運動在兩支互相垂直的軸之間傳遞。圓盤輪上的螺旋線驅動正齒輪，每轉一圈就帶動正齒輪旋轉一個齒的距離。

30 四角形齒輪，能讓從動齒輪的轉速產生變化，應用於裝有方型滾輪的印刷機上。

機械運動

31

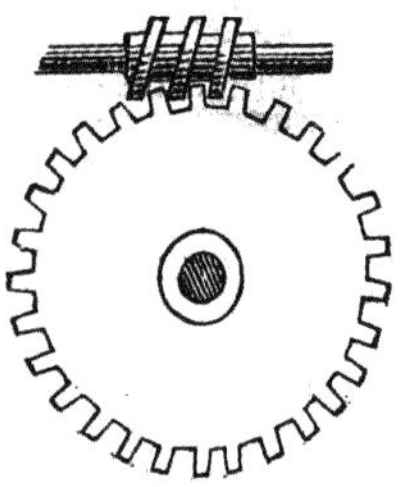

32

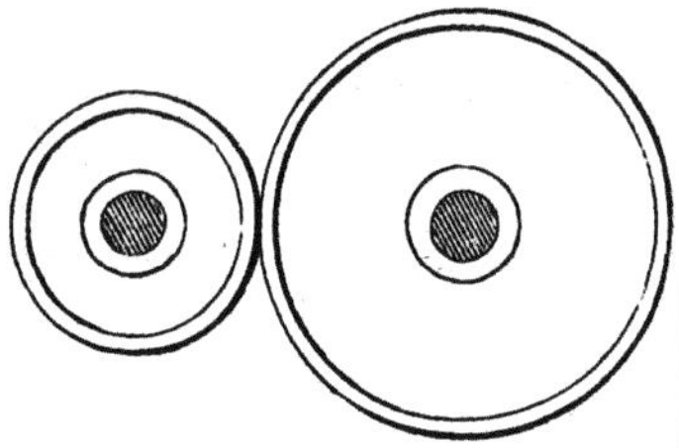

33

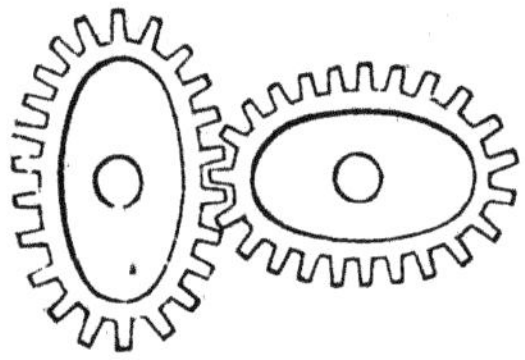

34

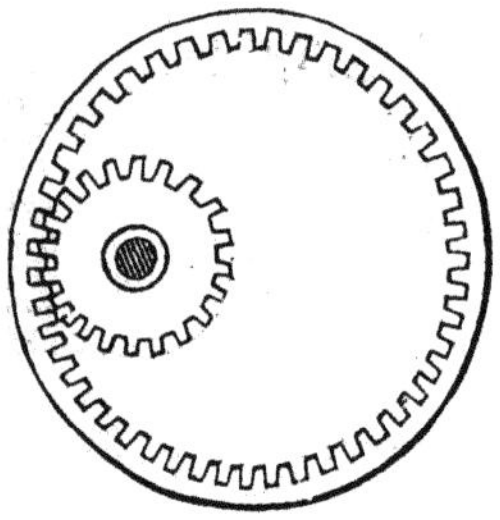

35

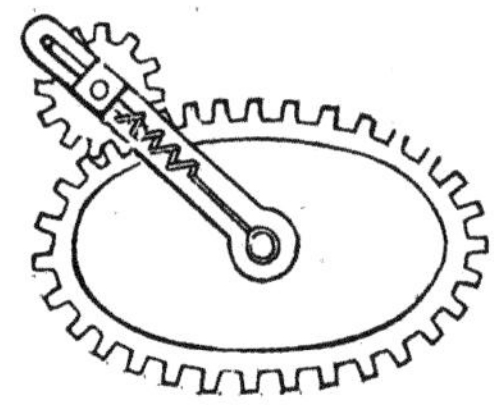

36

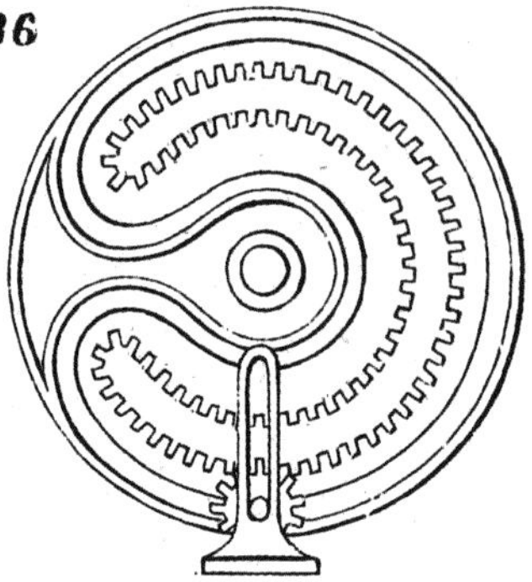

37

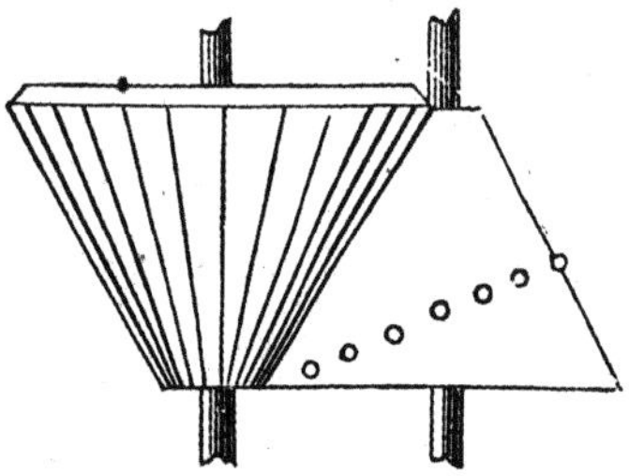

38

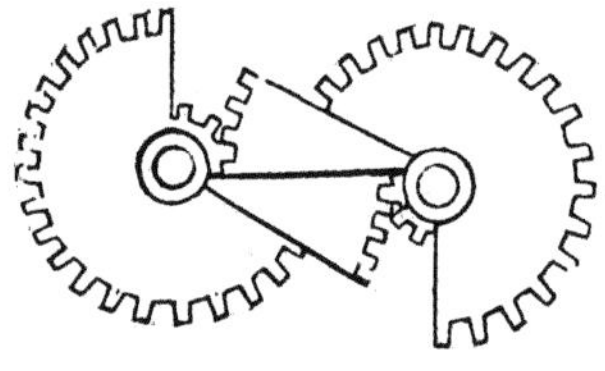

39

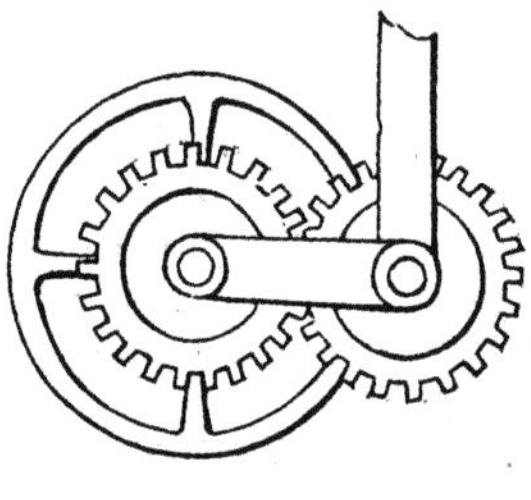

31 ～ 39

31 蝸輪與蝸桿（或無端螺桿）。此機構的用途與圖 29 相同，由於容易製作而更常使用。

32 圖為一對摩擦輪，輪的表面為了盡可能互相「咬合」，做得很粗糙；有時候會貼上皮革，比較好的做法是塗布硫化印度橡膠。

33 橢圓正齒輪，運用在需要改變轉速的情況；轉速的改變方式取決於橢圓形長軸與短軸的長度差。

34 內齒輪與小齒輪。在普通的正齒輪組（如圖 24）中，兩個齒輪的旋轉方向相反；但在內齒輪組中，兩個齒輪的旋轉方向相同。而且在相同輪齒強度下，內齒輪組由於相互嚙合的齒數較多，因此能傳遞較大的力道。

35 此機構能使等速旋轉運動形成變速旋轉運動。圖中的小齒輪在桿子的溝槽中滑動，桿子則繞著橢圓齒輪的軸轉動。小齒輪的軸承上掛有一條彈簧以確保兩個齒輪互相嚙合；桿子的溝槽是為了配合橢圓齒輪變動的半徑長度而設計。

36 軋輥輪與小齒輪，由於常被用在軋輥機上而得名。此機構能使小齒輪的連續轉動形成大齒輪的往復旋轉。小齒輪的軸會在垂直固定桿的直線溝槽內上下振動，帶動小齒輪升降，進而在大輪的內側和外側滾動。從軋輥輪表面延續至外圍輪廓的凹槽用來導引小齒輪的軸，讓兩個齒輪保持嚙合。

37 此機構能使等速旋轉運動形成變速旋轉運動。左側的斜齒輪或小齒輪表面刻滿齒槽，用以配合右邊圓錐輪上一系列螺旋排列的輪椿。

38 圖為一種改變旋轉速度的方法。其中一部位的轉速相等，轉到另一部位時速度就會改變。

39 太陽—行星齒輪運動。右側的正齒輪稱為行星齒輪，經由一支齒輪臂和左側的太陽齒輪固定在一起，使雙方的軸心保持固定距離。詹姆斯 ‧ 瓦特（James Watt）將此機構運用在蒸汽引擎中來代替曲柄，因為當時曲柄機構已經被註冊為專利。行星齒輪和連桿結合成一體，太陽齒輪則固鎖在飛輪軸上；行星齒輪每轉一圈，太陽齒輪就會轉兩圈。

機械運動

40

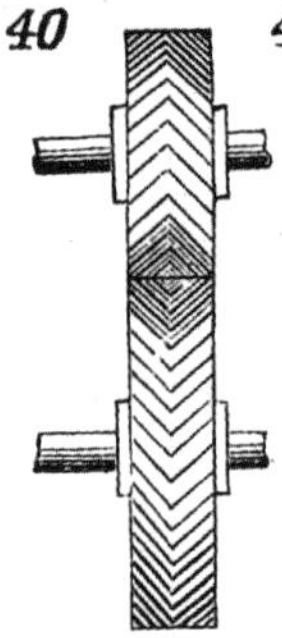

41

42

43

44

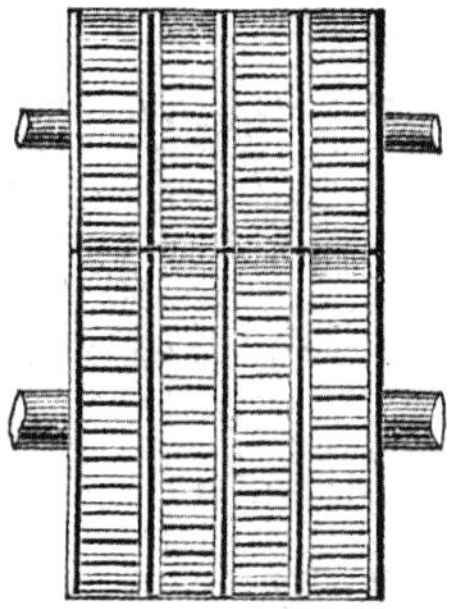

45

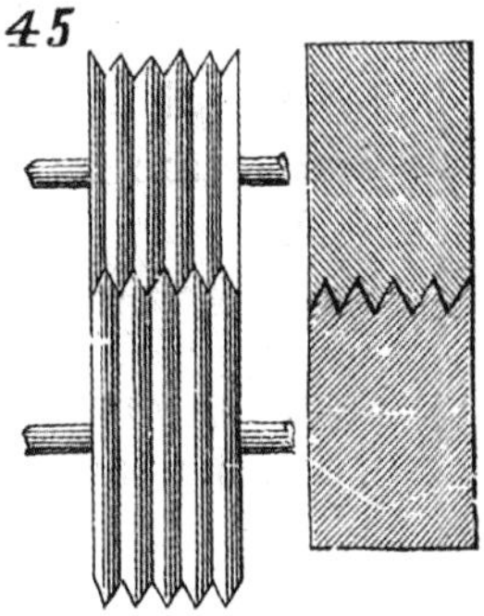

46

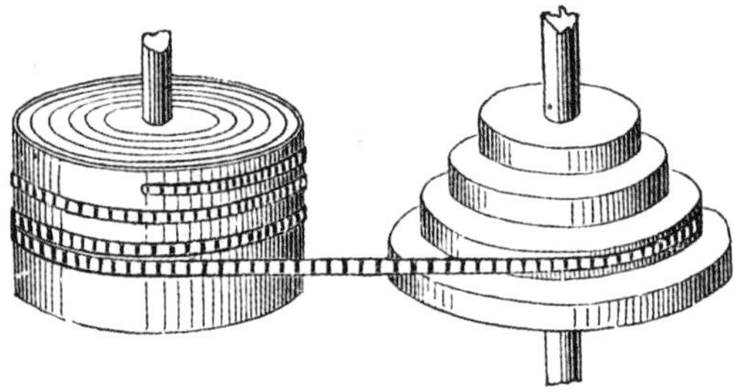

47

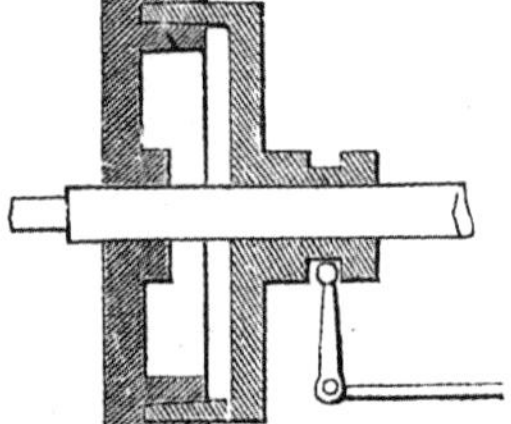

48

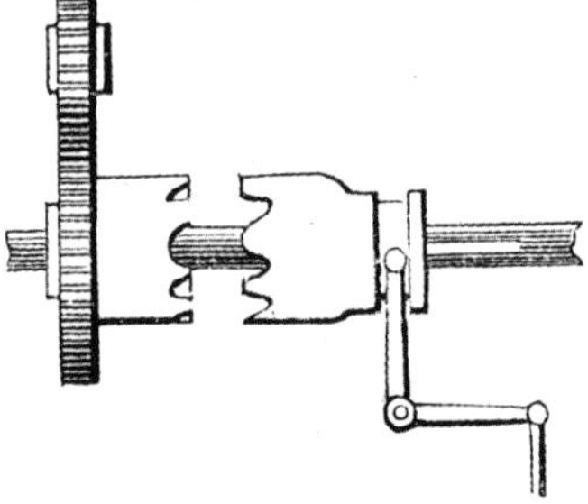

49

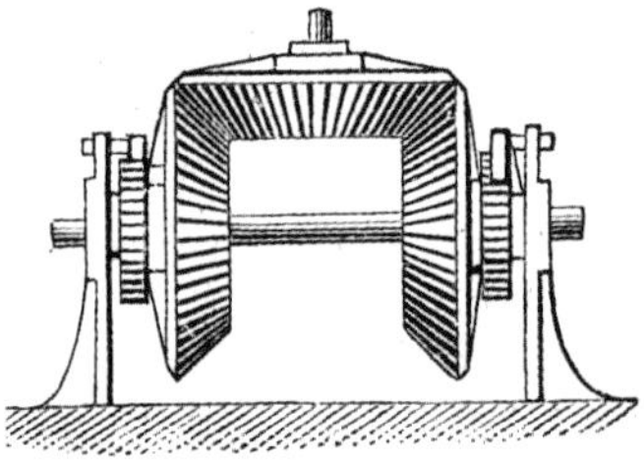

40 ～ 49

40 和圖 41 的機構能使旋轉運動帶出旋轉運動。輪齒均呈斜線狀，能比普通正齒輪持續嚙合更久。

42 和圖 43 顯示，不同種齒輪可以在兩支互相傾斜的軸之間傳遞旋轉動作。

44 這種齒輪可以傳遞巨大的力量且嚙合時間更持久。齒輪是由兩個或多個正齒輪組成。輪齒並不排成直線，而是呈階梯狀以持續嚙合。這套系統有時用來推動螺旋槳，有時會搭配齒條用來驅動刨鐵機的。

45 摩擦式有溝齒輪是比較近期的發明。右方是局部放大圖，有助於理解。

46 芝麻鏈與發條盒，常做為手錶的主要動力來源，尤其是英國製手錶。右方的圓錐輪可以補償發條釋放時損失的動力。當手錶上緊發條時，鏈條會纏在圓錐輪直徑較短的位置，讓發條得到最大的能量。

47 圖為摩擦式離合器，由下方的槓桿來操作離合，用於接合或切斷重型機械的連結。軸上有固定的長鍵或活鍵，能讓右方圓盤的眼孔在其間滑移。

48 圖為離合器。最上方的小齒輪會帶動下方齒輪不斷旋轉，下方齒輪連接著離合器的半邊，兩者皆可在軸上自由滑移。如果要讓軸旋轉，以長鍵或活鍵固定在軸上的離合器另一半邊就會被槓桿推往齒輪的方向。

49 水平軸上的兩個斜齒輪交替轉動，讓垂直軸持續旋轉。兩個斜齒輪各自裝著方向相反的棘輪，且棘爪的作用方向也相反。斜齒輪與棘輪可以在軸上游動，連結支撐臂的棘爪則牢牢固定在軸上。

機械運動

51

50

52

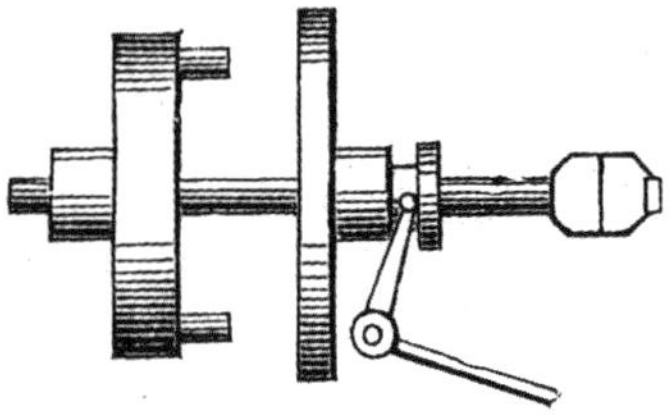

53

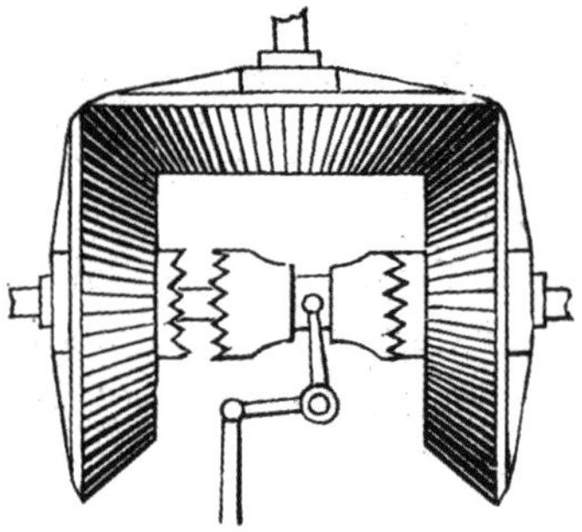

54

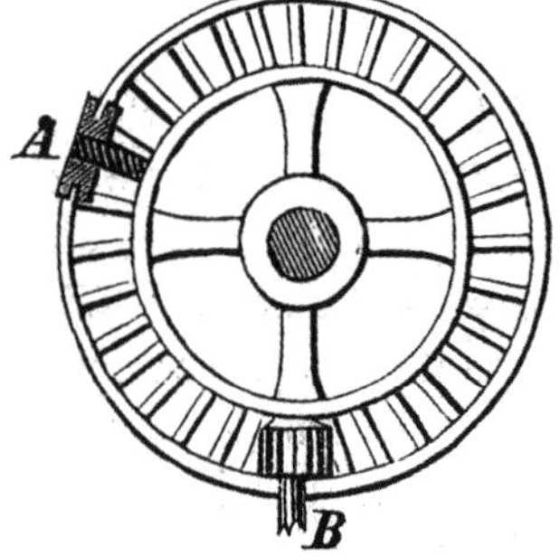

55

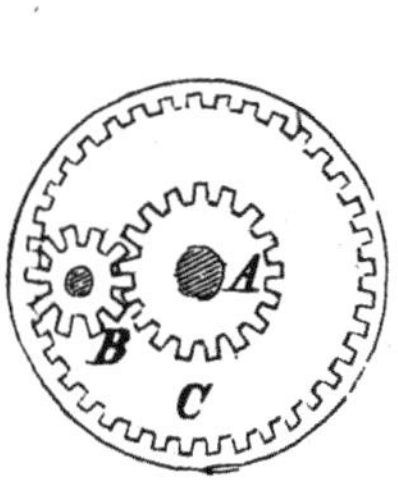

56

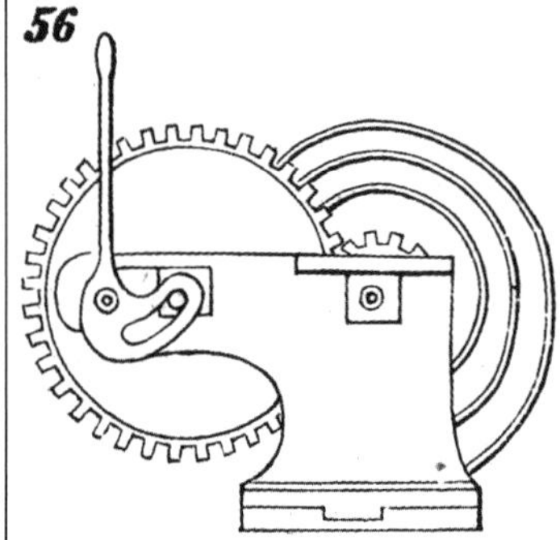

57

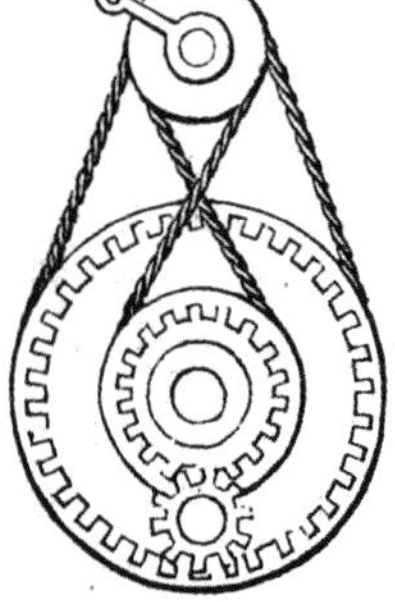

58

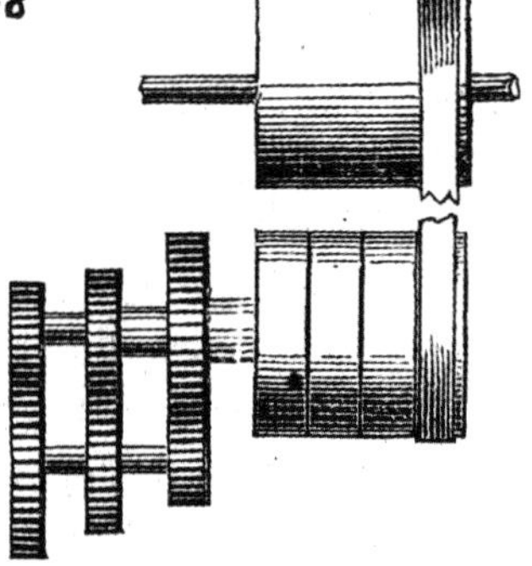

59

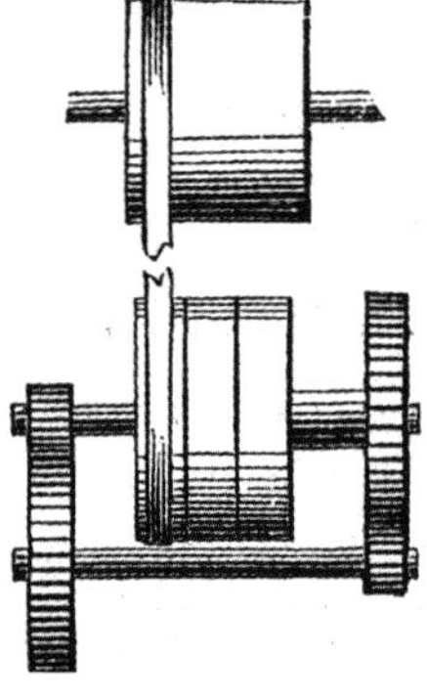

50 ～ 59

50 和圖 51 為兩種不同的萬向接頭。

52 圖為另一種離合器。右方的圓盤開了兩個孔，正好配合左方圓盤的兩根輪椿。當雙方接觸時輪椿會插入孔中，帶動圓盤一起轉動。

53 利用雙重離合器與斜齒輪，垂直軸可以驅動水平軸往預期的方向轉動。水平軸上的兩個齒輪是游齒輪，在第三個齒輪的驅動下往相反方向轉動。雙重離合器在軸上的固定長鍵或活鍵之間滑移，根據往左或往右嚙合的方向來決定轉動方向。

54 軋輥輪，或稱星狀輪，可做交替轉動。

55 小齒輪 B 的運動讓兩個同軸的齒輪 A 與 C 產生不同的轉速。

56 此機構用來調整車床中的齒輪離合運動。拉下操作桿時，由於桿子上的溝槽遠離桿子的中心或支點而中止滑移，因此帶動大齒輪的輪軸往（圖片左側）後退。

57 頂端的小滑輪是驅動輪，較大的內齒輪及其同心的齒輪受到皮帶牽動後，會分別往反方向轉動，並同時驅動夾在中間的小齒輪一邊自轉、一邊繞著兩個同心齒輪的軸心轉動。

58 此機構用於傳遞齒輪所輸出的三種不同轉速。圖中皮帶下方套住的是游滑輪，游滑輪旁邊的滑輪固定在主軸上，主軸的另一側固定了一個小型正齒輪。再旁邊的滑輪固定在套住主軸的中空軸上，中空軸的另一側固定了另一個稍大的齒輪。最後一個滑輪固定在較粗的中空軸上，另一側固定了一個較大、較靠近滑輪組的齒輪。皮帶能在滑輪組之間橫移，因此能將不同轉速傳遞至下方輪軸。

59 此機構用於傳遞齒輪所輸出的兩種不同轉速。圖中皮帶下方套住的左滑輪是游滑輪，中央滑輪與小齒輪固定在同一支軸上，右滑輪與右方的大齒輪則一起固定在較粗的中空軸上。當皮帶移動到中央滑輪時，下方軸會緩慢旋轉；移動到右滑輪時，軸的轉速加快，轉速與齒輪的直徑成比例關係。

60

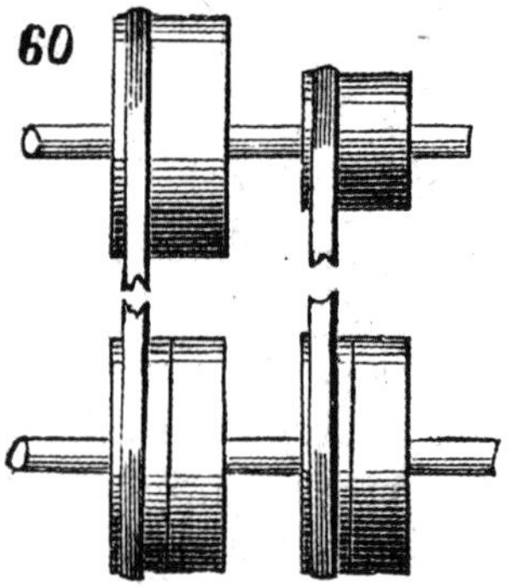

61

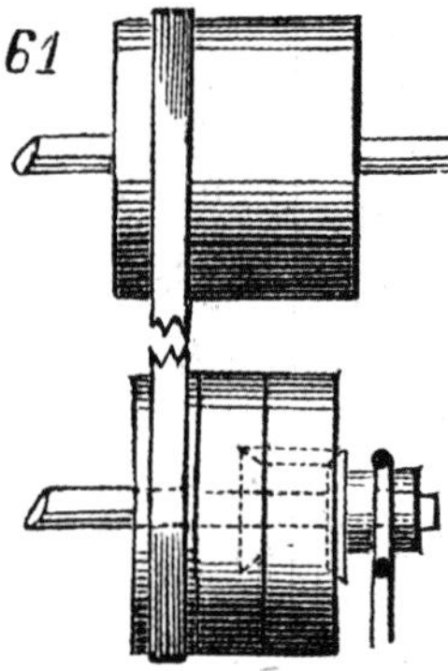

62

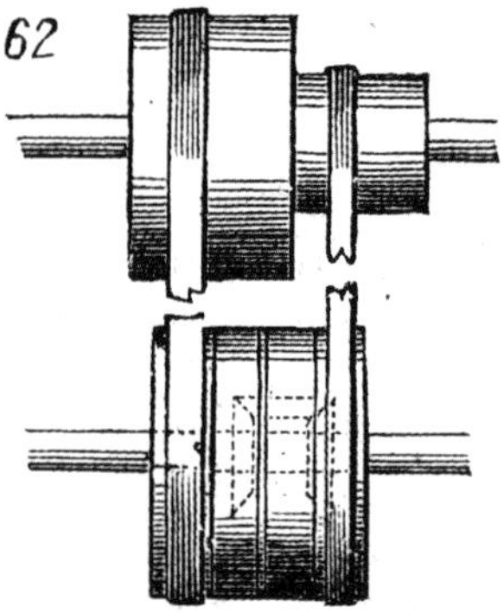

63

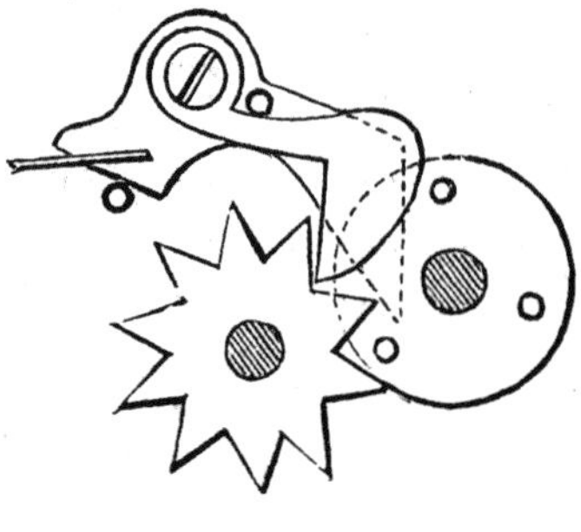

64

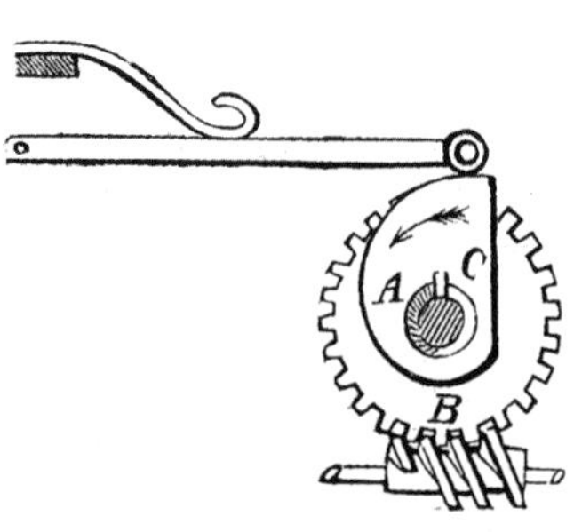

60 ～ 64

60 此機構可藉由皮帶來傳遞兩種速度。下方軸上有四個滑輪，外側是兩個游滑輪，內側是兩個定滑輪。當左側的皮帶套在游滑輪上，右側的皮帶套在定滑輪上，下方軸會慢速傳動。當右側皮帶移到游滑輪上、左側皮帶移到定滑輪上，下方軸的轉速會加快。

61 此機構可傳遞兩種速度，其中一種是差速運動。圖中的皮帶位於下方軸的游滑輪上；中央滑輪固定在軸上，輪轂（輪中心處）另外安裝一個小型斜齒輪。最右側的滑輪跟左側一樣，也是游滑輪，其橫向裝載了另一個斜齒輪。第三個斜齒輪在軸上游動，上面繫有一條在末端配重的摩擦皮帶。將傳動皮帶移到中央滑輪時會得到簡單的轉動；但將皮帶移到右方滑輪時，兩倍速度因此傳遞到軸上。第三斜齒輪上的摩擦繩能讓該齒輪在突然變速時稍微打滑一下。

62 此機構可傳遞兩種速度，其中一種是既差速又變速的運動。其構造和上一種機構非常相似，但是第三斜齒輪附著在右側多出來的第四個滑輪上，第四滑輪受到上方滑輪的皮帶所驅動。當左側皮帶移到驅動中央斜齒輪的滑輪上，而右側皮帶上的兩個滑輪轉動方向相同時，下方軸本來的兩倍轉速就必須扣去第三斜齒輪的轉速。反過來，如果右側皮帶交叉、反轉滑輪的旋轉方向，第三斜齒輪的轉速就會疊加在下方軸的轉速上。

63 跳躍運動，或稱間歇轉動，用於測量儀器和迴數計數。落槌及其棘爪由左側的彈簧拉住，並由右側圓盤上的插銷舉起。棘爪會先遠離插銷，然後掉入星狀輪的下一格中。當落槌離開插銷時，彈簧會將落槌突然往下拉，使落槌上的插銷敲擊棘爪，進而推動星狀輪轉動一格。插銷每次經過，就會觸發這個循環。

64 圖為另一種跳躍動作。旋轉運動經由底部驅動軸所固定的無端螺桿或齒輪傳遞給蝸輪 B。蝸輪軸上套著另一支中空軸，上面裝著凸輪 A。中空軸的其中一段被切掉半邊。蝸輪軸上有一根插銷推著空心軸與凸輪旋轉，凸輪上方的彈簧則抵住凸輪讓它轉不動，直到凸輪滑移到比圖中更左邊一點的位置。由於凸輪造型奇特，彈簧的推力會改變方向而把凸輪往下推。然後凸輪會突然掉下，並且掛在下方不動，直到蝸輪軸上的插銷帶動它旋轉，再次循環同樣的動作。

機械運動

65

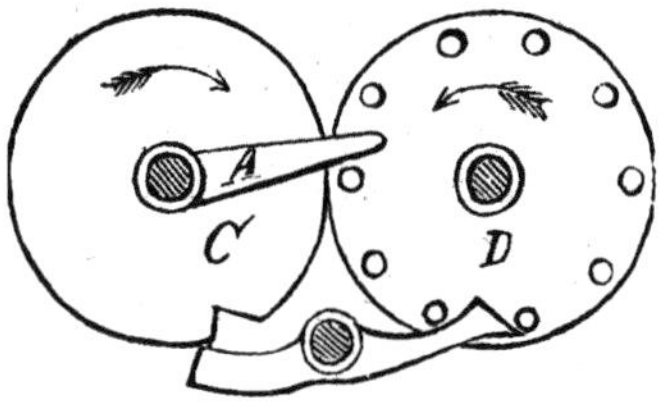

66

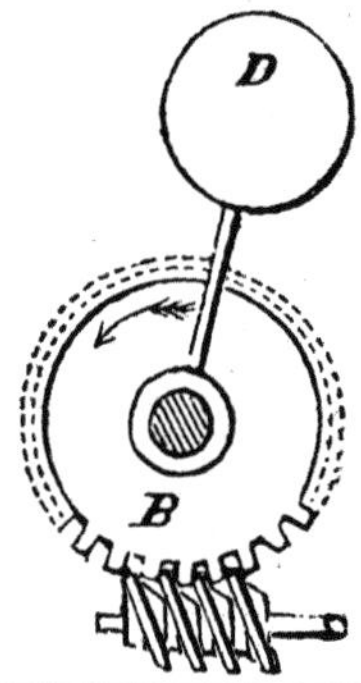

67

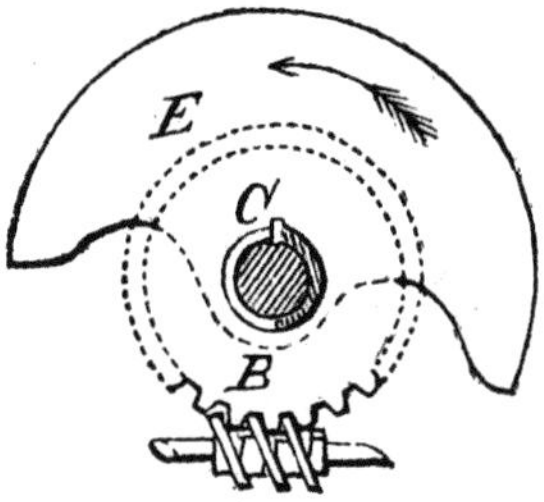

68

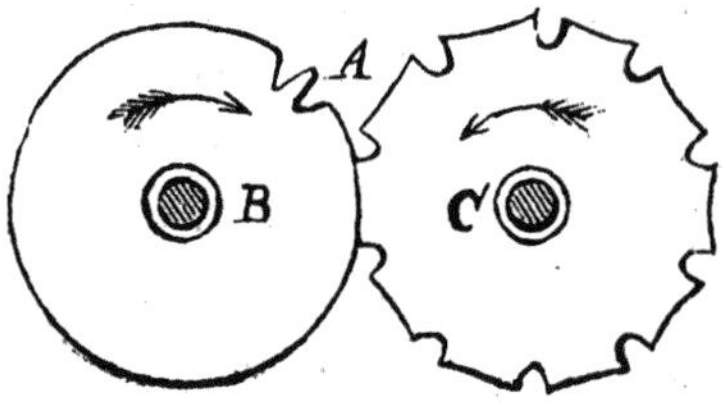

65 ～ 68

65 左方的圓盤或齒輪 C 是驅動輪，上面固定著一支挺桿 A。另一個輪盤 D 的表面插著一些等距的凸出輪樁。挺桿 A 轉動一圈時會撥動輪樁，讓輪盤 D 旋轉一段輪樁間距。為了確保上述移動距離受到控制，下方有一支像是槓桿的止動桿，安裝在固定軸上。這支止動桿會配合齒輪 C 上的刻槽來運作。當挺桿 A 撥動輪樁時，刻槽剛好正對著止動桿；隨著輪盤 D 旋轉，止動桿位於輪樁之間的一端會被撥開，另一端則嵌入齒輪 C 的刻槽中。但隨著挺桿 A 遠離輪樁，止動桿的一端會被頂開而擋住下一根輪樁，另一端則被齒輪 C 的邊緣頂住。

66 圖 64 的改版。裝著重物 D 的吊臂安裝在蝸輪軸上，用來代替彈簧與凸輪。

67 圖 64 的另一種改版。重物或滾筒 E 固定在中空軸上，用來代替彈簧與凸輪，並配合蝸輪軸上的插銷 C 來運作。

68 驅動輪 B 上的單齒 A 撥動轉輪 C 上的刻槽，B 每轉一圈，就會撥動一個刻槽的距離。此機構不需要止動桿，因為驅動輪 B 能與轉輪 C 刻槽之間的下凹處吻合，發揮鎖定的功能。

機械運動

69

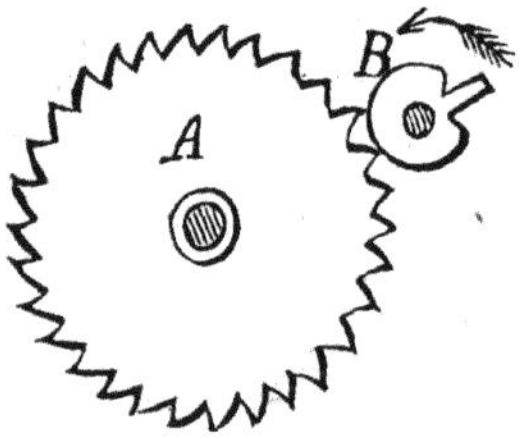

70

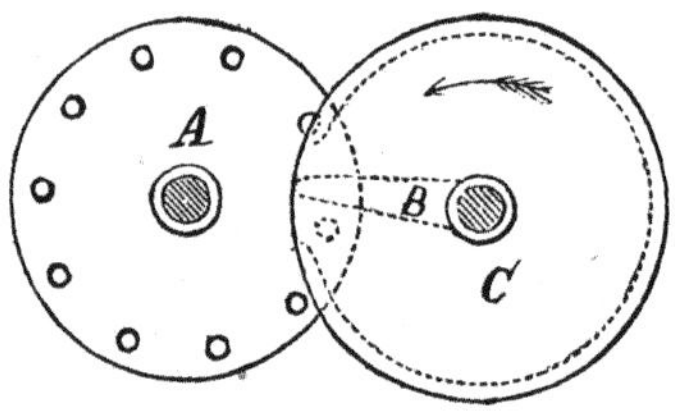

71

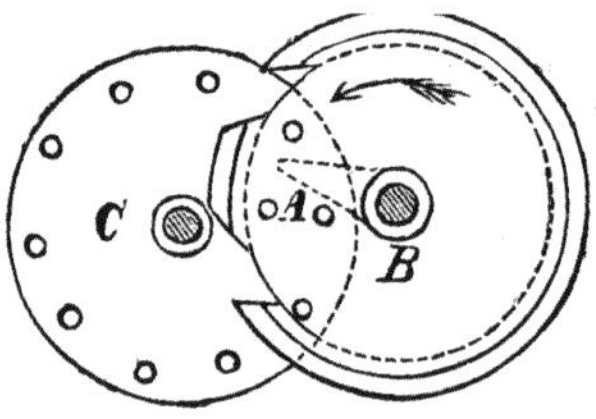

72

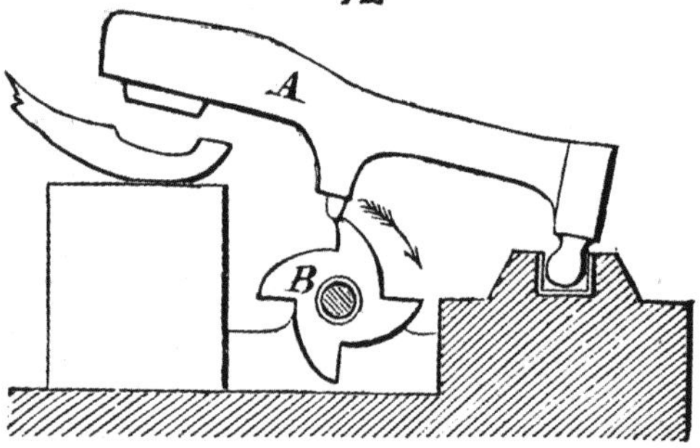

73

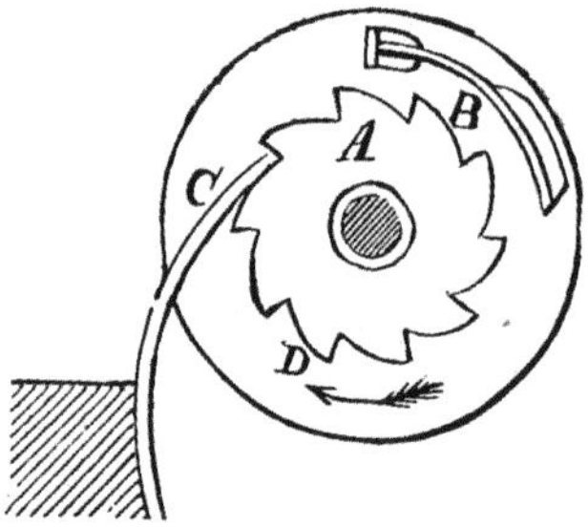

74

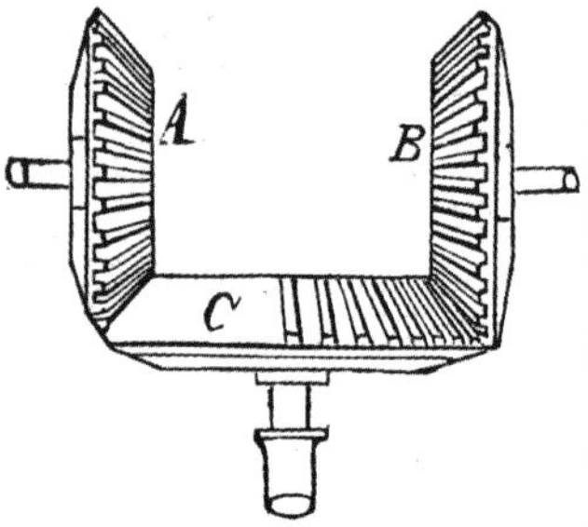

75

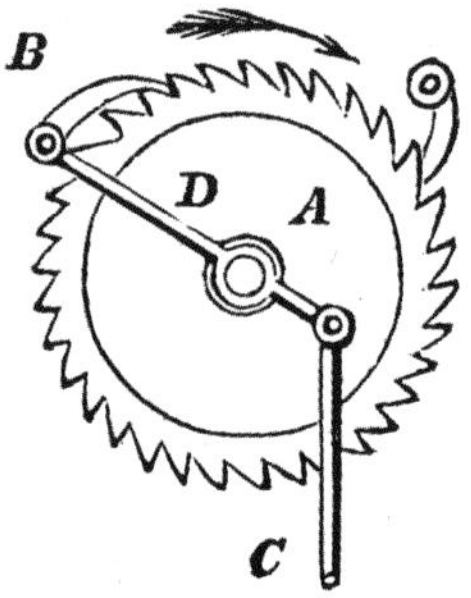

76

69 ～ 76

69 有單齒的小轉輪 B 是驅動輪，當小轉輪不運作、且其邊緣接觸轉輪 A 的輪齒之間時，可發揮鎖定或止動的功能。

70 如虛線所示，驅動輪 C 上有一個環圈；當挺桿 B 不接觸轉輪 A 上的輪樁時，圓環的外緣能發揮軸承與止動器的功能。環上有一個開口，剛好讓一根輪樁進入、另一根輪樁退出，挺桿位於該缺口的正中央。

71 圖中虛線代表驅動輪 B 上環圈的內圓周。環圈可以鎖定轉輪 C 上的兩根輪樁，使輪樁靜止不動，直到挺桿 A 擊中其中一根輪樁，下一根輪樁會由下方缺口退出環圈，新的輪樁則由上方缺口進入環圈。

72 斜槌動作，凸輪或刷輪 B 轉一圈，可將擊槌舉起四次。

73 彈簧B裝在驅動輪D上，彈簧C則裝在固定台座上。當D旋轉時，彈簧B會穿過強力彈簧C下方，將C推進棘輪A的輪齒中，因而讓A旋轉。捕捉彈簧B被C釋放後會讓A停止旋轉，直到D再重新旋轉一圈。在此機構中，彈簧C為止動器。

74 缺齒的斜齒輪 C 能使斜齒輪 A 與 B 做反方向的等速間歇旋轉運動。

75 長桿 C 的線性往復運動會帶動末端裝有棘爪 B 的振動桿 D，使轉輪 A 進行間歇圓周運動。

76 圖為另一種記錄或計算轉數的發明。當大輪子（圖中只畫出局部）轉一圈時，上面的輪樁 D 會敲擊安裝在固定鉸鏈 C 上的挺桿 B，使挺桿接近棘輪 A 的一端抬起，讓 A 轉動一個輪齒的距離。當輪樁 D 經過後，挺桿 B 會因為自身重量而下降至原位，它的末端經過接合處理，以便通過棘輪的輪齒。

77

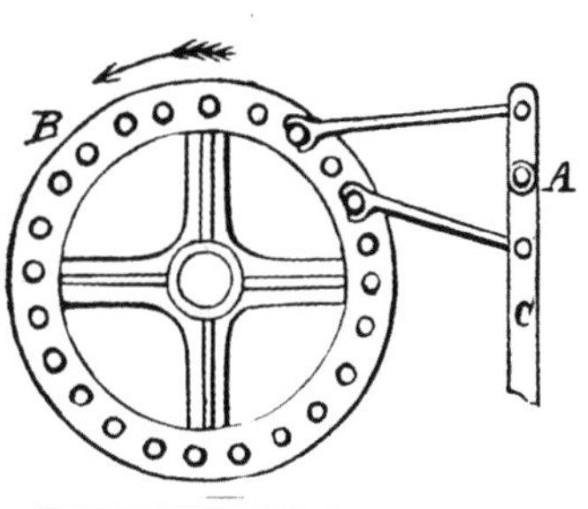

78

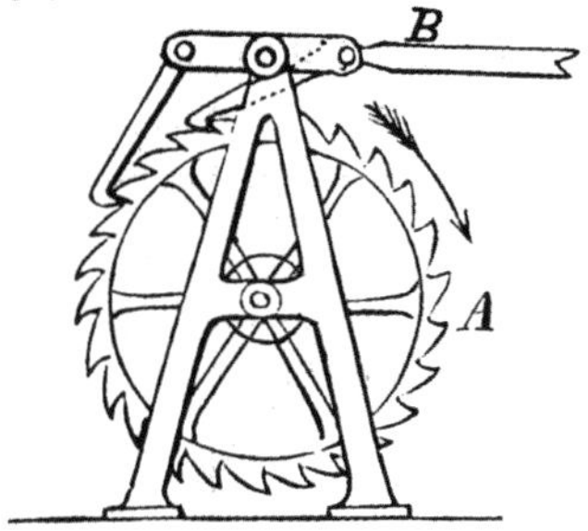

79

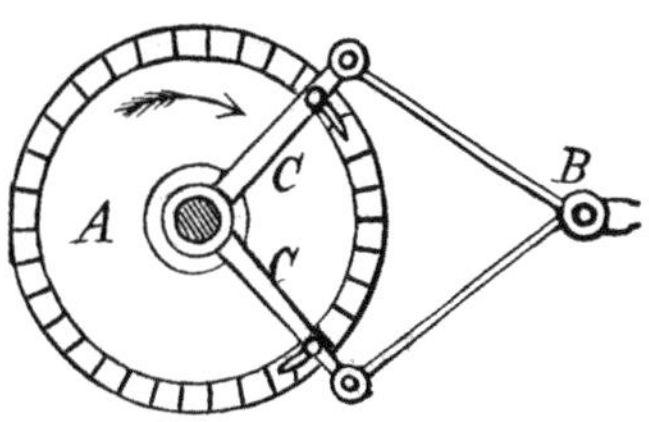

80

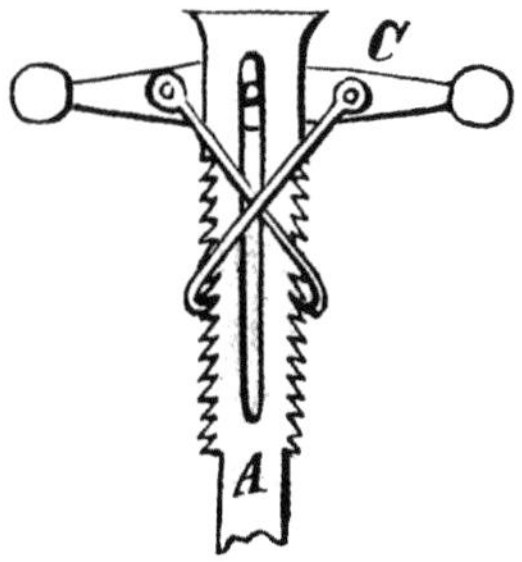

81

82

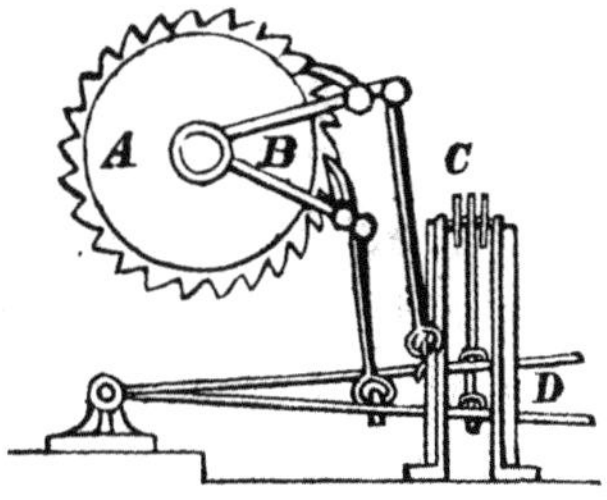

83

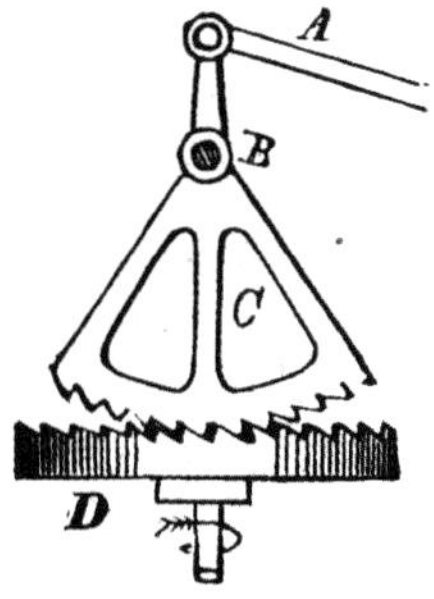

84

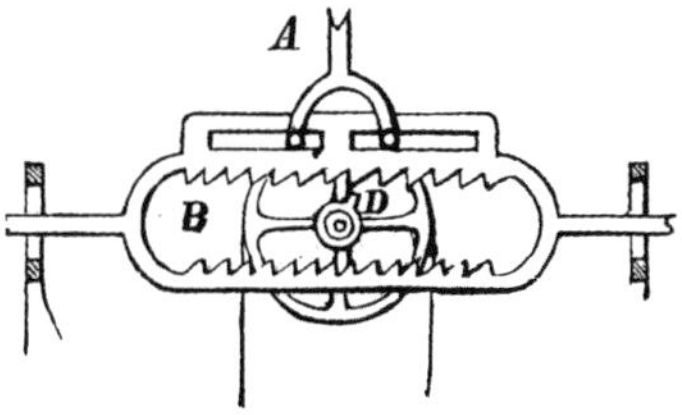

85

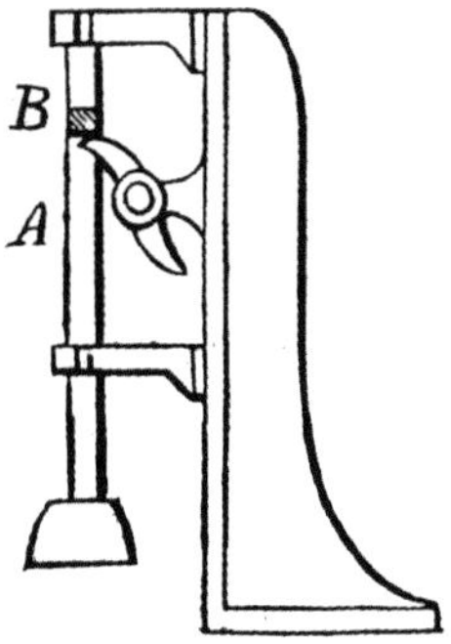

77 ～ 85

77 槓桿 C 以 A 為支點擺動，藉由兩支爪的交替運動帶動轉輪 B 旋轉。這個動作非常接近連續運動。

78 圖 77 的改版。

79 長桿 B 的線性往復運動透過裝在擺臂 C 和 C 端點的兩支棘爪，能使表面有棘齒的轉輪 A 形成幾近連續的轉動。

80 擺動的槓桿 C 會帶動兩支勾爪，使其輪流落入有溝長齒條 A 的齒槽中，帶動 A 進行線性運動。

81 缺齒的正齒輪 A 持續轉動，而當 A 離開齒槽時，彈簧 C 會使齒桿 B 回到原始位置，讓 B 進行交替的線性運動。

82 當踏板 D 有動作時，幾近連續的動作會透過擺臂 B 及其前端安裝的棘爪傳遞給棘輪 A。一條皮帶或鏈子會穿越滑輪 C 而連接至兩個踏板，當其中一個踏板上升時，另一個踏板就會下降。

83 兩個弧形棘輪 C 分別位於棘輪 D 的兩側，帶動 D 幾近連續式的旋轉。這兩個弧形棘輪（圖中只畫出一個）安裝在同一支搖動軸 B 上，彼此的輪齒方向相反。B 會帶動長桿 A 做線性往復運動。弧形棘輪上安裝了彈簧，使其得以升起而滑過 D 上的輪齒，來保持一致的轉動方向。

84 這個擁有兩排齒的框架 B 掛在長桿 A 的下方，凸輪 D 不斷旋轉。當凸輪的中軸位於兩排齒中央時，凸輪無法干涉任何一邊；但是當 A 上升或下降時，其中的一排齒就會進入 D 的干涉範圍內，框架因而往左或往右移動。此機構經常與引擎的調速器相連，其中，長桿 A 連接至調速器，框架則連接至節流閥或調整閥。

85 軸上的兩個凸輪或刷輪連續地旋轉，將長桿 A 上的凸出部位 B 往上頂，長桿再因自身重量落下，使 A 進行間歇的交替線性運動。此機構常用於礦石搗碎機、磨粉機或槌子上。

機械運動

86

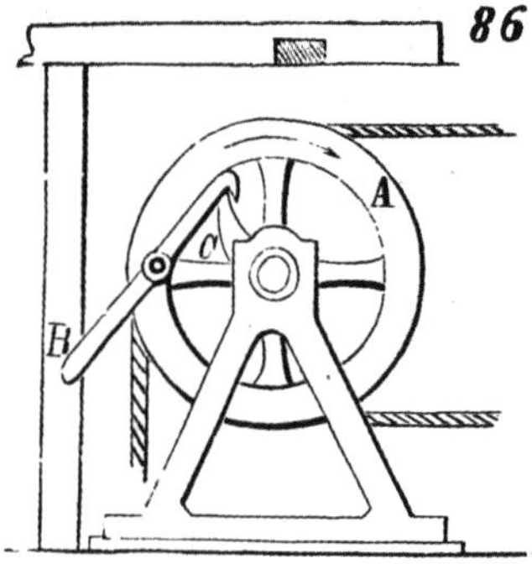

87

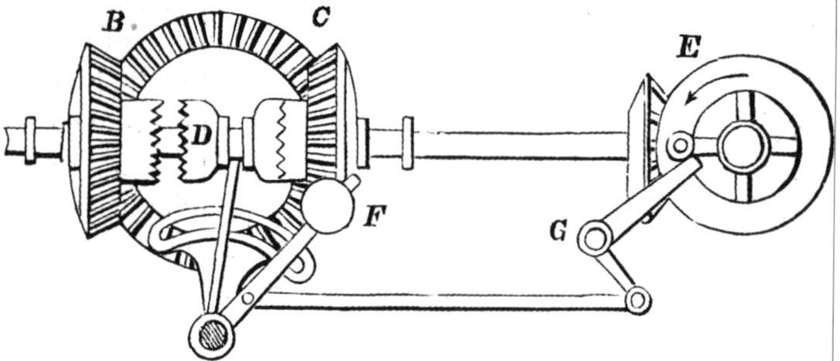

88

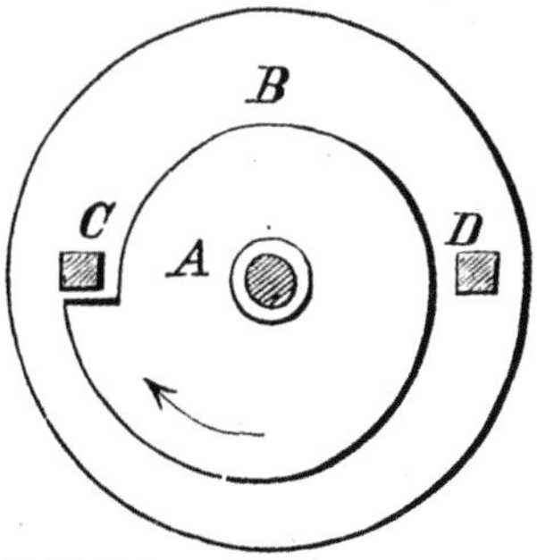

89

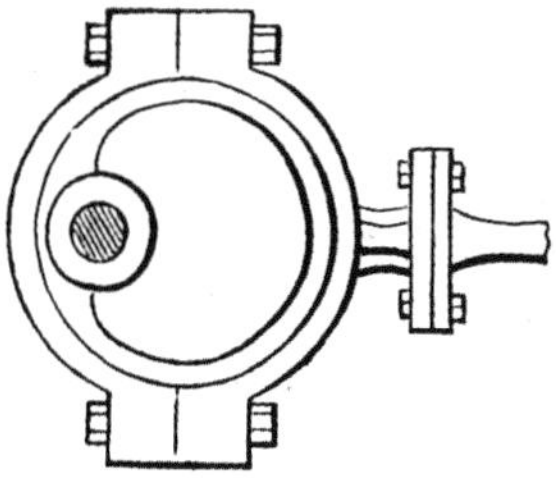

90

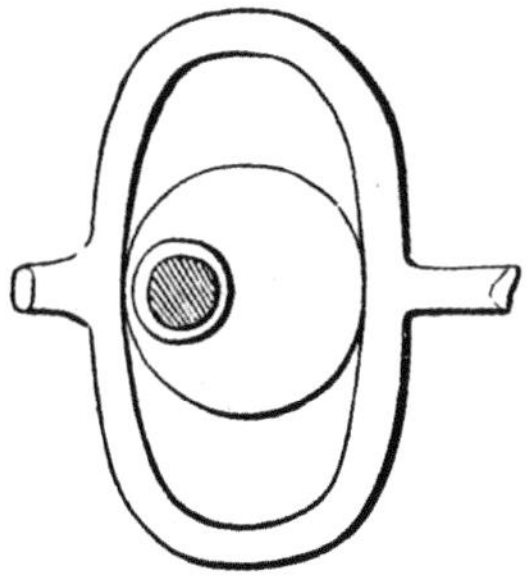

91

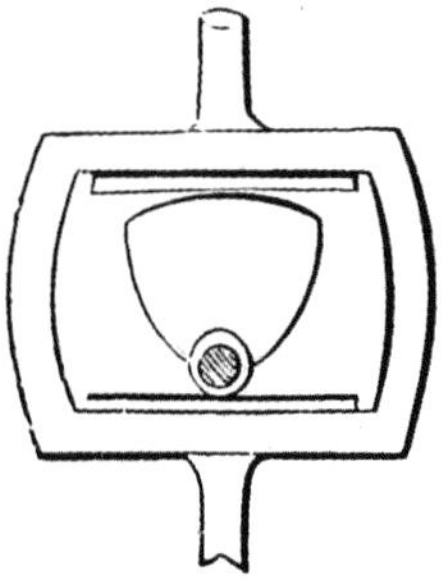

92

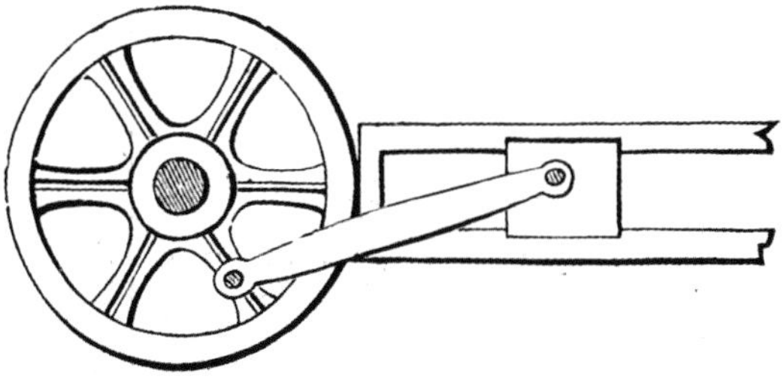

86～92

86 圖為一種藉由旋轉運動來啟動泵往復旋轉運動的方法。連接著泵桿的繩子繫在轉輪 A 上，A 可在軸上移動。軸上另裝有一個不斷旋轉的凸輪 C，每轉一圈，凸輪會抓住轉輪上的鉤子 B，帶著 B 一起轉動。直到 B 的端點碰到上方固定檔塊後，鉤子才被放開，輪子也因此被泵斗的重量拉回去。

87 圖為一種自動反轉的機構。齒輪 B 與 C 之間的斜齒輪是驅動輪。B 與 C 由於在軸上移動，因此只有在與離合器 D 咬合時才能受到傳動。圖中的離合器藉由活鍵在軸上滑動，而且與 C 咬合。右方的齒輪 E 受到與 B、C、D 同軸的斜齒輪驅動，而且即將敲擊雙臂曲軸 G。當 E 敲擊 G 時，會使連桿帶動附有配重的槓桿 F 離開垂直位置。而當 F 往左傾，會進一步使離合器與 B 咬合，讓軸反轉。直到 E 的輪椿轉到與之前相反的位置，帶動 F 再越過垂直位置，讓剛才的動作反轉。

88 此機構可將持續轉動轉換成間歇轉動。圓盤 B 上有兩個擋塊 C、D，由偏心的凸輪 A 帶動旋轉。凸輪 A 的持續旋轉會造成 B 間歇旋轉。每轉半圈，擋塊會脫離凸輪的帶動，B 因此停止旋轉。直到凸輪旋轉一圈回來，重複整個動作。

89 偏心輪通常裝在曲柄軸上，以便將往復線性運動傳遞至蒸汽引擎的閥門，偶爾也會裝在泵上。

90 前一個裝置的改版。用拉長的軛來代替圓形箍，如此一來長桿就可在固定的軌道中運動，不必再擺動。

91 三角形偏心輪可以製造間歇的往復線性運動，在法國被用於蒸汽引擎的閥運動。

92 圖為一般的曲柄運動。

機械運動

93

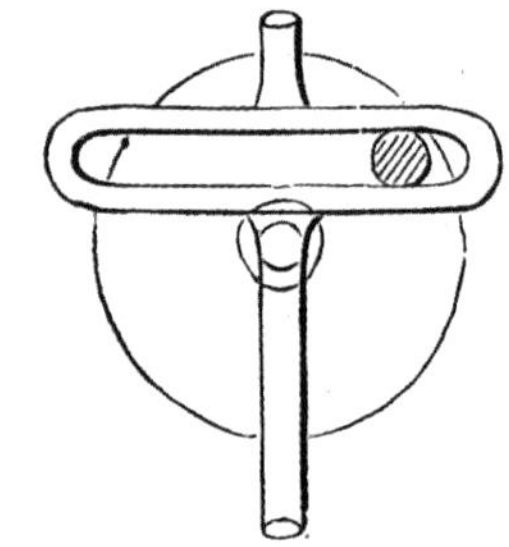

94

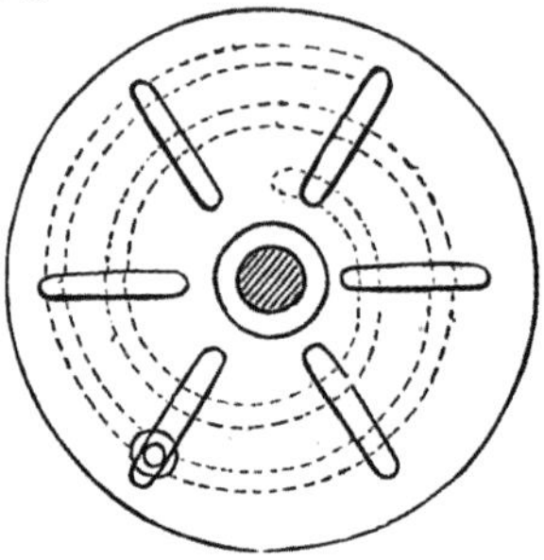

95

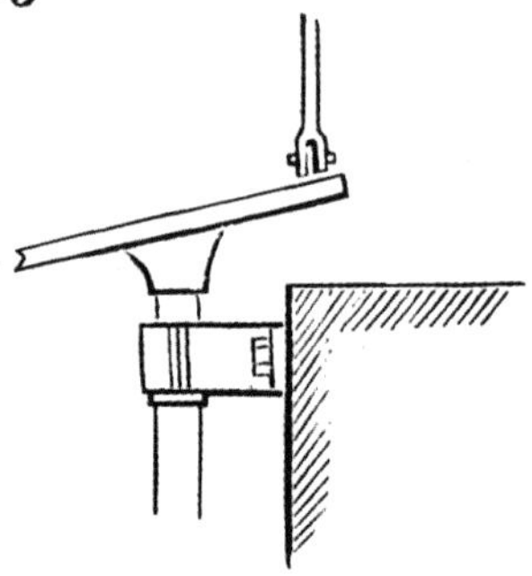

96

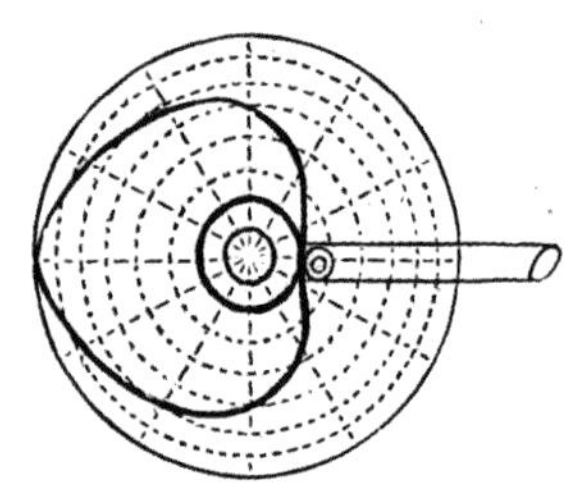

97

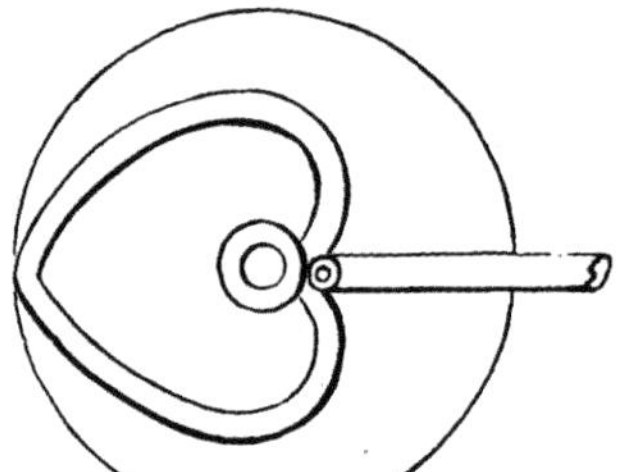

98

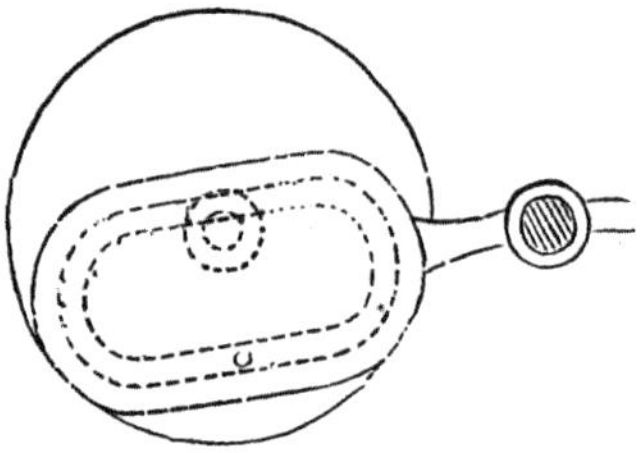

99

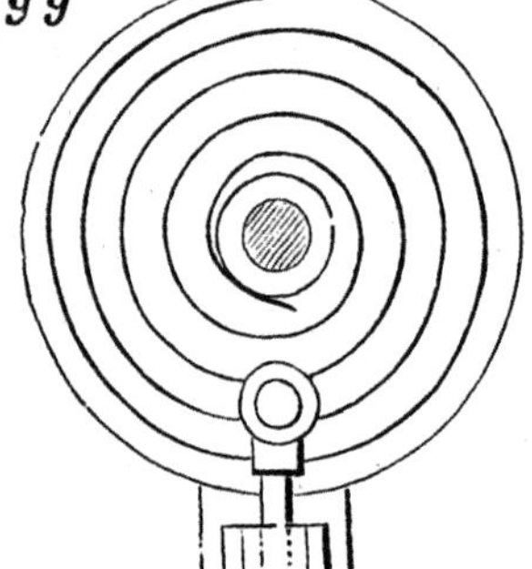

100

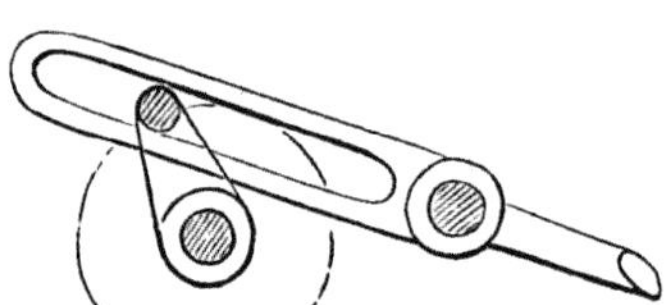

101

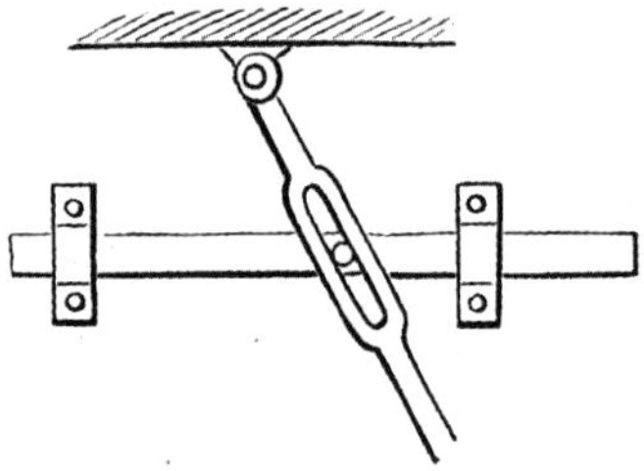

93 ～ 101

93 圖為曲柄運動。曲柄軸節在溝狀軛中運作，因此不需要使用振盪連桿或搖桿。

94 可變曲柄，由兩個同心圓盤組成。其中一個圓盤刻上螺旋狀溝槽，另一個圓盤則刻上放射狀溝槽。當其中一個圓盤旋轉時，圖片底部的螺栓會依循著螺旋溝槽和放射孔移動，因而不斷靠近或遠離中心。

95 垂直軸旋轉時，傾斜的圓盤能讓裝在圓盤上的垂直長桿做往復線性運動。

96 心型凸輪。凸輪旋轉時可讓相連的水平桿做等速的橫向運動。圖中虛線畫的是凸輪的曲線運轉模式。橫移長度被區分成好幾段；從中心點畫出許多通過這些點的同心圓。最外圈的圓分割成橫線段數的兩倍，再從分割點畫線連接至圓心。最後由放射線與同心圓的交點畫出曲線。

97 這個心型凸輪與圖 96 很相似，只是表面刻有溝槽。

98 一根曲柄銷在擺臂的無端溝槽裡運動，且由於擺臂固定在一個旋轉圓盤上，因此形成不規則的振動。

99 圓盤表面裝上螺旋狀導軌，用來製造鑽孔機的進給運動。

100 圖為急回曲柄運動機構，用於成形機。

101 搭配懸吊在上方的長孔擺動桿，水平桿可因此進行線性運動。

機械運動

102

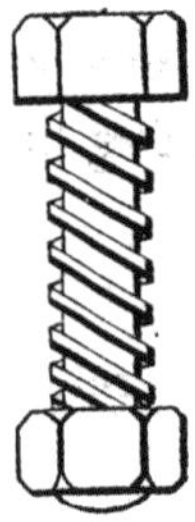

103

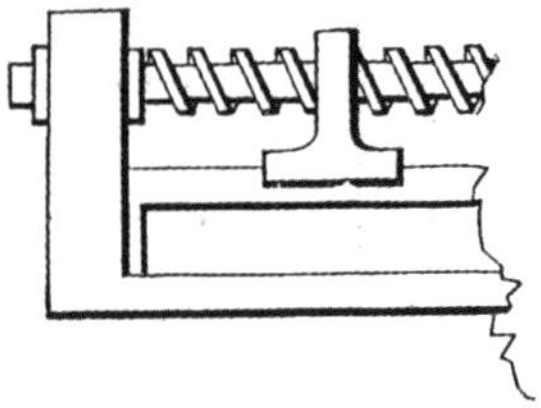

104

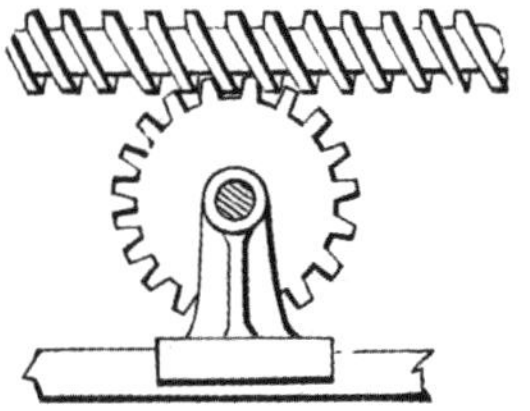

105

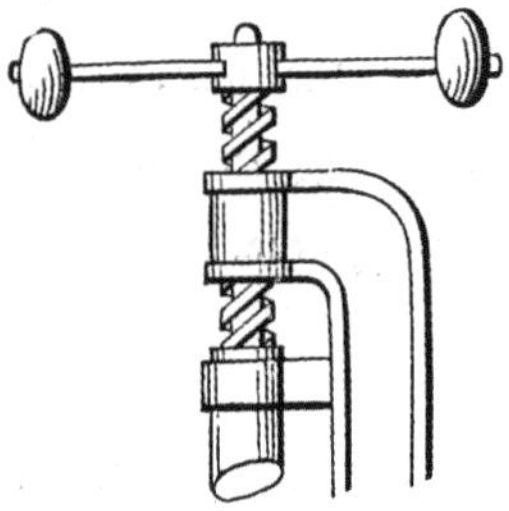

106

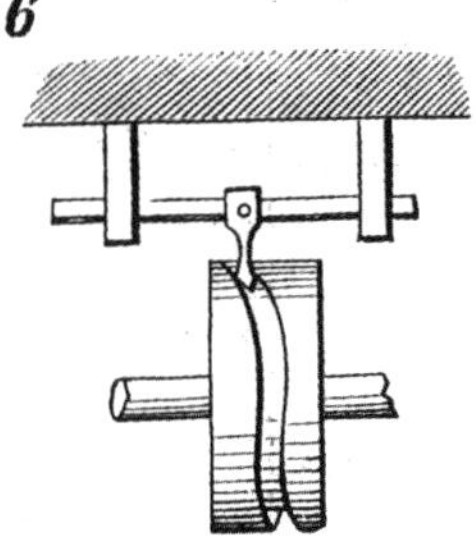

107

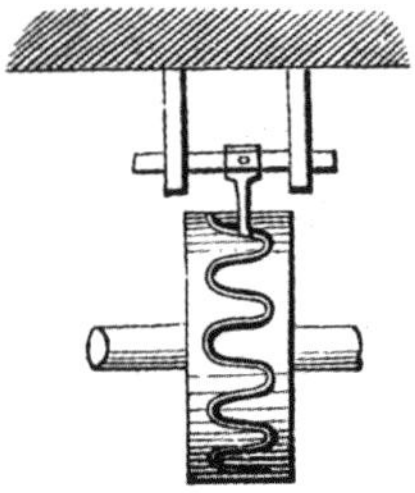

108

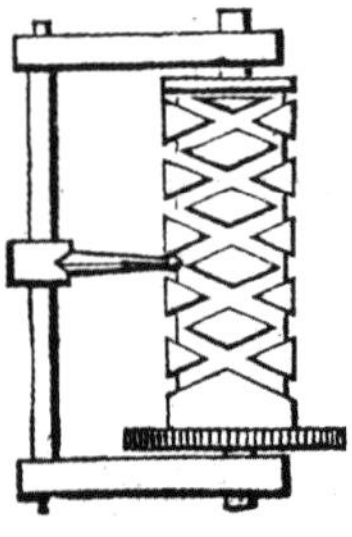

109

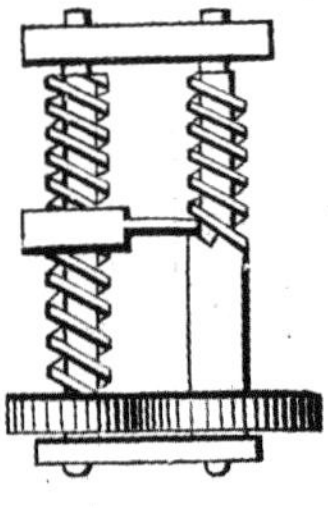

110

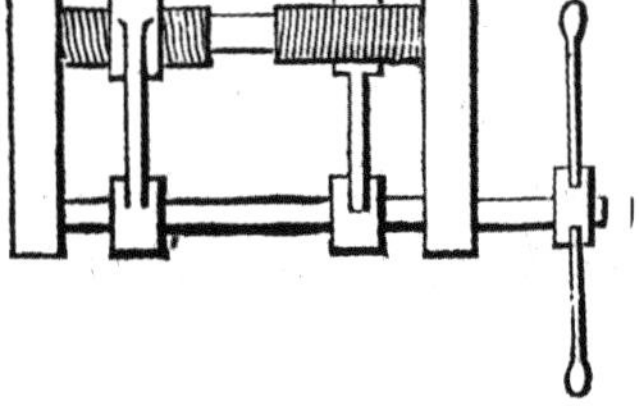

102 ～ 110

102 常見的螺栓與螺帽，可將旋轉運動轉換成線性運動。

103 螺桿旋轉產生線性滑動。

104 圖中，旋轉的螺桿帶動齒輪旋轉，或者由旋轉的齒輪帶動螺桿線性滑動。此機構運用在螺桿削切與滑動車床當中。

105 螺桿衝壓機的線性運動來自於圓周運動。

106 和圖 107 兩張圖都是藉著有刻槽的凸輪旋轉，來產生等速的往復線性動作。

108 等速旋轉的圓筒能帶動等速的往復線性運動。圓筒上面刻有許多螺紋和溝槽，每一圈會交錯兩次。嵌入溝槽中的點會沿著溝槽在圓筒的兩端間橫向往返移動。

109 左手邊的螺桿在旋轉時會讓切割器做等速線性運動，進而切割另一條螺紋。要切割的螺紋螺距可以藉由改變框架底部的齒輪大小來調整。

110 此機構可將等速圓周運動轉換成等速線性運動，裝在捲線器中可將線捲上線軸。滾筒分成兩部分，上面都有密集的螺旋刻紋，左右方向相反。與滾筒平行的心軸上裝了兩臂，其末端有兩個正好吻合滾輪螺紋的半螺帽，分別位在滾筒的上、下。當其中一個螺帽與螺紋嚙合時，另一個螺帽會脫離螺紋。手把向左或向右轉時，桿子會隨著左右移動。

機械運動

111

112

113

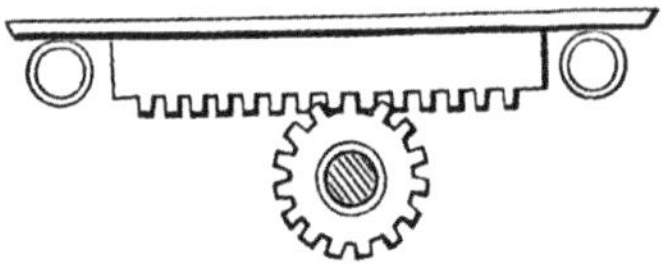

114

115

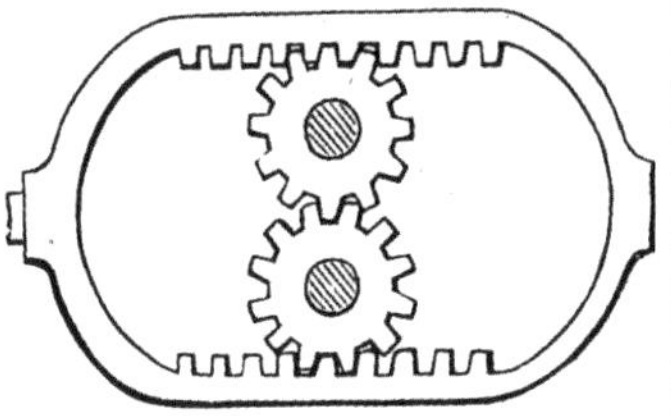

116

117

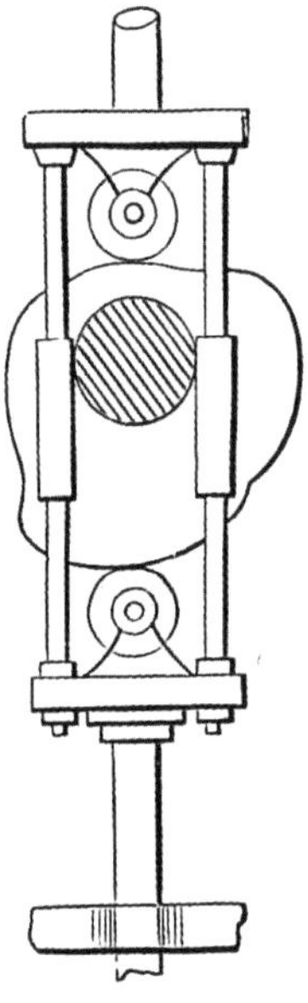

118

111～118

111 測微螺絲是一種可產生極大力量的裝置。上下螺紋的螺距與方向都不同，因此當外部的空心螺桿在螺帽內旋轉一圈，套入內部較小根螺桿的螺帽或螺紋模只會在上下螺紋的間距差之內移動。

112 波斯鑽。鑽子的本體刻有很密集的螺紋而且能夠自由旋轉。在使用時將上方鑽蓋抵住身體，用手緊握住中間的扣環或螺帽，沿著本體上下拉動，鑽子就會交互左右旋轉。

113 藉由齒條與小齒輪，圓周運動可轉換成線性運動；反之亦然。

114 缺齒的小齒輪交替地推動上、下齒條，將等速圓周運動轉換成往復線性運動。

115 轉動的小齒輪帶動兩排齒條進行線性運動，將同等的力量與速度傳至兩側；兩個齒輪的尺寸相同。

116 此機構為曲柄的替代品。擁有兩排齒條的框架往復線性運動，帶動小齒輪軸等速旋轉。兩排齒條位在不同平面，各自與一個小齒輪嚙合。這兩個小齒輪都在軸上游動且外側各有一個棘輪固定在軸上，還有一支棘爪裝在小齒輪上以驅動棘輪；兩個棘輪的方向相反。當齒條往某個方向移動時，其中一個小齒輪會藉由棘爪驅動棘輪，進而轉動軸。當齒條往反方向移動時，另一邊的小齒輪會進行相同動作；總會有一個小齒輪在軸上空轉。

117 凸輪在軛上的兩個摩擦滾輪之間旋轉，曾用來帶動蒸汽引擎的閥門。

118 此機構能使活塞桿的行程或曲柄的推程加倍。小齒輪的輪軸裝在連桿或搖桿上，與固定的齒條嚙合。裝在上方導桿上的另一排齒條可自由前後移動，並與小齒輪的另一側嚙合。基於連桿會將完整的行程傳至小齒輪，如果下排齒條可動，上排齒條的移動距離就會等於小齒輪的行程；但由於下排齒條固定，當小齒輪開始旋轉，將導致上排齒條移動兩倍的距離。

機械運動

119

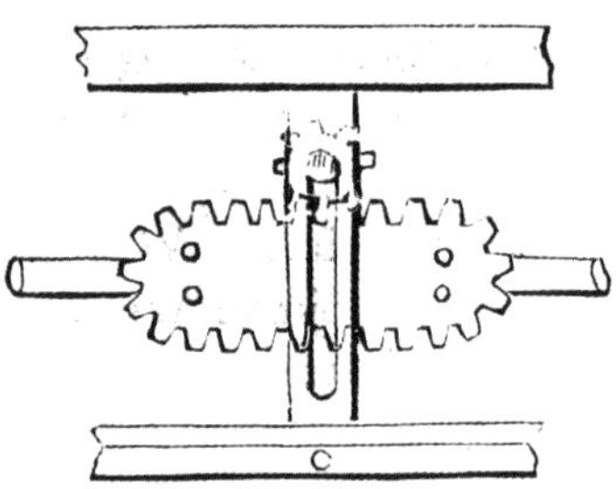

120

121

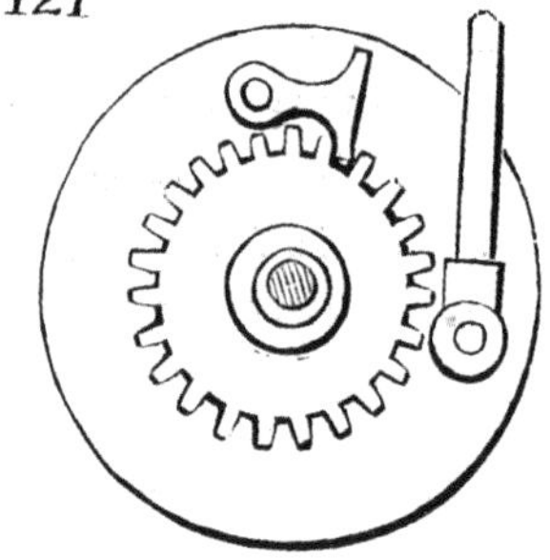

122

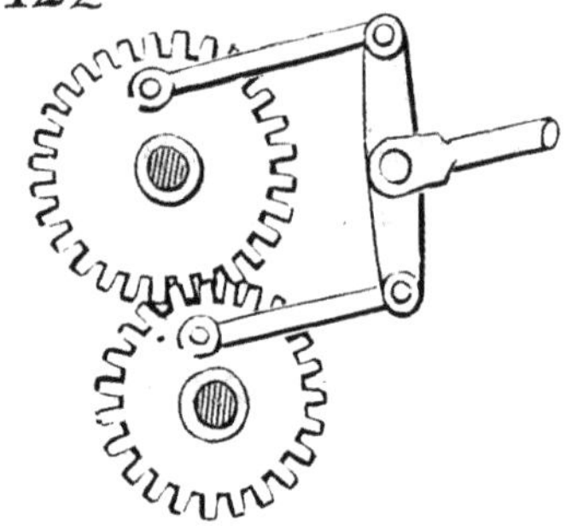

123

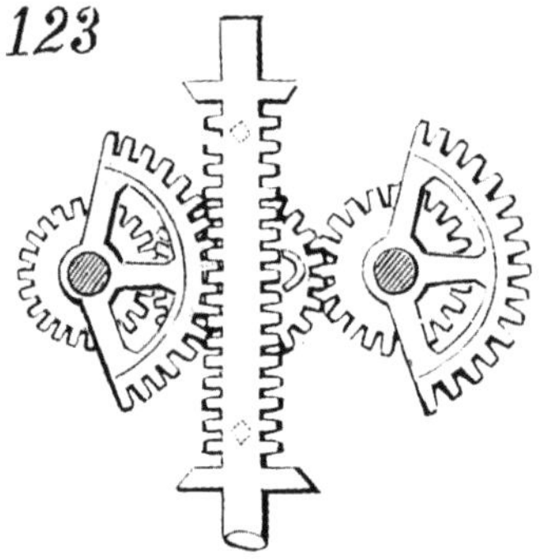

124

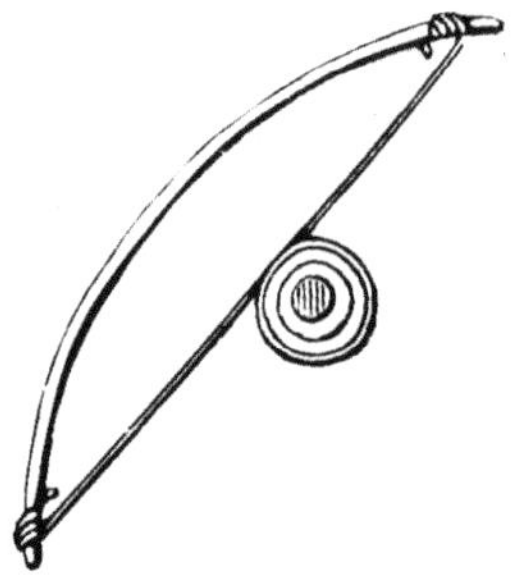

125

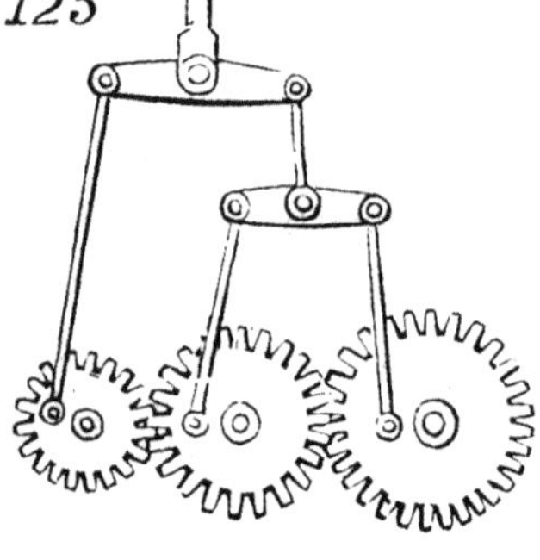

126

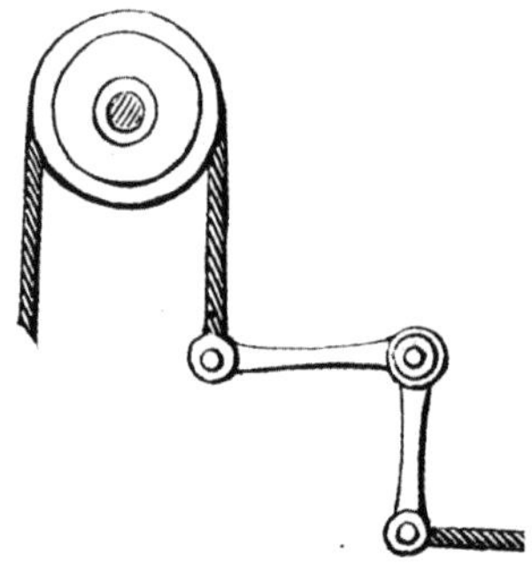

127

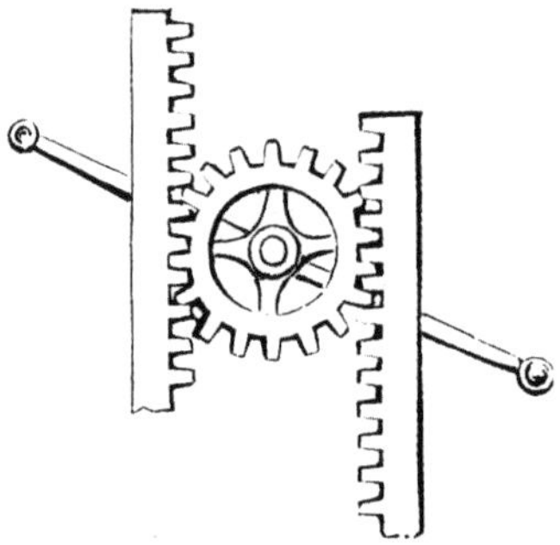

119 ～ 127

119 小齒輪在齒條的上、下輪流等速轉動，使裝有長方形無端齒條的長桿做往復線性運動。小齒輪的軸在導桿的溝槽中上下移動。

120 兩支牙各自裝在兩個弓形零件上，這兩個零件一個外側有齒、另一個則是內側有齒。兩個小齒輪各自與一個零件嚙合，隨著兩個小齒輪轉動，兩支牙會以極大的力道咬合。

121 圓盤上安裝的直桿來回線性運動，配合圓盤上的掣子可讓齒輪間歇轉動。只要將掣子換個方向便可改變齒輪的轉向。此機構用於刨床與其他工具的進給動作。

122 兩個旋轉的正齒輪配合裝在齒輪上的曲柄軸節，可讓水平桿做變速的交替橫向運動。

123 圖為試圖替代曲柄的機構。雙齒條的往復線性運動使中央齒輪等速旋轉。齒條上的齒驅動兩個扇形齒輪，其下方依附的齒輪則與中央齒輪互動。齒條上以虛線表示的擋塊被中央齒輪上的彎曲區塊卡住，導致兩個扇形齒輪交替與雙齒條嚙合。

124 弓轉式鑽頭。弓在進行往復線性運動時，弦會繞過裝著鑽頭的滑輪轉軸，讓鑽頭來回旋轉。

125 比圖 122 複雜的變型。

126 圖為雙臂曲柄槓桿，用於改變施力的方向。

127 空氣泵中的機構。與正齒輪同軸的槓桿上下擺動時，兩邊的齒條會進行往復線性運動，並且連接至兩個泵的活塞。當其中一排齒條上升時，另一排會下降。

機械運動

128

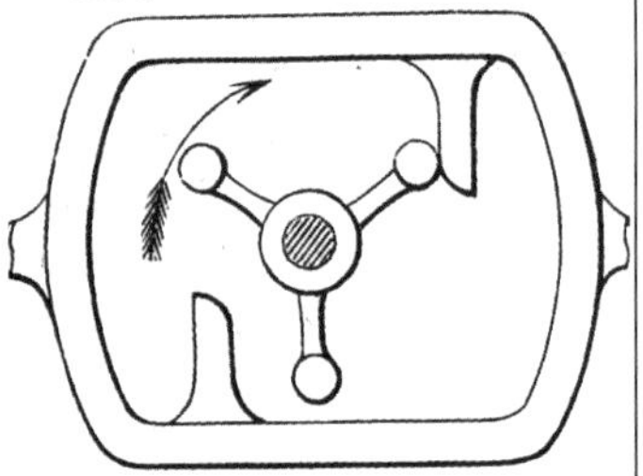

129

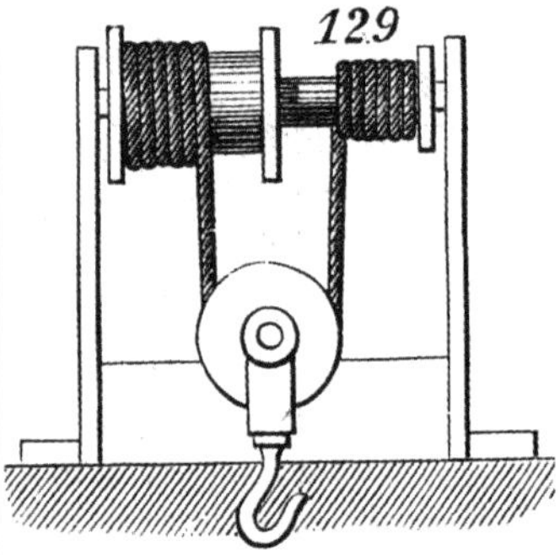

130

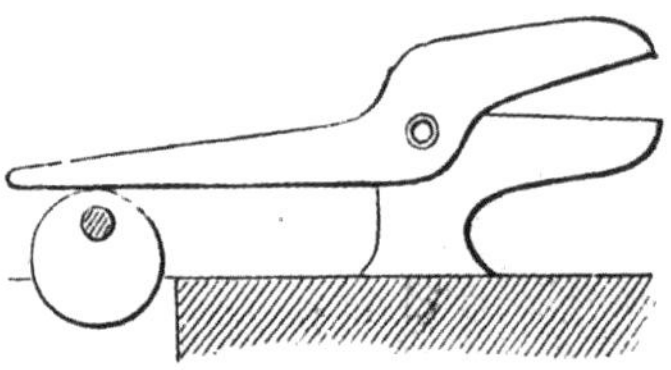

131

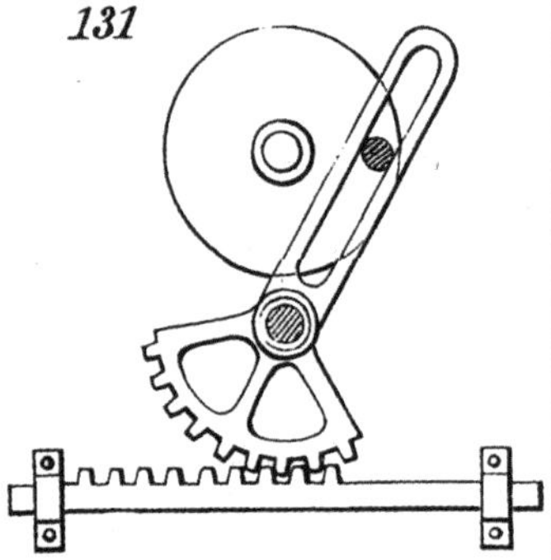

132

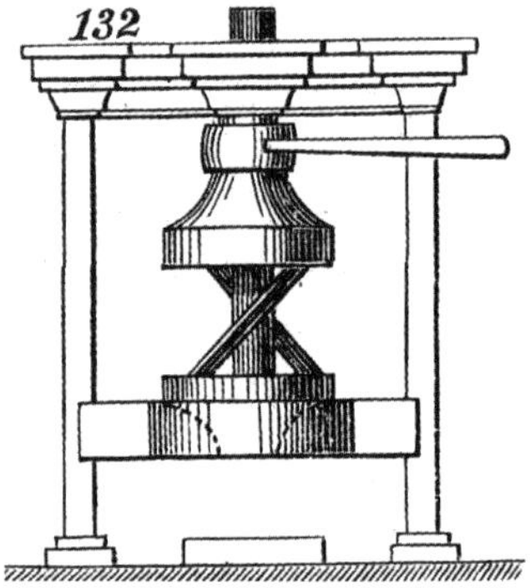

133

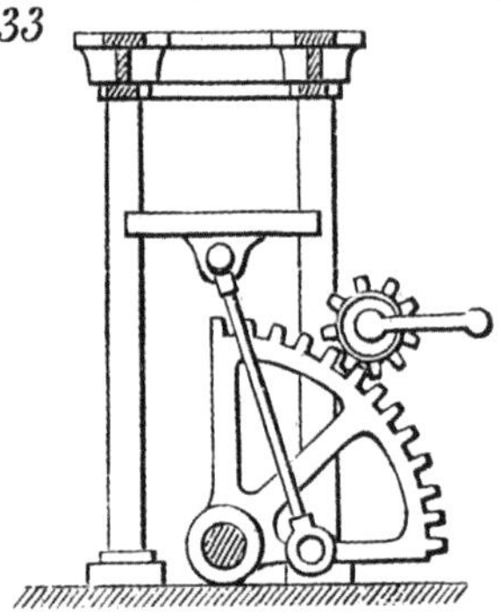

134

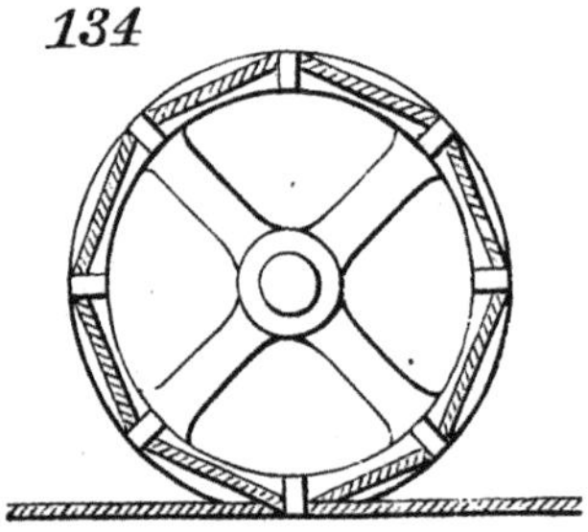

135

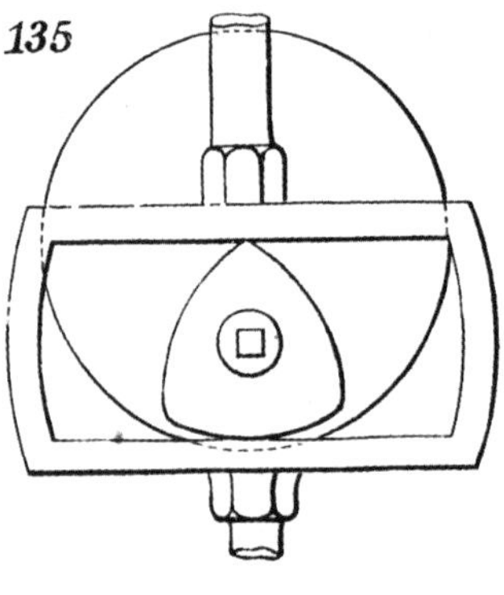

136

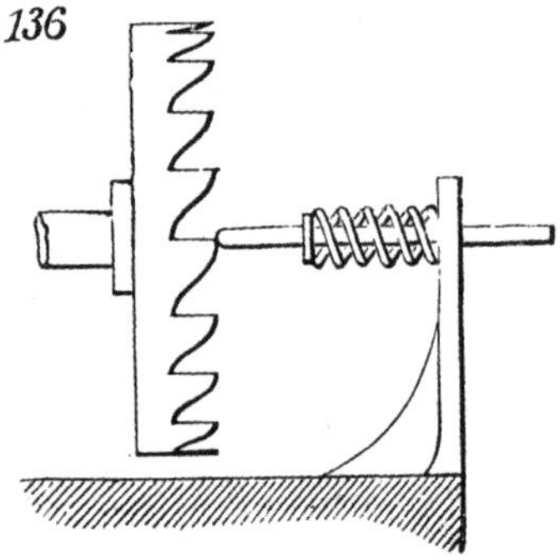

128 ～ 136

128 裝著三支刷臂的軸持續旋轉，讓四方形框架進行往復線性運動。軸的轉向必須如箭頭所指，才能讓零件如圖示一樣地運轉。

129 中式絞盤的運作原理與圖 111 測微螺桿相同。當絞盤轉一圈時，滑輪的移動距離等於大小絞筒圓周差距的一半。

130 圖為裁切鐵片等物件的剪床。剪口由施加在上方長臂的重量打開，再由轉動的凸輪闔上。

131 旋轉圓盤上的曲柄銷帶動長孔擺臂，而相連扇形齒輪的擺動則帶動底部齒條做往復線性運動。

132 此機構常用於衝壓機，以對壓板施加所需的壓力。槓桿的手把做水平運動時會使上方圓盤旋轉。上、下圓盤之間有兩支桿子插入圓盤的孔中。如圖示，當衝壓機停止運作時，兩支桿子傾斜；不過當上方圓盤轉動時，桿子會朝垂直方向移動，促使下方圓盤往下移動。上方圓盤必須牢牢固定，只容許在原處旋轉。

133 在小齒輪軸的手把上簡單按壓。小齒輪帶動扇形齒輪，扇形齒輪則透過連桿來移動壓板。

134 將一條繩索或皮帶在滾筒上繞一圈或數圈，使等速圓周運動轉換成線性運動。

135 此機構為圖 91 三角形偏心輪的改版，曾用在法國鑄幣廠的蒸汽引擎中。後方圓盤推動三角形挺桿，使閥桿進行往復線性運動。閥在每次行程完成時會短暫停止，再迅速被推過汽門到達另外一端。

136 圖為凸輪的側視圖，凸輪的邊緣被刻成齒狀，或是任何所需的形狀。右方的桿子不斷抵住輪齒或輪緣。齒輪旋轉時，會帶動桿子做交替線性運動。線性運動的型態會隨著輪齒或輪緣的造型而改變。

機械運動

137

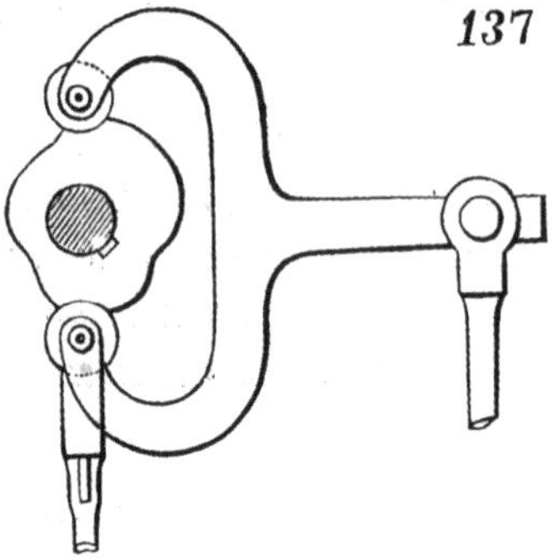

138

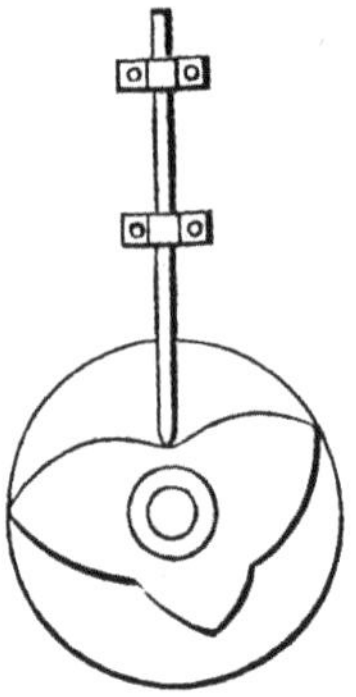

139

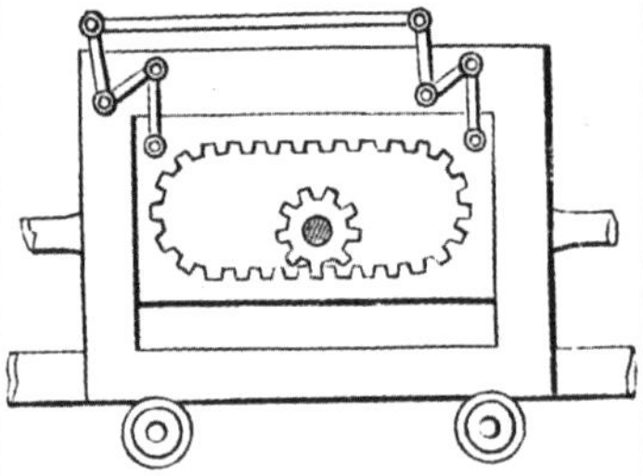

140

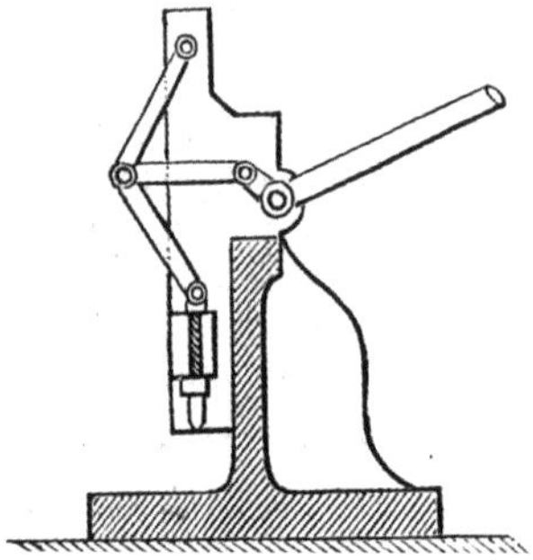

141

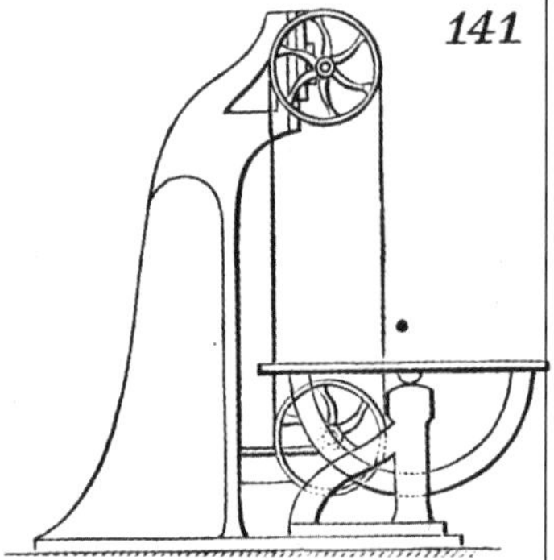

142

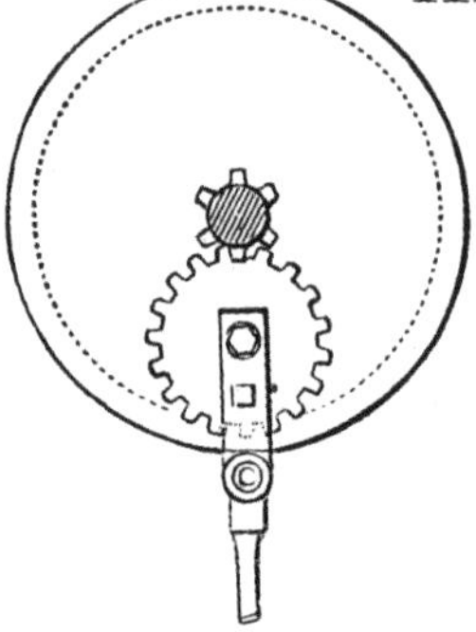

143

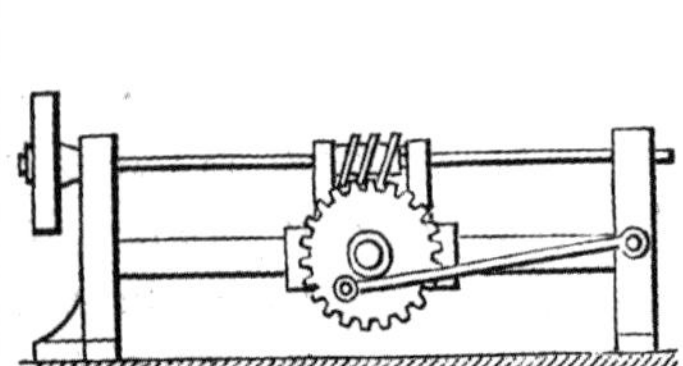

144

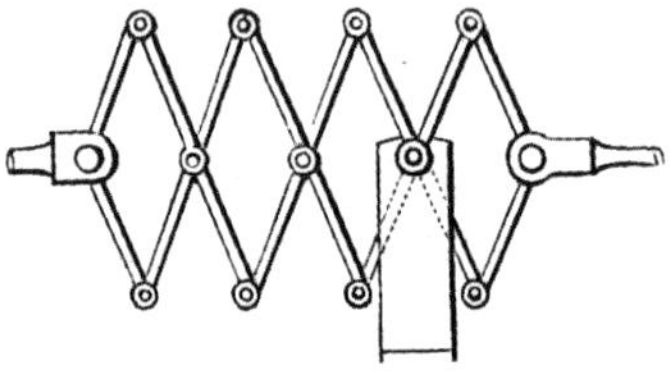

145

137 ～ 145

137 展式偏心輪在法國被用於蒸汽引擎的滑動閥中。偏心輪固定在曲柄軸上，進而帶動分叉的振動手臂，其底部與閥桿相連。

138 下方凸輪轉動時，會帶動上方的桿子做變速線性運動。

139 裝在長方形框架內部的齒條可以上下滑動特定距離，小齒輪因此能與齒條的每個邊嚙合。小齒輪持續旋轉，使長方形框架往復線性運動。

140 這是為打孔機所特製的肘節接頭。右方槓桿可藉由水平連桿來操作接頭。

141 無端帶鋸。滑輪持續旋轉，帶動鋸子的直線部位進行不間斷的線性運動。

142 此機構的運動用來改變紡絲機上橫移導桿的長度，以便將絲線纏上線軸或梭子。圖中的正齒輪被後方的大圓盤帶動而在自身軸心上游動。大圓盤在固定的中心樁柱上旋轉，樁柱末端還裝了一個小齒輪。正齒輪上裝有小支曲柄，又經由連桿連接至橫移導桿。大圓盤旋轉時，正齒輪被小齒輪帶動而以自身為中心做局部旋轉，讓曲柄更接近圓盤中心。如果圓盤持續旋轉，正齒輪會轉完一整圈。當正齒輪轉動半圈時，圓盤也轉動一圈，導桿的橫移距離會稍微縮短，且這段距離取決於正齒輪的尺寸；當正齒輪轉動另外半圈時，導桿的橫移距離會以同樣的比例逐步增加。

143 此機構可使圓周運動轉變成往復線性運動。動作經由左側的滑輪傳遞至蝸輪。蝸輪在軸上滑動，加以軸上刻有溝溝，且有平鍵配合蝸輪的輪轂，而使蝸輪隨著軸旋轉。蝸輪裝在一個可橫移的小框架上，小框架滑動在固定框架的水平桿上，同時帶動齒輪與蝸輪嚙合。連桿的其中一端裝在固定框架的右方，另一端裝在齒輪的軸節上。當蝸輪軸旋轉時，齒輪會受蝸輪傳動而旋轉，但由於受制於連接桿，齒輪因此進行交替的橫向運動。

144 這組交叉的槓桿稱做「伸縮鉗」。右方的桿子在短距離往復線性運動時，會使左方的桿子也進行類似、但距離較長的線性運動。這個機構常用於兒童玩具中；在法國也曾用於打撈沈船的機具，以及 75 年前的船用泵之中。

145 右上方橫樑的往復曲線運動帶動曲柄與飛輪持續旋轉。槓桿末端的小台座，藉由連桿與橫樑相連，因而在水平方向上進行往復線性運動。

146

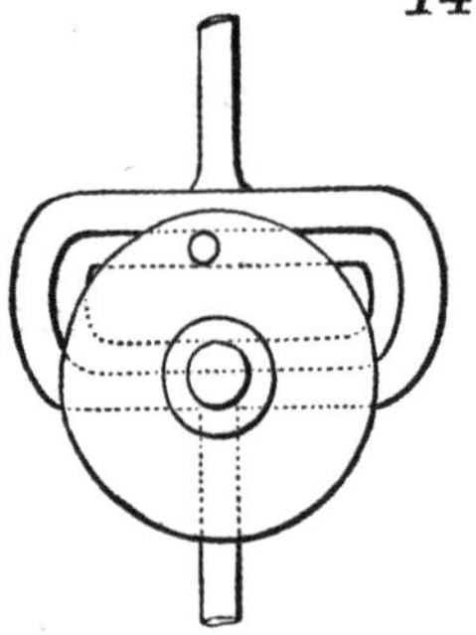

147

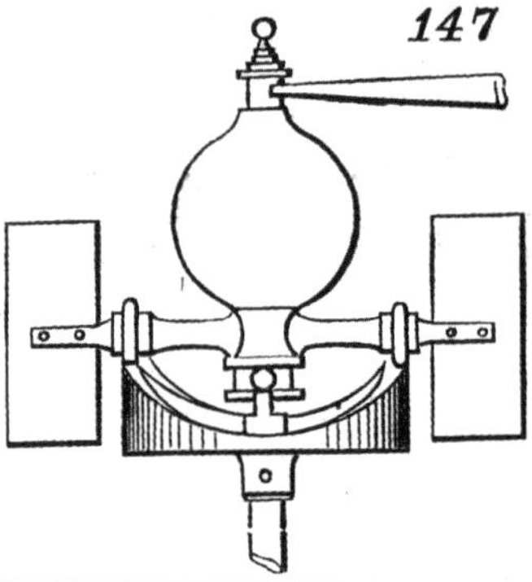

148

149

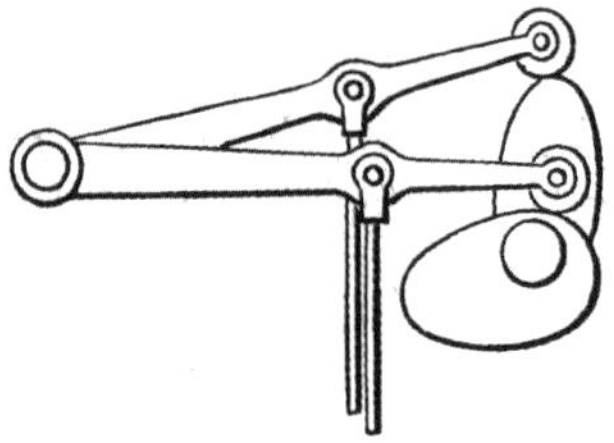

150

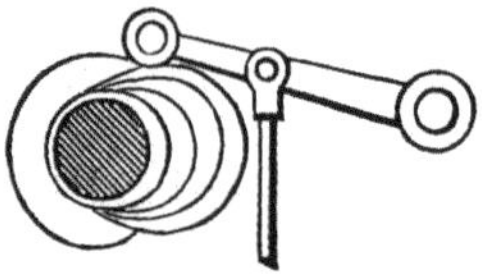

151

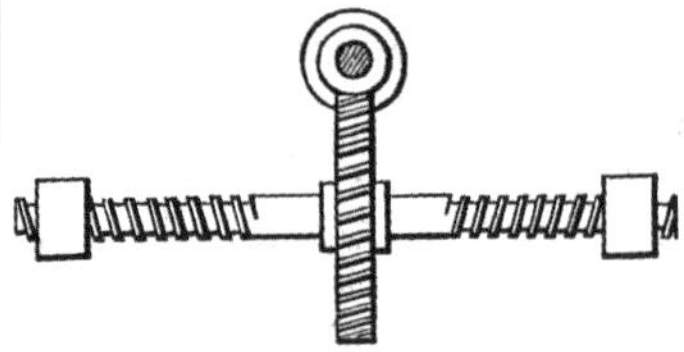

152

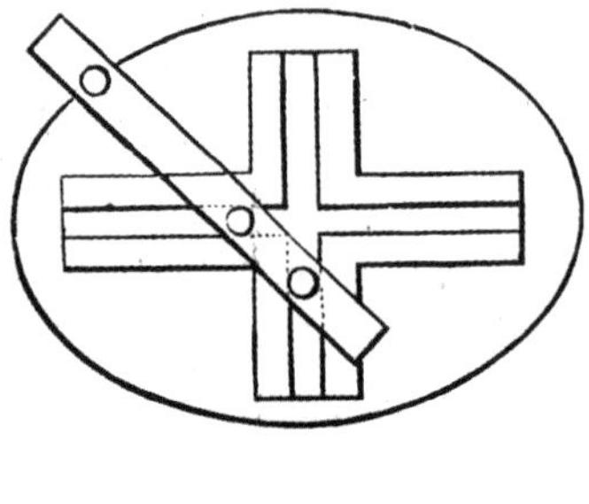

153

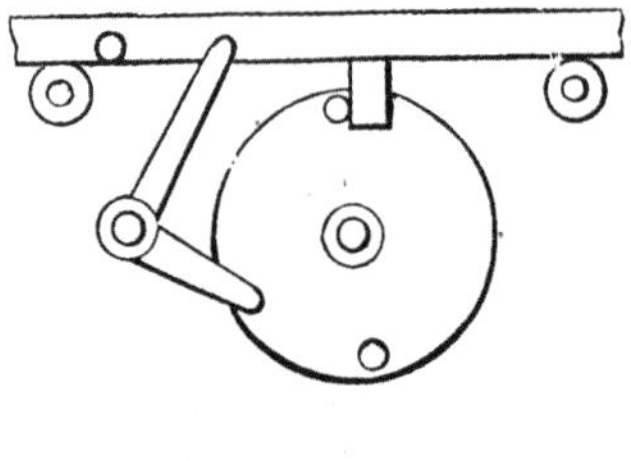

154

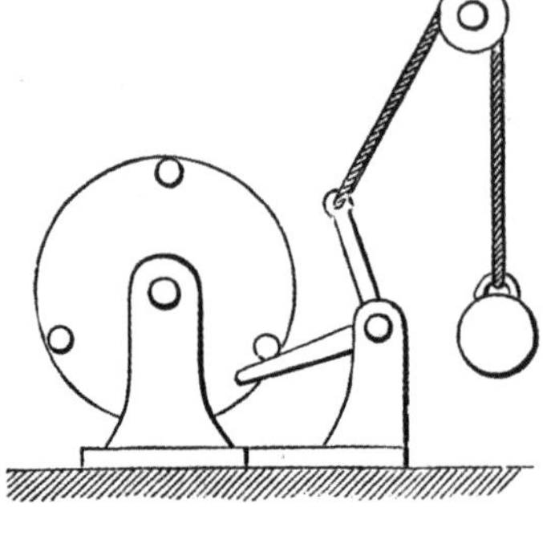

146 ～ 154

146 當圓盤持續旋轉，藉由盤上的軸節或曲柄銷在軛的溝槽中移動，而使軛桿進行往復線性運動。改變溝槽的形狀則可讓軛達到等速的往復線性運動。

147 蒸汽引擎調速器的運作如下：當引擎發動，心軸開始轉動並帶動裝有扇葉的十字頭。裝在十字頭上的兩顆摩擦滾輪承重在固定於中軸的弧形斜面上，十字頭可在中軸上游動。十字頭可能原本就很重、也可能附掛球體或其他配重，並且受弧形斜面驅動。隨著中軸轉速加快，兩翼面受到的空氣阻力會使十字頭的轉速減緩，於是摩擦滾輪從弧形斜面升起，進而抬起十字頭。十字頭的上方連接著一支操作引擎調節閥的槓桿。

148 正齒輪持續轉動，帶動連接大齒輪的曲柄進行交替的圓周運動。

149 凸輪驅動槓桿，將等速圓周運動轉換成 2 支連桿的往復線性運動。

150 廣泛運用蒸汽的閥運動。一組動程不同的凸輪在軸上縱向游動，如此一來每個凸輪都能推動連接閥門桿的槓桿。當大小凸輪輪流推動槓桿時，閥會配合做出程度不一的開闔動作。

151 此機構可將連續的圓周運動變換成同樣連續、但速度慢很多的線性運動。上方軸的蝸輪作用在螺旋軸的齒輪上，帶動左右螺桿上的螺帽轉動，據其轉動方向而互相接近或遠離。

152 圖為橢圓規。跨桿（圖中的斜桿）上有兩根梢柱，在十字桿的溝槽中滑動。轉動跨桿時，桿上的鉛筆會隨著梢柱在溝槽中線性移動而畫出橢圓。

153 此機構可將圓周運動轉換成交替線性運動。轉盤上的輪梢敲擊水平桿下方的凸出處，讓水平桿往單方向移動。雙臂曲柄或彎肘槓桿的其中一臂因為受到輪盤上的另一根輪梢敲擊，帶動另一臂敲擊水平桿前端的輪梢，而讓水平桿回到原位。

154 此機構可將圓周運動轉換成交替線性運動。轉盤上的輪梢敲擊雙臂曲柄的一端，另一端則連接著掛在滑輪上的配重繩索。

機械運動

155

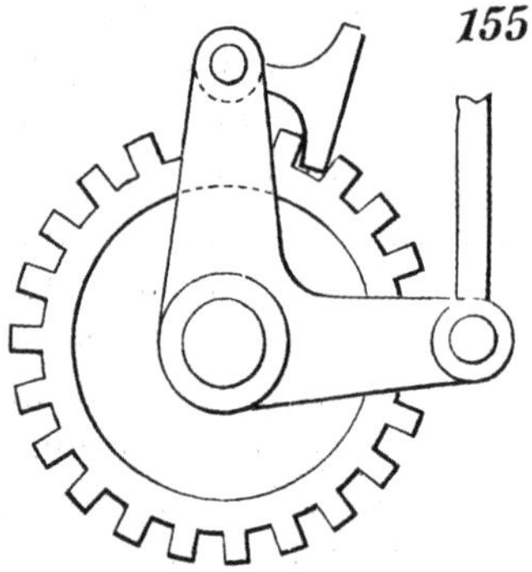

156

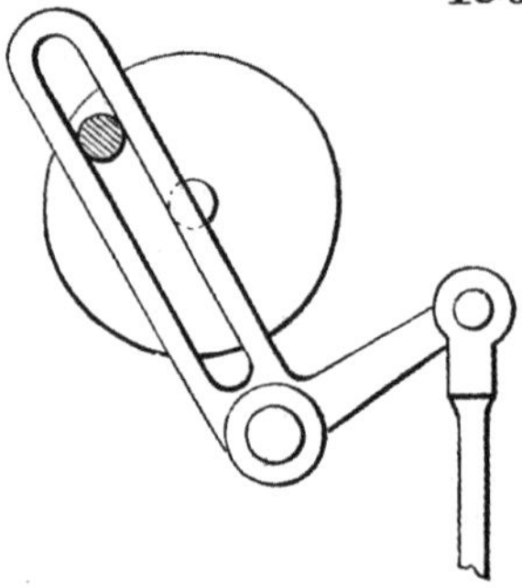

157

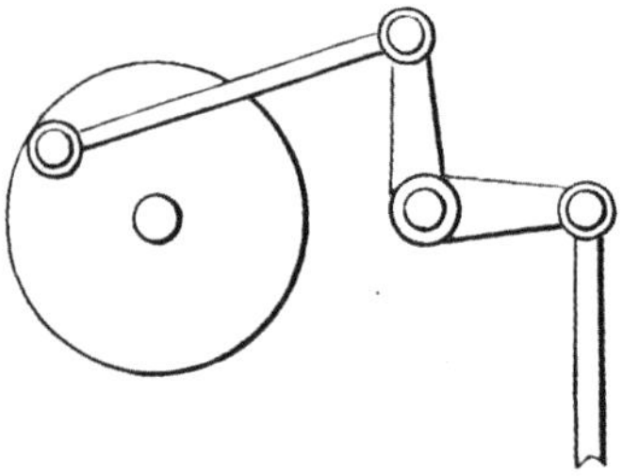

158

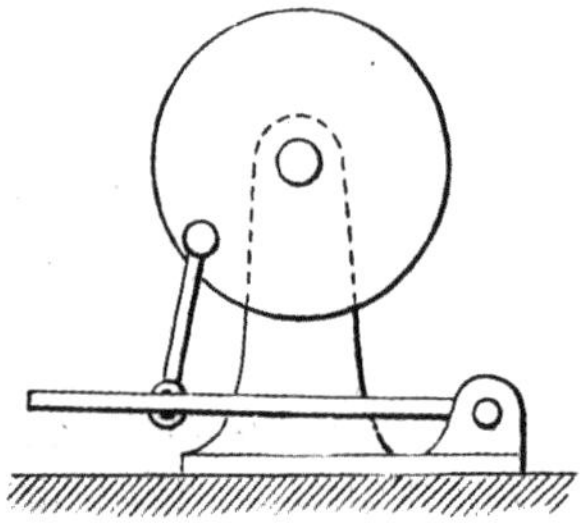

159

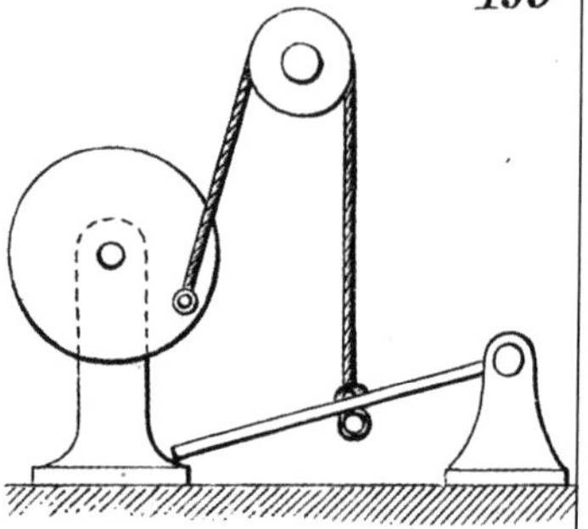

160

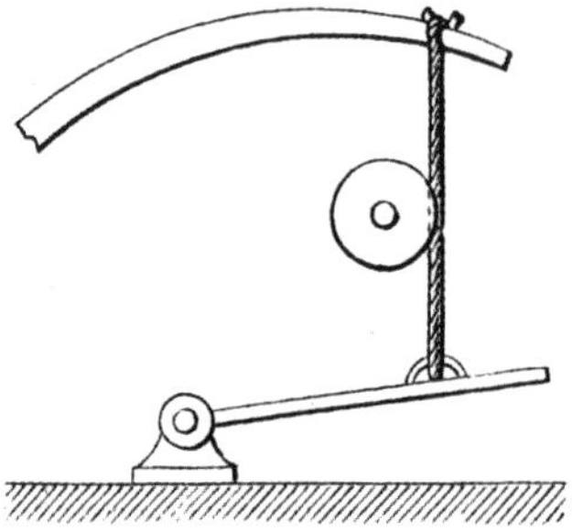

161

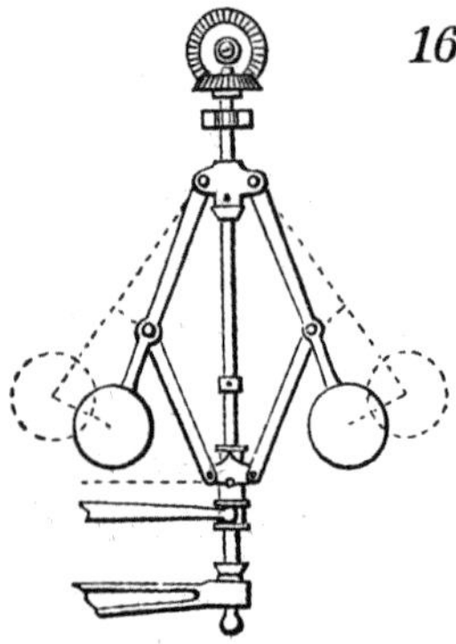

162

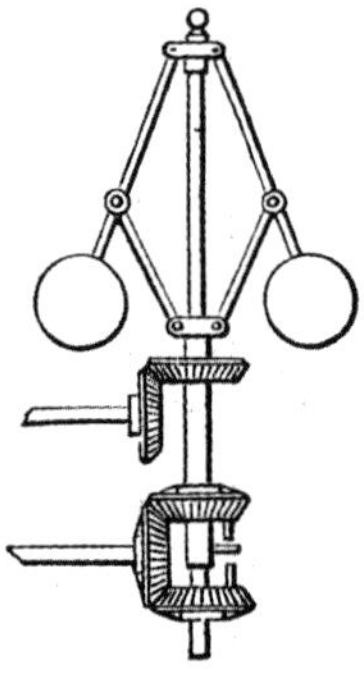

163

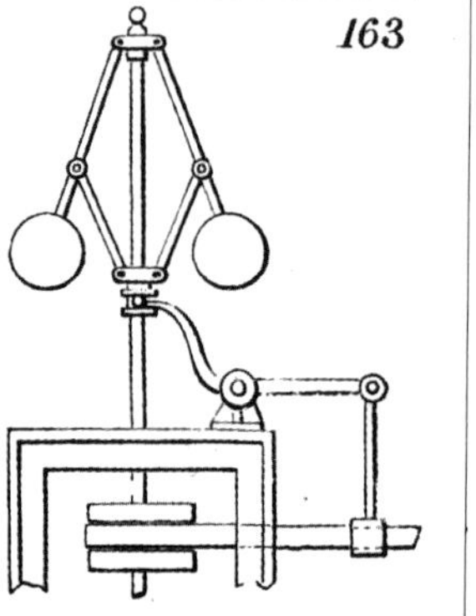

155 ～ 163

155 裝在雙臂曲柄上的棘爪牽動齒輪，將往復線性運動轉換成間歇圓周運動。齒輪會根據棘爪作用的方向轉動。此機構用於刨床與其他工具的進給運動。

156 轉盤上的曲柄銷或軸節在雙臂曲柄或直角槓桿的溝槽裡滑動，使圓周運動轉換成變速的交替線性運動。

157 是上一個機構的改版，用一支連桿來代替雙臂曲柄上的溝槽。

158 踏板的往復曲線運動帶動圓盤旋轉。圓盤可以曲軸代替。

159 圖 158 的改版，用繩索與滑輪來代替連桿。

160 此機構可將交替曲線運動轉換成交替圓周運動。壓下踏板時，上方的彈簧會將它抬起以進行下一個行程；而相連的繩子在滑輪上繞一圈，帶動滑輪旋轉。

161 此裝置是蒸汽引擎的離心調速器。中央的心軸、擺臂與球體藉由頂端的斜齒輪受引擎驅動，球體會因離心力而遠離心軸。當引擎加速時，球因為更遠離心軸而拉起底部的滑套，進而縮小與滑套相連的調節閥開口。當引擎減速時則產生相反的結果。

162 水輪調速器，運作原理與圖 161 相同，不過方式不同。調速器由上方的水平軸與斜齒輪驅動，下方的齒輪則控制水進到輪子的閘門或搬運梭的升降情形。運作方式如下：兩個裝有輪椿的斜齒輪在中央心軸的下半部游動，如果速度適中，斜齒輪會保持不動；當速度加快時，球會飛離並拉起一根插銷。這根插銷固定於一個在轉軸上上下滑動的套筒上。當插銷接觸上方斜齒輪的輪椿，會帶動齒輪與心軸一起轉動，也讓下方的水平軸往特定方向轉動，將閘門或搬運梭升起，減少流經輪子的水量。相反地，當速度低於所需，插銷會下降並帶動下方斜齒輪，讓水平軸往反方向轉並引發相反的效應。

163 此機構為水輪調速器的改版。當中，調速器藉由曲柄槓桿來操縱閘門或搬運梭，曲柄槓桿則是透過下列方式來操縱皮帶：將皮帶套在三個滑輪的其中一個，中央滑輪在心軸上游動，其他兩個則固定。如圖，當調速器以適當速度運行時，皮帶位於游動滑輪上。當速度加快時，皮帶會被拉到下方滑輪，導致閘門或搬運梭上升並減少水量；當調速器減速時，皮帶會移到上方滑輪，使閘門或搬運梭產生相反的作用。

機械運動

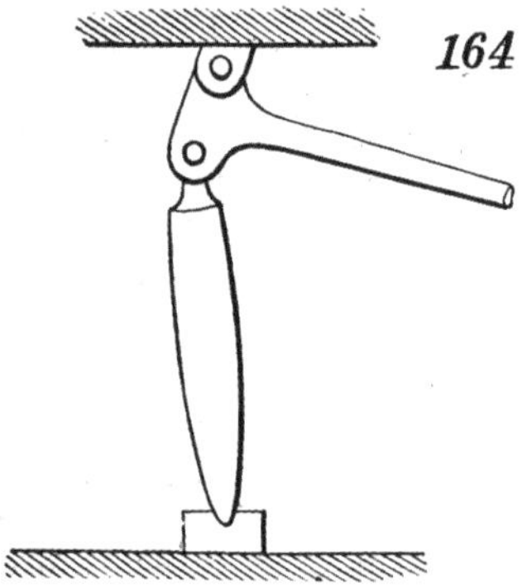
164

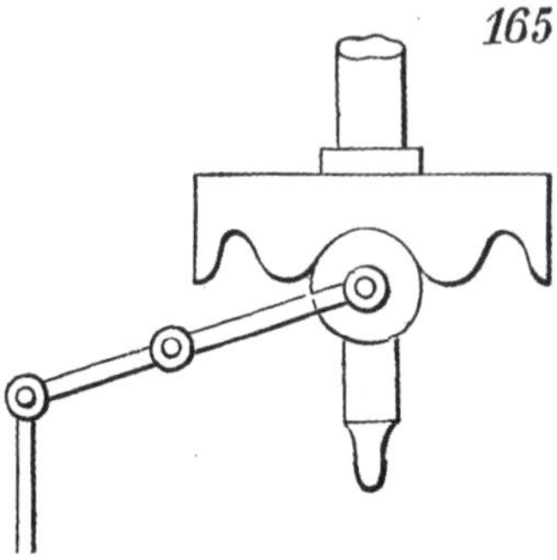
165

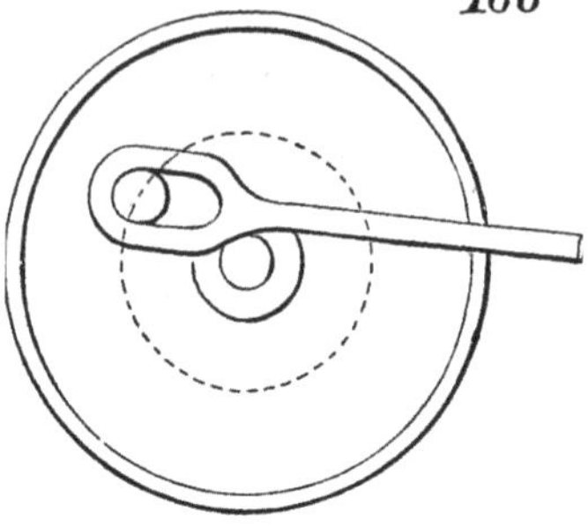
166

167

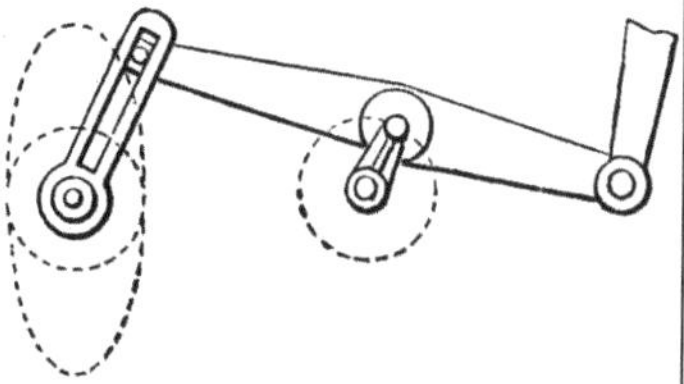
168

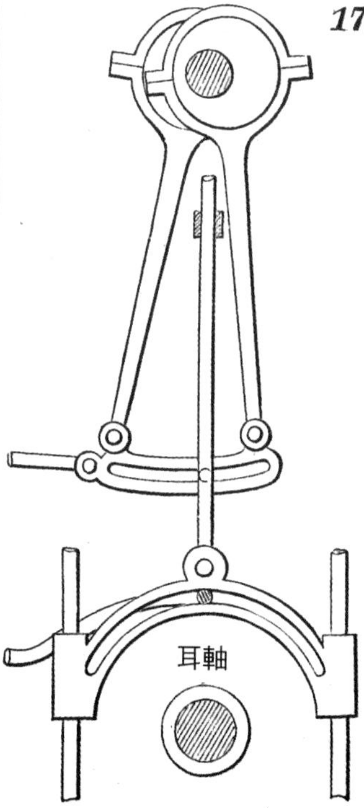
171

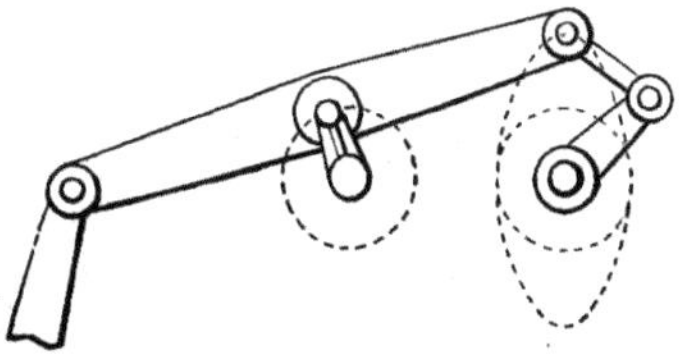
169

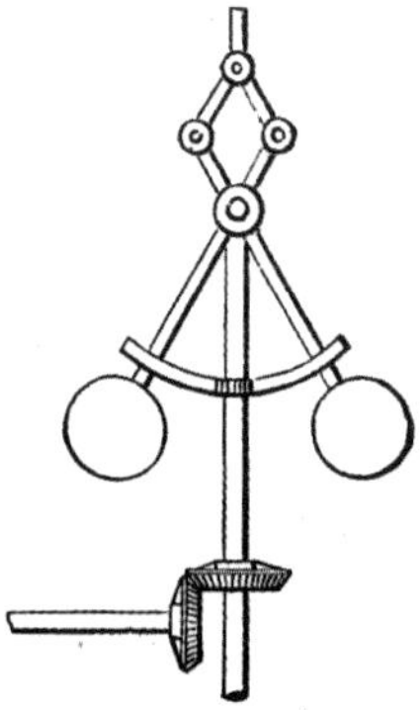
170

164 ～ 171

164 膝槓桿，與圖 140 介紹的肘節接頭有些許不同。由於此機構可承受強大力量，因此常用於衝床與搗碎機；藉由舉起或放下水平桿來操縱。

165 此機構可將圓周運動轉換成線性運動。垂直軸所安裝的波狀齒輪或凸輪經由擺動的桿子向上方桿傳遞線性動作。

166 裝有曲柄銷的轉盤帶動連桿進行往復動作，桿上的孔槽設計能讓桿在行程的末端稍作停留。此機構常用來壓製磚塊，連桿會牽動模子來回移動，並且在每次行程結束時暫停，讓黏土在模子裡形成磚塊後再將其取出。

167 圖中的鼓輪或圓筒表面刻有一道無端螺旋溝槽，其中半段溝槽的螺旋方向與另外一半的方向相反。進行往復線性運動的桿子上有一根樁柱在溝槽中移動，將往復運動轉換為轉動。此裝置曾用來代替蒸汽引擎中的曲柄。

168 圖片左方的長孔曲柄裝在引擎的主軸上，而連接起曲柄和往復驅動力的搖桿上裝有一根插銷，在曲柄的長孔中移動。在第一支曲柄與驅動力之間則有第二支半徑固定的曲柄，與同一支連桿相連。當第一支曲柄轉動時，由於連桿末端的插銷會以橢圓形的軌跡移動，因而提升主曲柄在這幾個點的槓桿率，有利於力量傳輸。

169 圖 168 的改版，用一支連桿來連接主曲柄與連桿，免除了原本曲柄上的長孔設計。

170 蒸汽引擎調速器的另一種類型。兩支擺臂不再以滑套連接心軸，而是改為彼此交錯並向上延伸，以兩支短連桿來連接閥桿。

171 振盪式船用引擎所用的閥動機構與反向齒輪。兩隻偏心桿將振盪運動傳送給操作耳軸弧形滑軌的長孔連桿。弧形滑軌的溝槽中有一根插銷連接著搖軸的臂，搖軸則帶動閥門。滑軌的弧形溝槽以耳軸的中心為圓心，由於耳軸會隨著汽缸移動，所以不受閥門行程的干擾。這兩支偏心桿與連桿的組合，與火車的連桿運動相當類似。

機械運動

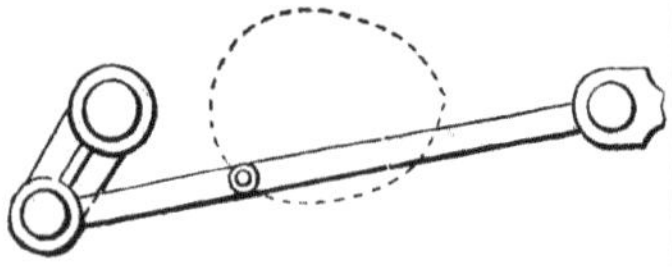

172

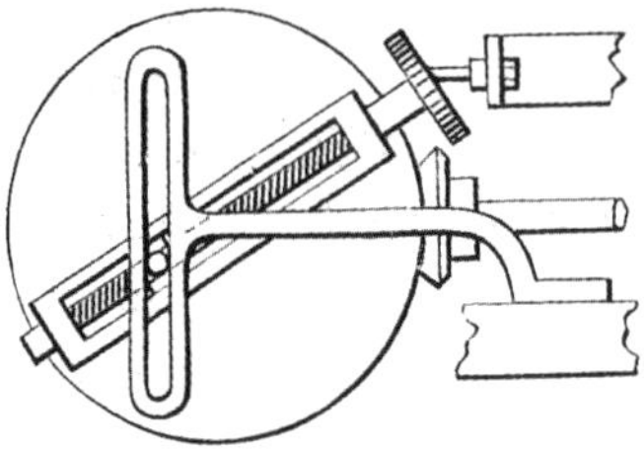

173

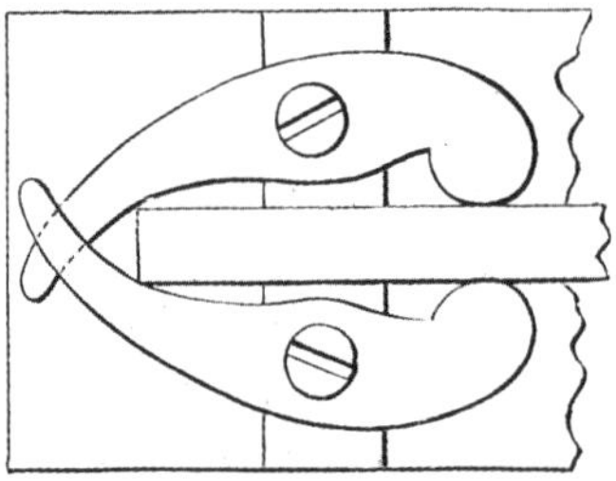

174

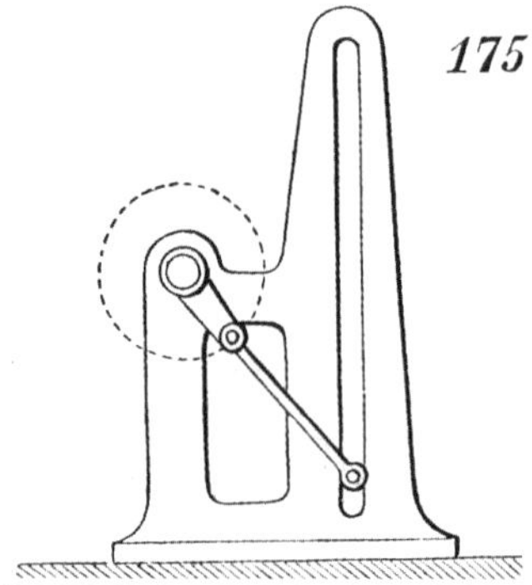

175

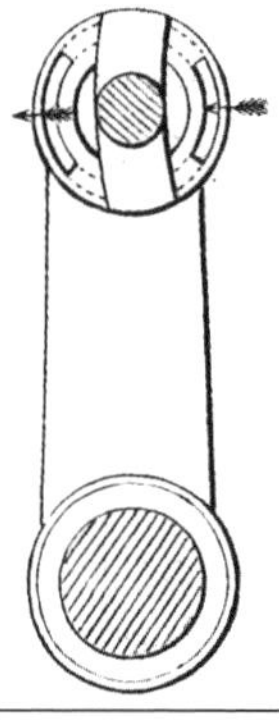

176

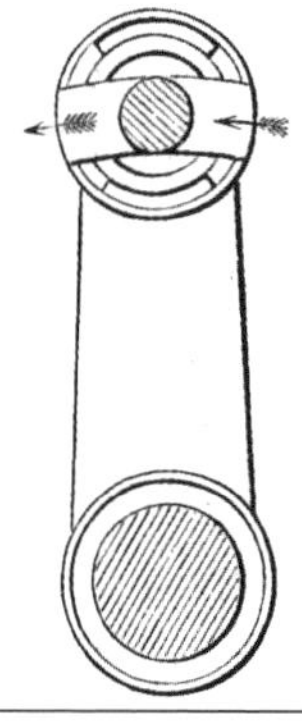

177

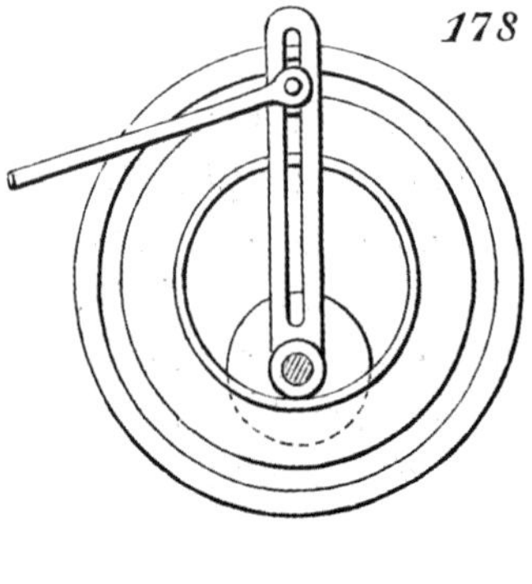

178

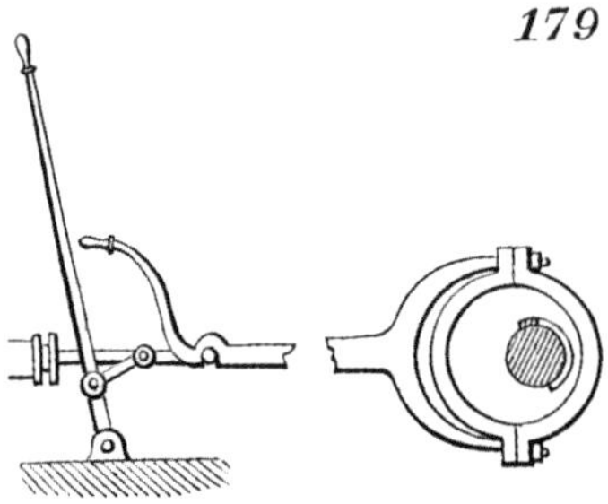

179

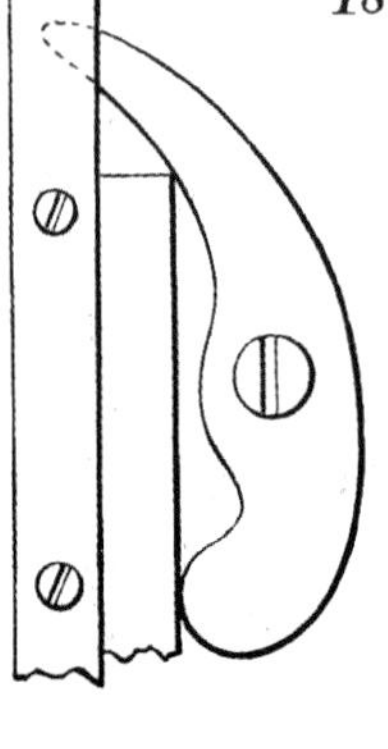

180

172～180

172 圖為卵形橢圓運動的模式。

173 圖為紡絲機的機構之一，用途與圖142相同。圓盤或斜齒輪的背面固定了一支螺桿，其中一端裝有挺桿齒輪。圓盤每轉一圈，挺桿齒輪因此觸及插銷或挺桿，開始間歇轉動。裝在螺桿螺帽上的軸節進入桿子末端的長孔直桿中滑動。桿子負責將絲導入梭子上。圓盤每次旋轉都會改變導桿行程的長度，因為螺桿末端的挺桿齒輪會帶動螺桿旋轉，螺桿上的螺帽位置也隨之改變。

174 木匠工作台的桌鉗。物體從夾子之間推進去時會轉動螺絲，而夾住物體兩側。

175 引擎中的曲柄每轉一圈就會帶動活塞走完整個行程。

176 和圖177都是用於脫接引擎的發明。軸節固定在曲柄（圖中未畫出來）的臂上。如圖，當曲柄臂環上的溝槽移到圖中的位置時，就會將動作傳遞到該曲柄上；當溝槽移到圖177的位置時，軸節會通過溝槽而不傳遞動作到環所在的曲柄上。

178 此機構的作用是改變切割工具的滑桿速度，見於插床與成形機等機械當中。驅動軸設置在固定圓盤的開口，盤上有一道圓型溝槽；軸的末端裝有一支長孔曲柄。有一支滑桿同時在曲柄長孔和圓盤溝槽中運動，其向外的一端與連桿相接並受此推動。驅動軸旋轉時會帶動曲柄旋轉，與連桿相接的滑桿則在偏心圓盤溝槽的導引下行進。因此當滑桿靠近圓盤底部時，曲柄的長度縮短，連桿的速度也隨之減緩。

179 此機構是單一引擎的反向齒輪。舉起離心桿時，就會釋放閥門心軸。接著即可操作直立槓桿來反轉引擎，反轉後離心桿會再次降下。這根離心桿在軸上游動，軸上的凸點剛好作用在離心桿旁邊接近半圓形的外凸部位，使得離心桿在反轉閥門時也剛好在軸上旋轉半圈。

180 此機構與圖174的差異只在它是由一支繞著樞軸轉動的夾具與一個固定的邊座所組成。

機械運動

181

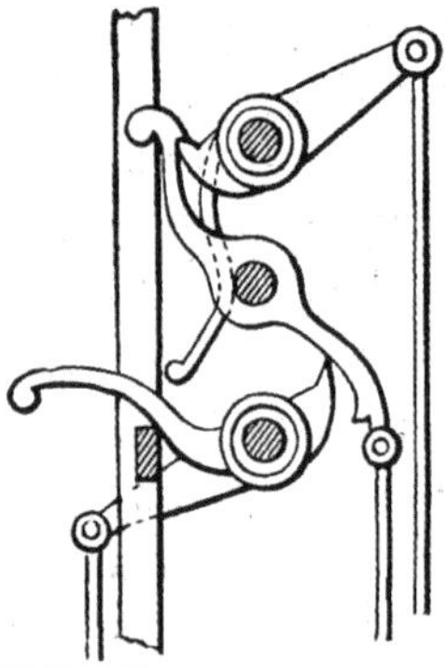

182

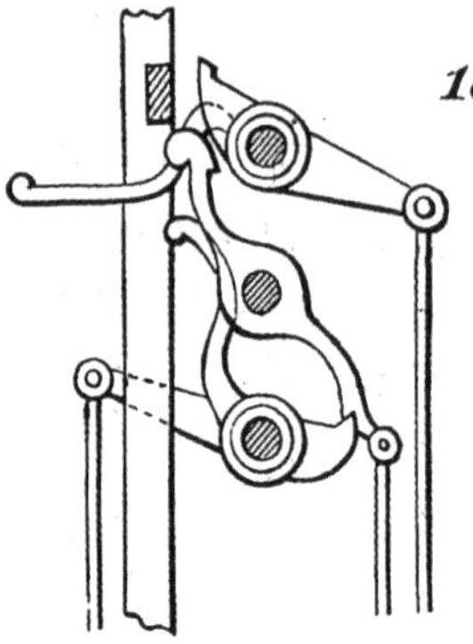

183

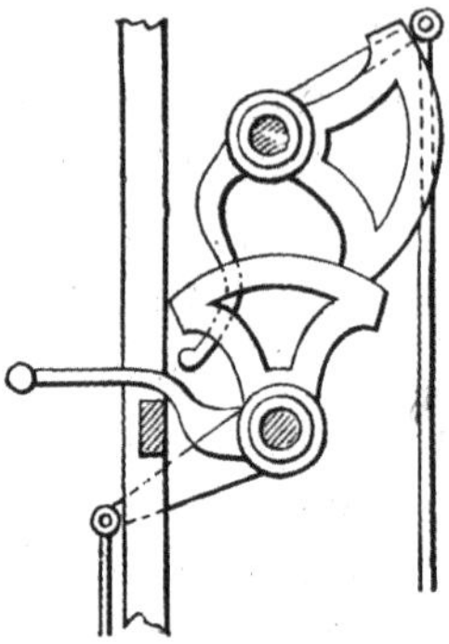

184

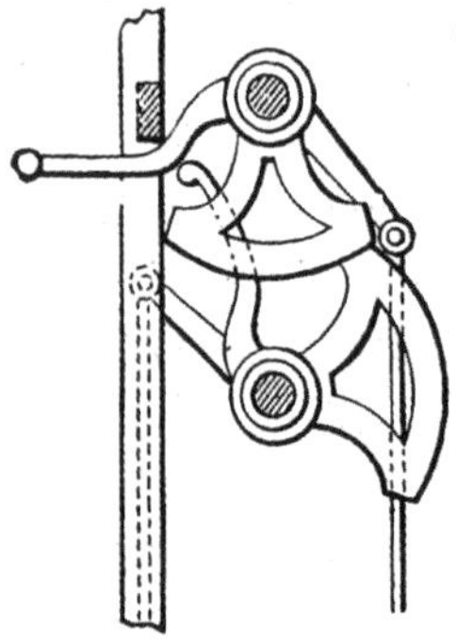

185

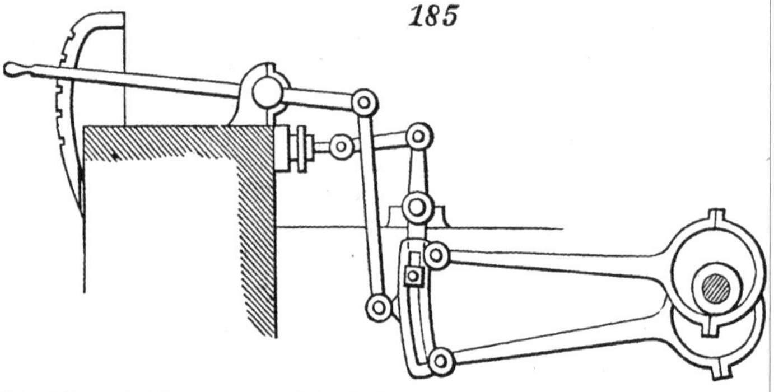

186

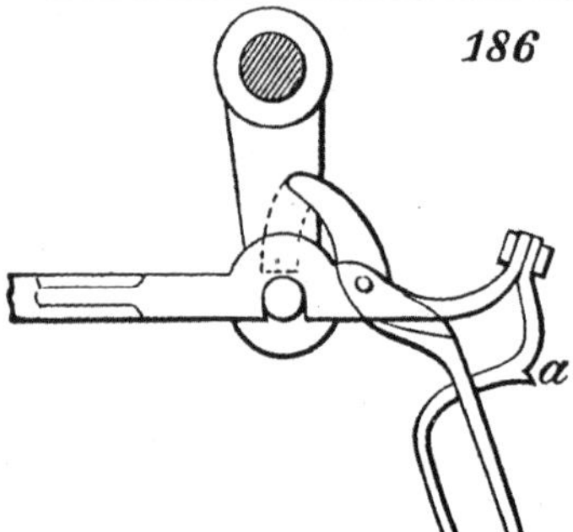

187

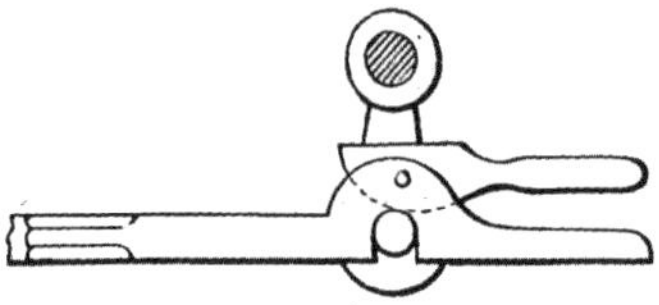

188

181 ~ 188

181 和圖 182 都是應用於大型鼓風機或泵引擎的對角線捕捉夾或手動裝置。在圖 181 中，由於下方的蒸汽閥與上方的排洩閥打開，而下方的排洩閥與上方的蒸汽閥關閉，導致活塞上升。在活塞桿上升途中，下方手把會被凸出的挺桿撞擊而舉起，然後被捕捉夾抓住而使下方蒸汽閥與上方排洩閥關上。同時，捕捉夾會鬆開上方手把，後方配重再將手把拉起而打開下方的排洩閥與上方的蒸汽閥，導致活塞下降。圖 182 畫的是活塞在汽缸頂部的情形。活塞下降時，活塞桿的挺桿敲擊上方手把並鬆開捕捉夾，讓裝置回復至圖 181 的狀態。

183 與圖 184 為 181 與 182 的改版，對角線捕捉夾改成了兩個扇形的齒輪。

185 圖為火車的連桿運動閥動機構。一個閥門使用兩個偏心輪，分別接收引擎的前進與後退動作。兩支偏心桿的末端連接至弧形的長孔桿上（術語稱為「連桿」）。如圖，與一套槓桿相連的手把可上下拉動連桿。連桿長孔中有一個滑塊和插銷，與閥桿末端的槓桿組相連。連桿受偏心輪帶動後，將動作依序傳送到滑塊，再到閥門。假設連桿被舉起而滑塊移到連桿的中央時，連桿會以滑塊的插銷為中心擺動，最後讓閥門靜止。但當連桿移動、滑塊跑到連桿的一端時，偏心輪的完整動程會傳送到末端，使閥門和汽門全開。一直到行程結束，閥門和汽門才會關閉；也就是說，整段行程中間蒸汽幾乎都能進入汽缸。但如果滑塊如圖中位置一樣，介於長孔的端點和中點之間，滑塊只會收到偏心輪的部分動程，使汽門半開並且很快關上。如此一來，在行程結束前蒸汽就會停止供應，缸中的蒸汽得到充分利用。當滑塊愈接近長孔的中點，效率愈好，反之亦然。

186 圖為一種讓偏心桿脫離閥動機構的裝置。將下方的彈簧手把往上拉至凹槽 a，插銷就會從偏心桿的凹節中脫離，

187 與圖 188 均為圖 186 的改版。

機械運動

189

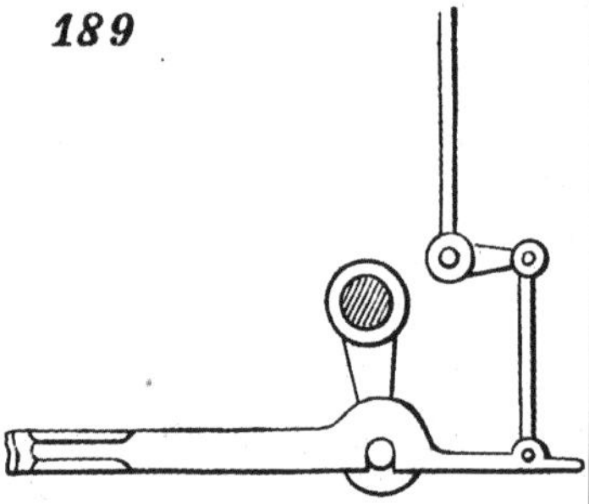

190

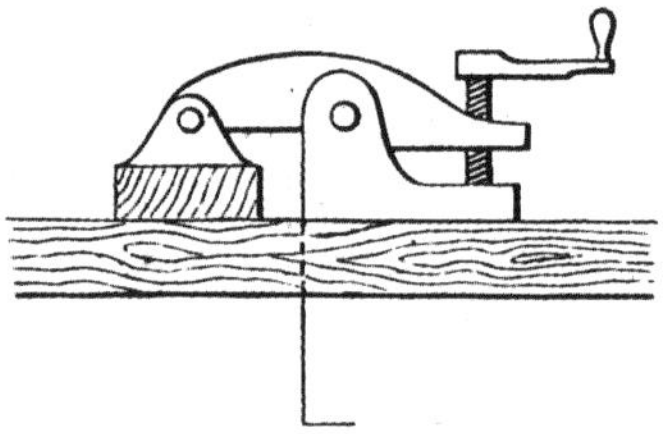

191

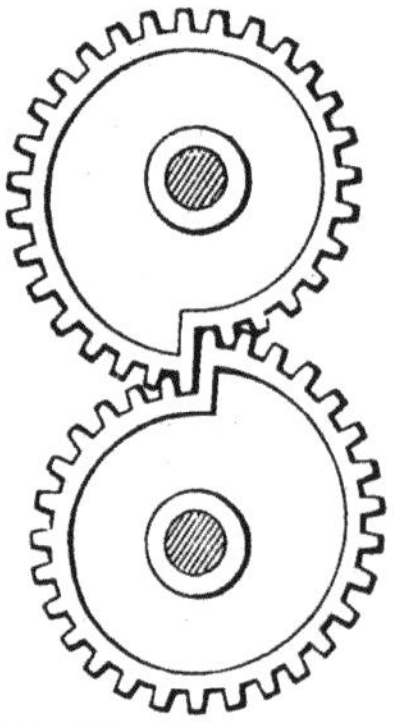

192

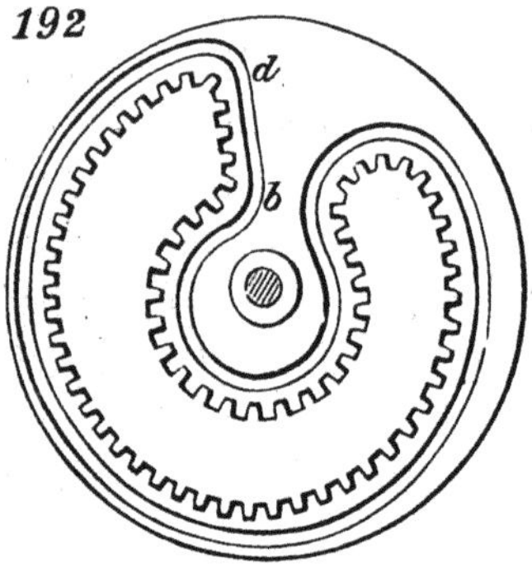

193

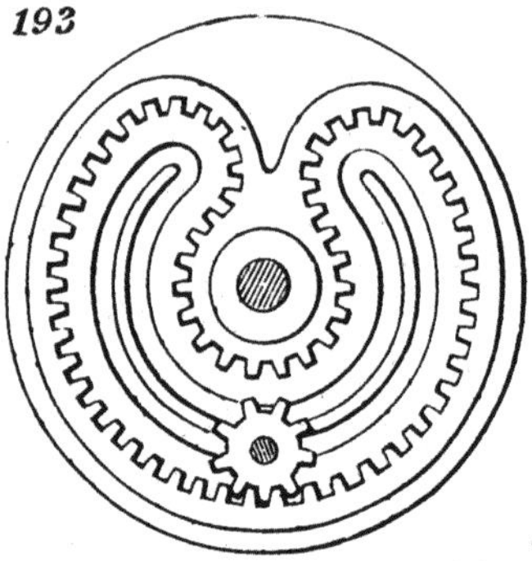

194

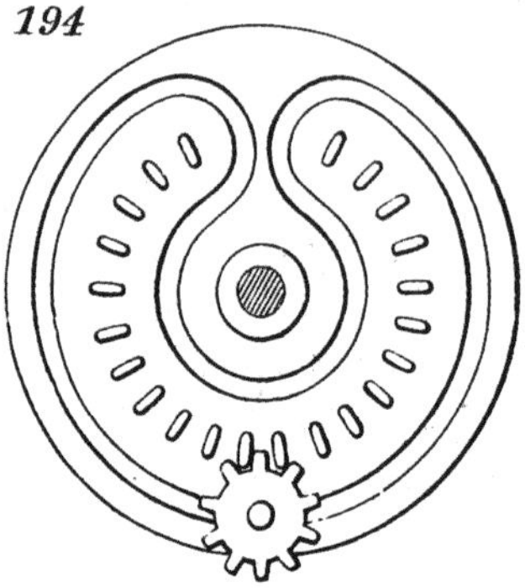

195

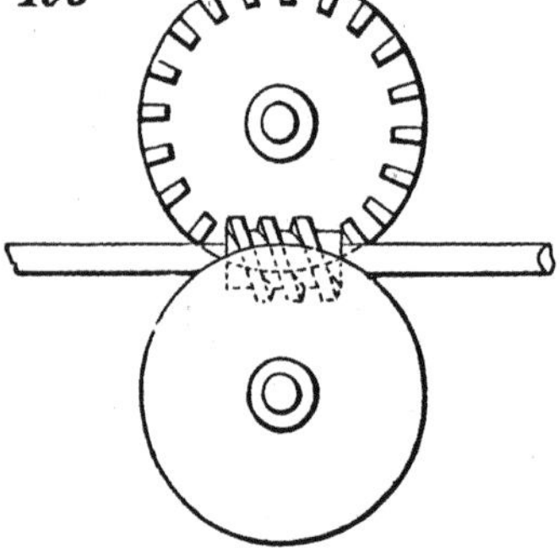

196

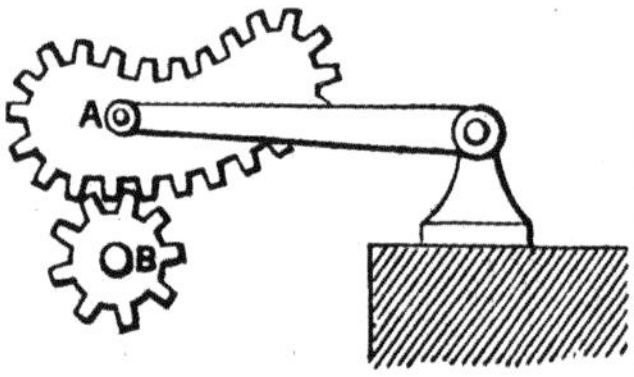

197

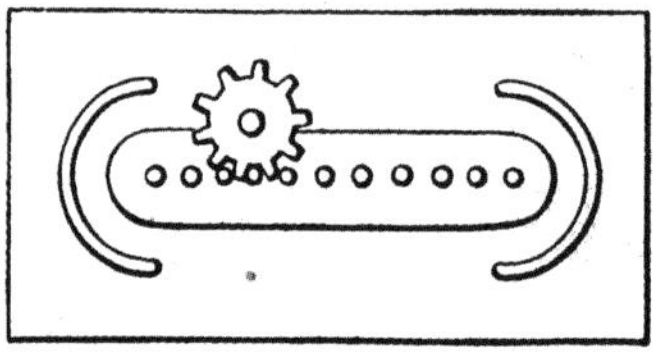

189 ～ 197

189 圖 186 的另一種改版。

190 圖為螺桿夾。轉動手把時，螺桿會離開底座往上轉，讓夾具產生槓桿作用而夾住擺在支點另一邊的木料或其他材料。

191 蝸形齒輪，速度會逐漸加快。

192 圖為軋輥輪的其他變型，另一種版本已在圖 36 提及。此機構的轉速在旋轉時會不斷變化。相對於齒輪軸，導引小齒輪軸的溝槽 b 和 d 及一系列的輪齒均為偏心。

193 圖為另一種軋輥輪與小齒輪的改版。在上一個和這個版本中，小齒輪都是單向旋轉，軋輥輪也會在一個方向快要轉完一圈後，再往反方向旋轉將近一圈。不過由於外齒圈的圓周比較長，其中一邊的轉速會比另一邊慢。

194 圖為另一種軋輥輪。此機構只有一環齒圈，因此兩邊的轉速相同。在以上這些軋輥輪中，小齒輪的輪軸都會在導引下與軋輥輪保持嚙合。小齒輪軸上裝有萬向接頭，讓它在必要時產生振動以嚙合軋輥輪。

195 圖中顯示同時驅動兩個進給輪的模式，且兩輪的相對面會往同方向移動。兩個齒輪非常相似，都會與中央的無端螺桿嚙合。圖中只看得到其中一個齒輪的齒，另一個齒輪的齒藏在背後。

196 小齒輪 B 在固定軸上旋轉，並帶動裝有齒輪 A 的擺臂不規則振動。

197 此裝置稱為軋輥架。小齒輪不斷旋轉，帶動長方形框架往復運動。小齒輪的輪軸要能上下自由移動，才能繞過框架兩端的導軌。這個裝置也可以加以改造：如果將框架固定，小齒輪改為固定在有萬向接頭的軸上，軸的末端就會如圖示，畫出一條圍繞框架的線。

機械運動

198

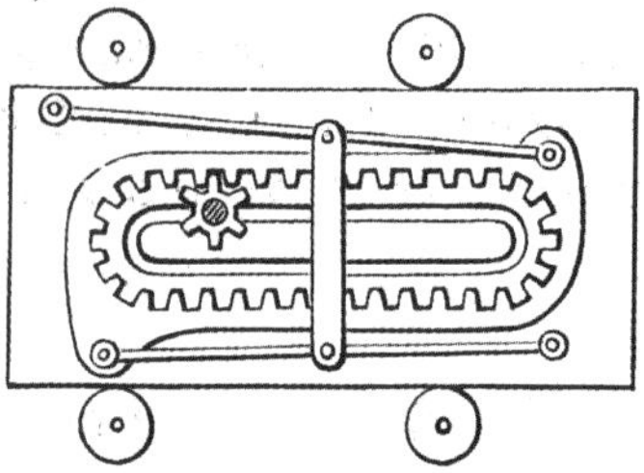

199

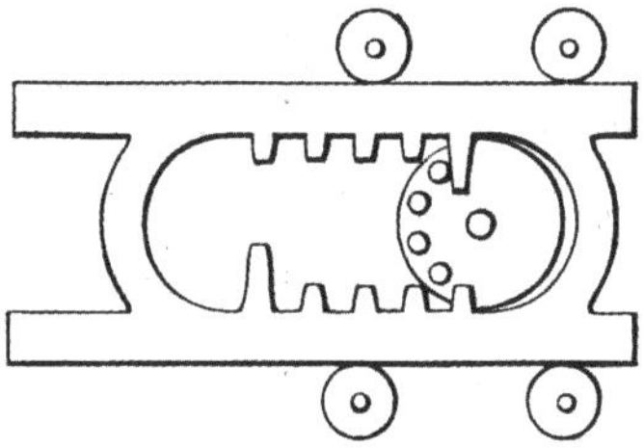

200

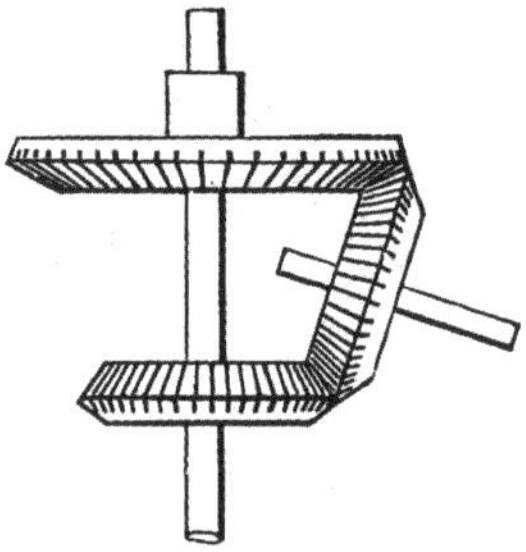

201

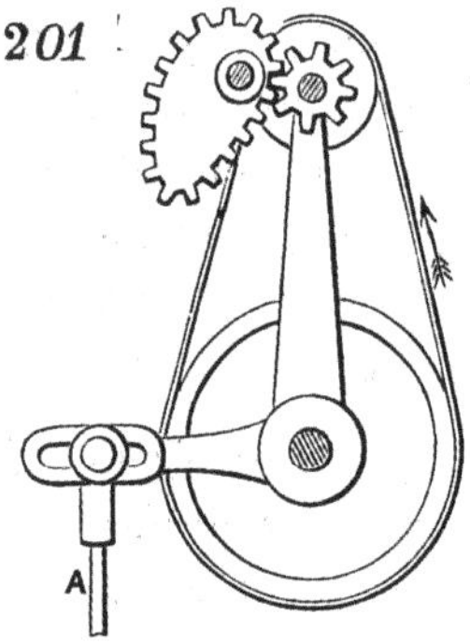

202

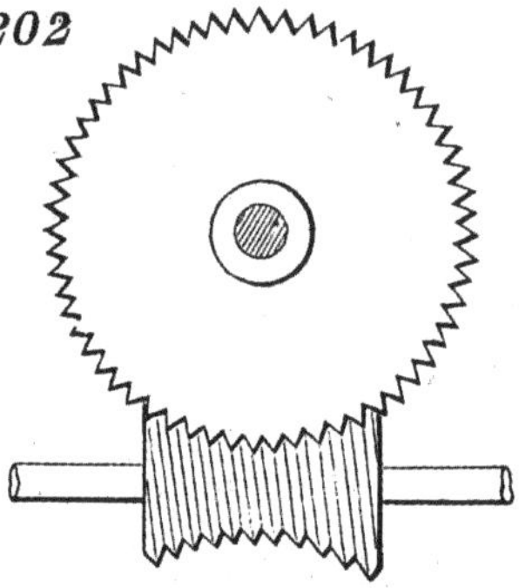

203

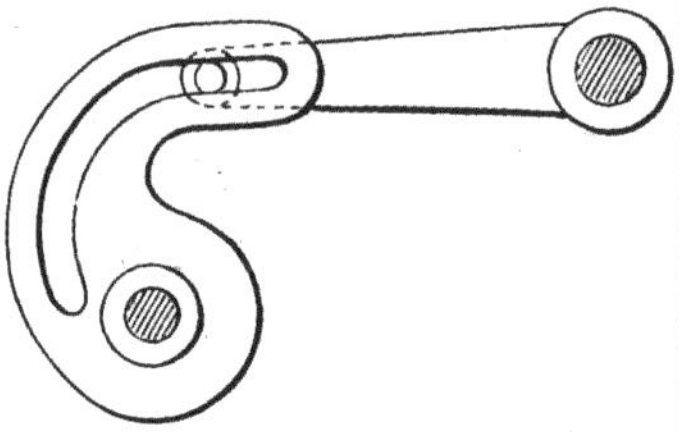

204

205

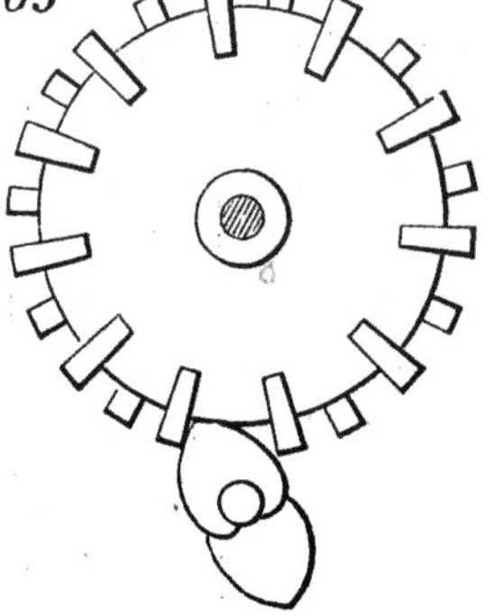

206

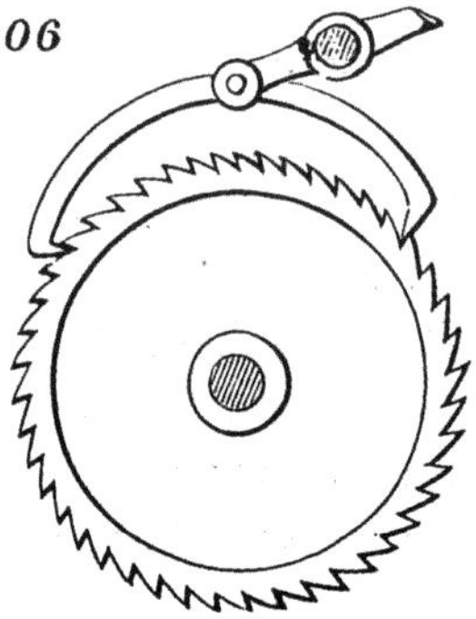

198 ～ 206

198 圖 197 的改版。圖中的小齒輪雖然一樣旋轉，卻無法如前一張圖般的上下移動。裝有齒條的框架藉由長桿與框架的主體相連，如此當小齒輪轉到底時，齒條會隨其動作而抬升，小齒輪再繼續往另一端轉動。

199 圖為另一種軋輥架。燈型小齒輪持續單向旋轉，帶動受滾輪或溝槽導引的方型框架進行往復運動。齒輪上只有不到半邊有輪齒，因此當輪齒與齒條的一側嚙合時，沒有輪齒的另一半就會轉往齒條的另一側。上下齒條末端的大齒可以確保齒輪確實嚙合。

200 一個驅動輪就可以提供不同速度給兩個同軸的齒輪。

201 小齒輪受左邊的不規則齒輪驅動而不斷旋轉，帶動水平擺臂變速振動後，進讓 A 桿做變速往復運動。

202 蝸桿或無端螺桿與蝸輪的組合。此機構為圖 31 的改版，用在需要穩定度或強大力道的情況。

203 弧形長孔擺臂的等速擺動會帶動直臂做變速擺動。

204 兩支互相傾斜的軸藉由滾動接觸的方式來傳遞旋轉運動。

205 一個兩齒的小齒輪驅動著大齒輪。這個小齒輪其實是由兩個凸輪所組成，各自與齒輪兩側錯開的兩排輪齒嚙合。

206 裝有兩支棘爪的槓桿擺動時，一支爪上升，一支爪下降，帶動棘輪持續旋轉。

機械運動

207

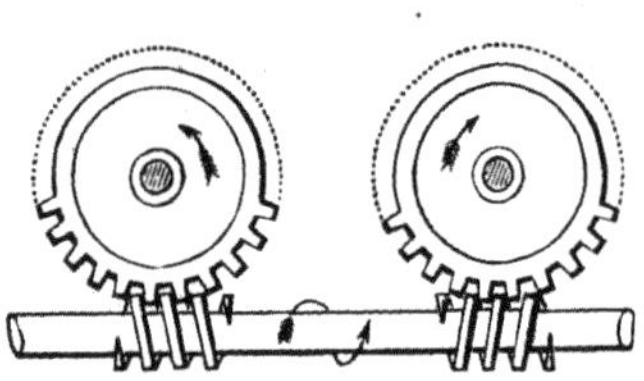

208

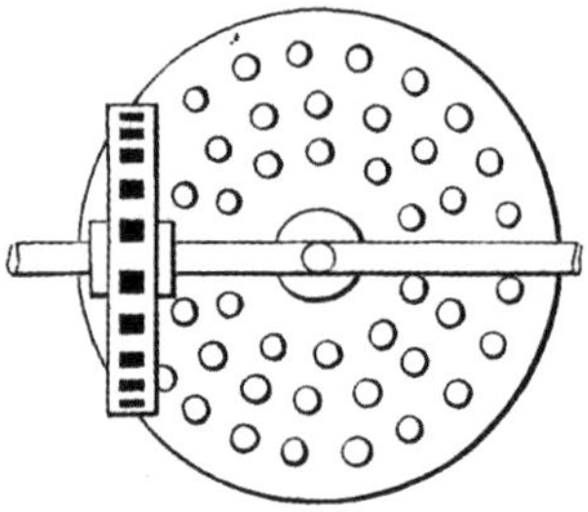

209

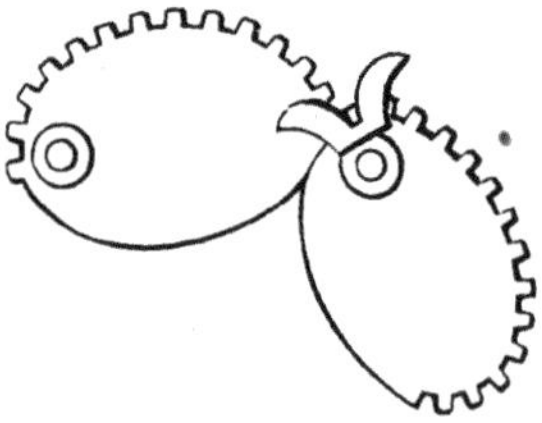

210

211

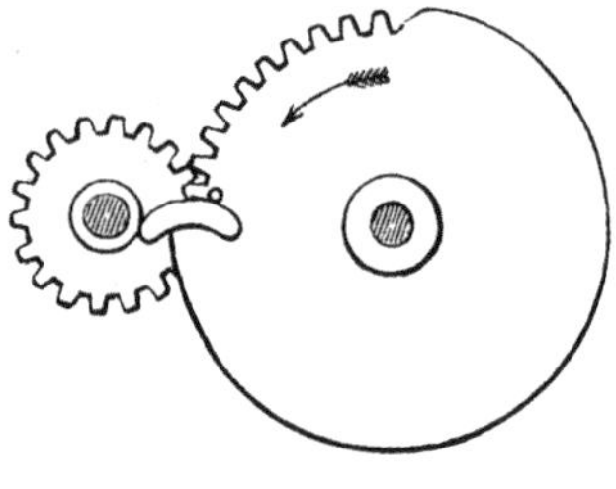

212

213

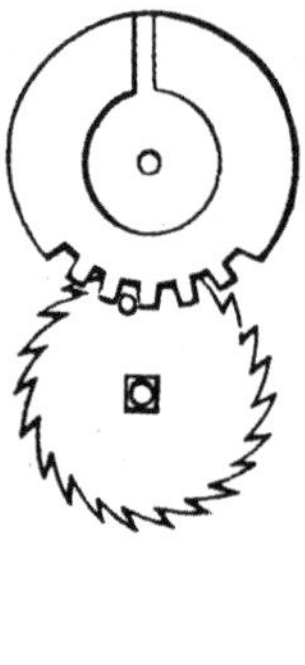

214

215

207 ~ 215

207 圖 195 的改版，由兩組蝸輪和蝸桿組成。

208 一個裝滿插銷的輪子搭配一個有開孔的小齒輪，可以變換三種速度。輪上有三圈插銷等距分布，小齒輪在軸上滑動時會接觸其中一圈插銷，旋轉的輪子因此改變小齒輪的速度，反之亦然。

209 此圖呈現的是透過滾動接觸來產生運動的模式。輪齒經過設計而能不斷旋轉，否則可能會停在圖中的位置；分叉的捕捉夾則是為了導引輪齒確實接觸。

210 弧形長孔擺臂由軸帶動而轉動時，垂直桿會跟著做變速線性運動。

211 大輪持續轉動，帶動小齒輪間歇轉動。圖中小齒輪靠近大齒輪的部位經過削切，以符合大齒輪圓周平整段的弧度；當大齒輪平整部位轉過來時，小齒輪就會發揮鎖定的功能。再等到大齒輪上的插銷撞擊小齒輪上的導件，小齒輪軸會再次旋轉。

212 圖為「日內瓦停止機構」，用來限制瑞士鐘錶上緊發條的旋轉次數。B 輪的凸曲面 a-b 可發揮止動功能。

213 與圖 212 功能相同的另外一種止動機構。

214 和圖 215 均為止動機構的改版，和圖 212 相比就可輕鬆看出它們的運作原理。

機械運動

216

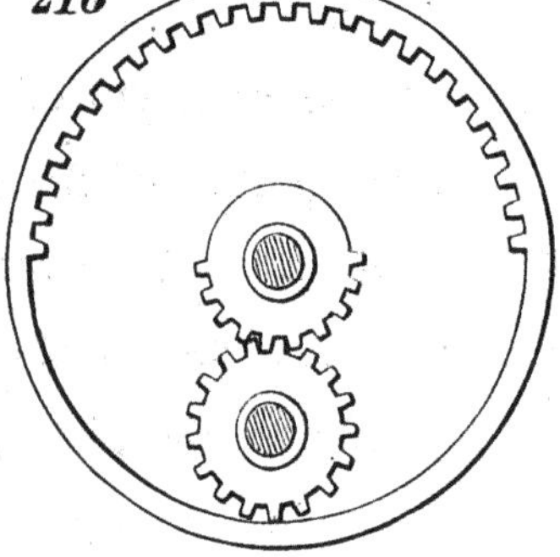

217

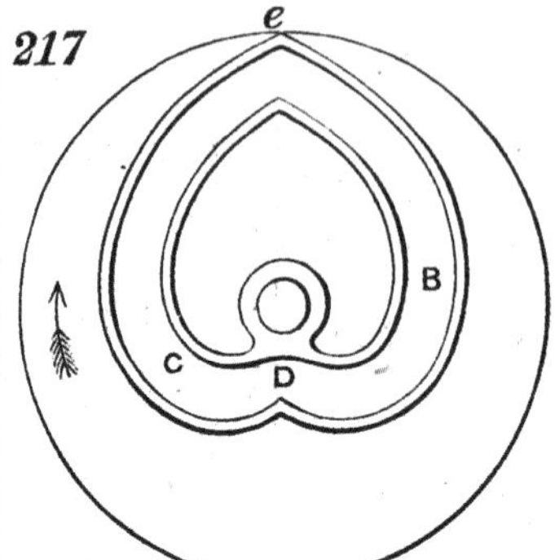

218

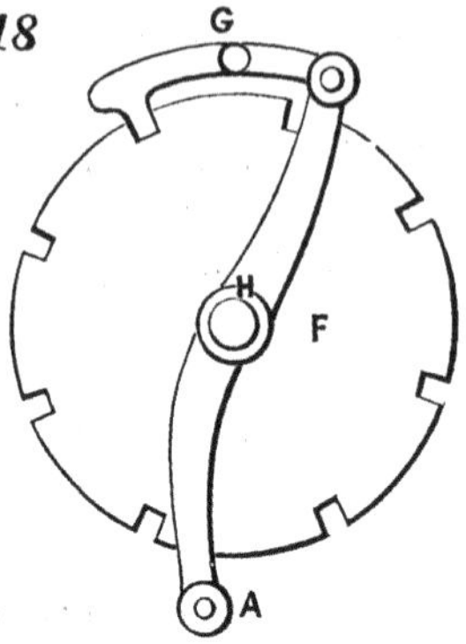

219

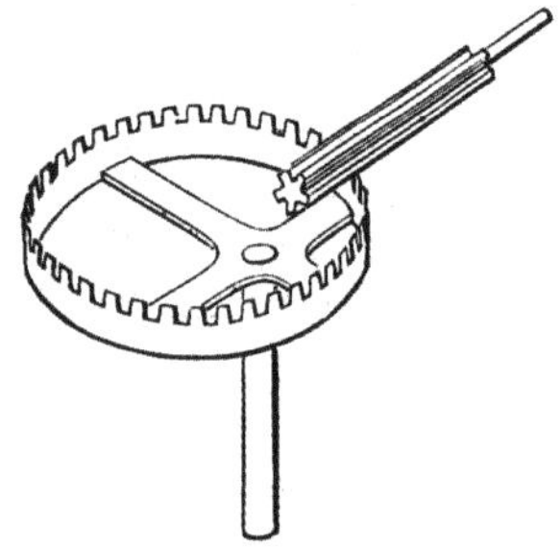

220

221

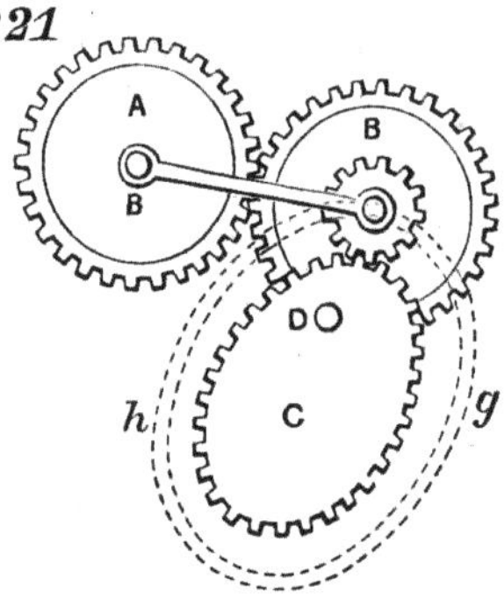

222

223

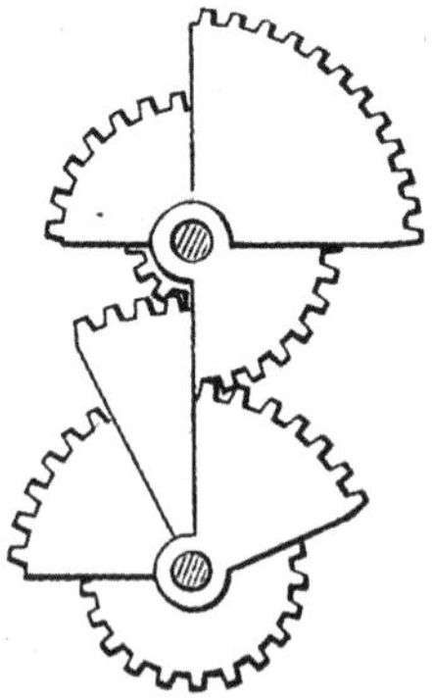

224

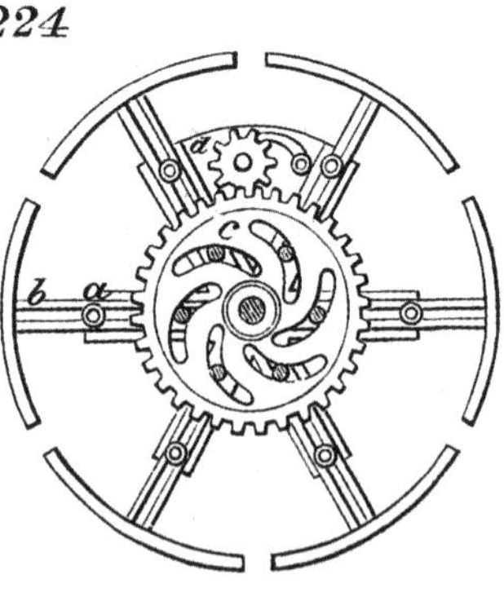

216 ～ 224

216 內、外兩個各有缺齒的齒輪交替與小齒輪嚙合，讓小齒輪在緩慢前進後快速反轉。

217 和圖 218 是梳棉機裡用來滾動的機構。圖 218 齒輪 F 上的滾輪會先往後轉三分之一圈，再往前轉三分之二圈，等待運送下一束梳好的纖維。此運動要由圖 217 有溝的心形凸輪 C、D、B、e 以及在溝槽中運行的輪椿 A 來完成。A 由 C 走到 D 時滾輪會往後轉，從 D 走到 e 時滾輪會往前。上述動作經由掣子 G 傳遞至安裝在滾筒軸 H 上有刻痕的轉輪 F。當輪椿 A 抵達凸輪上的 e 點時，輪背面推動凸輪的凸起處會敲擊掣子 G 的凸起處，使 G 從 F 的刻槽中舉起。如此當輪椿從凸輪的 e 移到 C 時，掣子會通過 F 刻痕之間的平滑部位而不傳送動作。而當 A 移動到 C 時，掣子會落到下一個刻痕中，再度依照需求驅動 F 與滾輪。

219 冠狀齒輪與小齒輪的變速圓周運動。冠狀齒輪與軸偏心，所以相對半徑會不斷改變。

220 兩支曲柄軸的方向平行，但彼此不對齊。一支曲柄的軸節在另一支曲柄的溝槽中作用，且不斷改變到該曲柄軸的距離，因此不管是哪一支曲柄在旋轉，都會帶動另一支曲柄做變速轉動。

221 此裝置可以讓齒輪 A 做不規則的圓周運動。C 是繞著 D 軸旋轉的偏心齒輪，也是驅動輪。小齒輪 B 的齒距與 C 相同，並與 C 嚙合。小齒輪的軸不固定，而是裝在擺臂或框架上，以 A 為軸心振動。如此一來，框架會在 C 旋轉時上升或下降，以便小齒輪在不改變接觸半徑的情形下保持嚙合。為了讓 B 與 C 保持適當的嚙合深度而不互相疊合，C 上裝有一片形狀與 C 相似、但面積比 C 大且表面刻有一道橢圓形溝槽 g、h 的板子，與 B 同心的擺臂上的插銷或小滾輪因此得以在 g、h 溝槽中滑動。

222 如果把上圖中的齒輪 C 換成在偏心軸上轉動的正齒輪，再將該齒輪的圓心與其嚙合的小齒輪連結起來，對維持適當的嚙合度來說，會比利用溝槽的方式還要簡單。

223 此機構能讓齒輪做變速圓周運動。這些扇形齒輪配置在不同平面，其相對轉速取決於各個扇形的半徑。

224 圖為伸縮滑輪。小齒輪 d 向左或向右轉時會帶動齒輪 c 往同一方向轉動，c 上的弧狀溝槽拉動滑輪伸縮臂內外的輪椿，讓滑輪的尺寸伸展或收縮。

機械運動

225

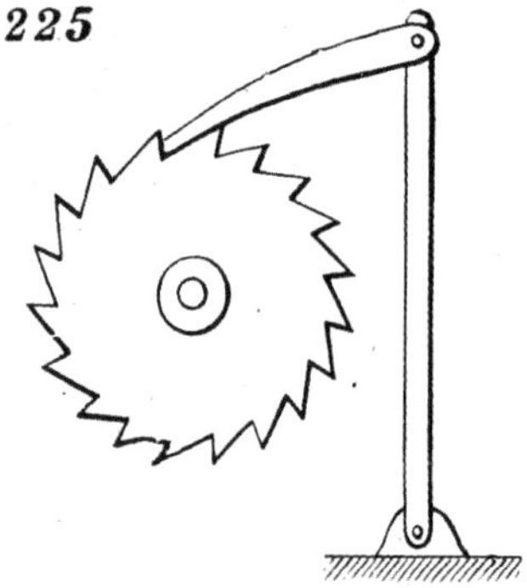

226

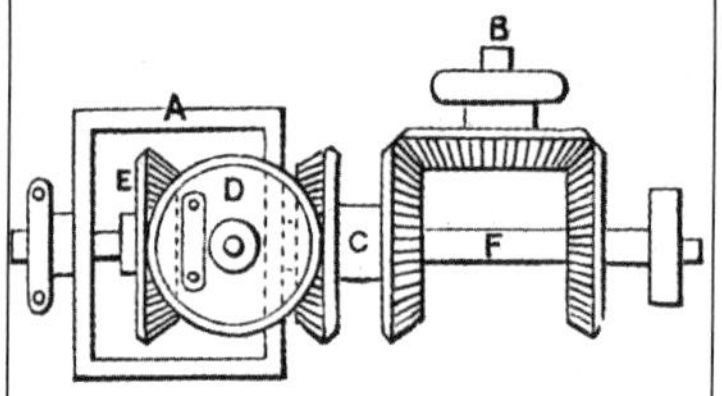

227

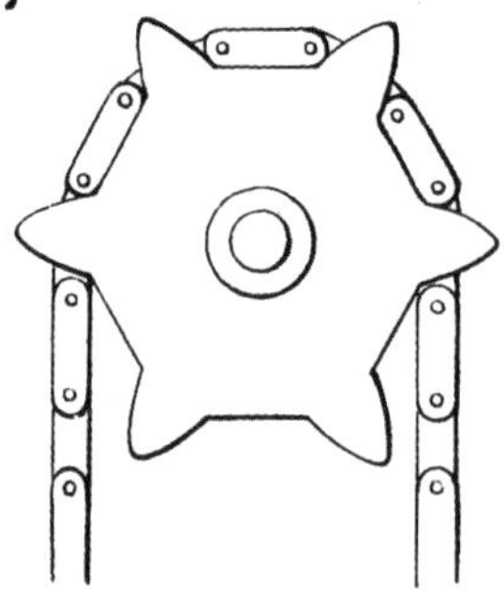

228

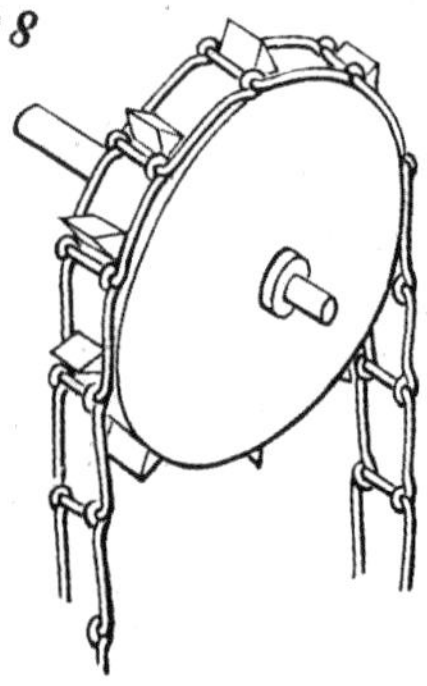

229

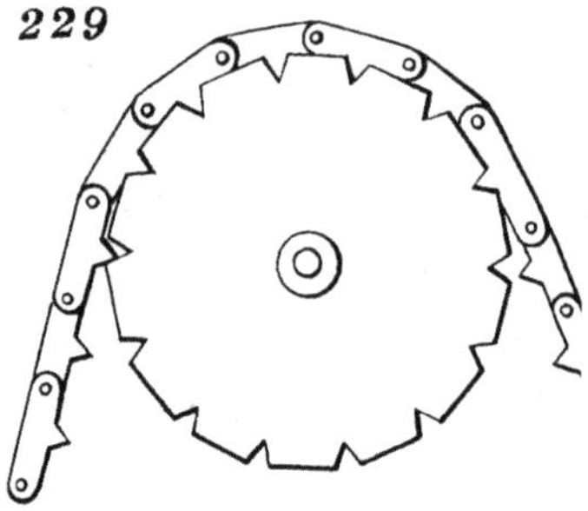

230

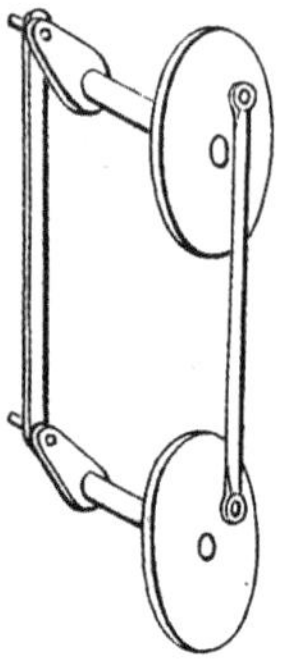

231

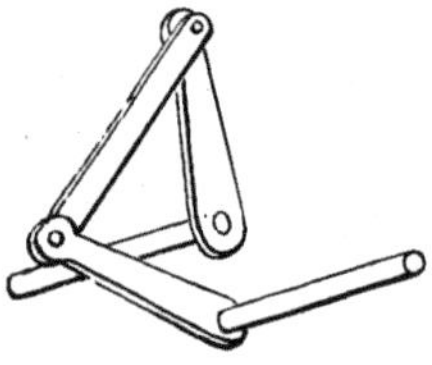

232

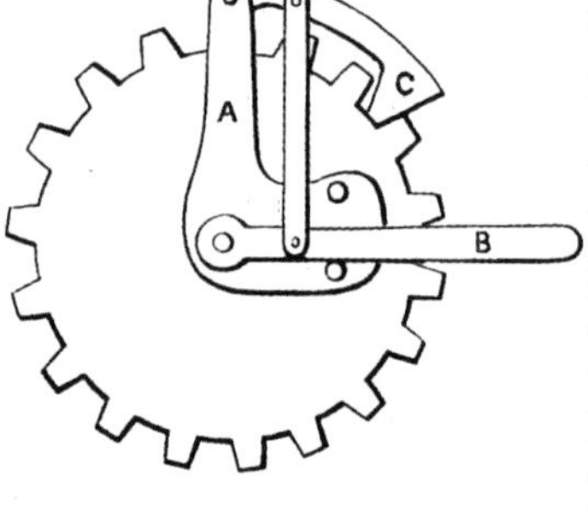

233

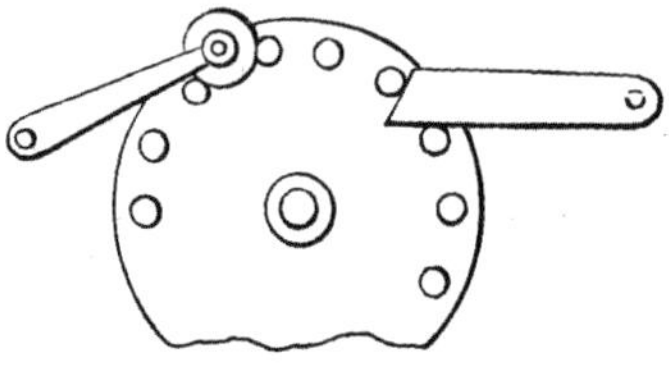

225 ～ 233

225 臂上的棘爪會振動，使棘輪產生間歇圓周運動。

226 此機構利用幾個直徑等長且與齒數相同的齒輪來加速，成果出乎眾人的預期。圖中使用六個斜齒輪，B 軸上的齒輪分別嚙合兩個齒輪，其中一個安裝在 F 軸上、另一個跟 C 一起固定在共同的中空軸上，該中空軸可在 F 軸上游動。由於齒輪 D 受框架 A 帶動，A 又固定在 F 軸上隨其旋轉，因此帶動 D 繞著 F 旋轉。齒輪 E 在 F 軸上游動，並與 D 嚙合。現在，假設移除中空軸 C 上的兩個齒輪、D 也不自轉，B 的齒輪轉一圈時，A 會跟著轉一圈，再藉由固定在框架上的 D 帶動 E 轉一圈；當我們把空心軸 C 上的齒輪放回去時，B 每轉一圈，會帶動 D 自轉一圈，E 則總共旋轉兩圈。

227 圖為鐵鏈與鏈輪。鐵鏈的環節位於不同的平面，環節與環節之間留出空間可讓鏈輪的輪齒穿過。

228 另一種鏈輪。

229 另一種鏈輪。

230 由圓周運動帶出圓周運動的機構。圖中連桿的配置經過設計，當其中一組相連的環節越過死點或行程末端時，另一組環節會呈垂直，不需要飛輪便可確保持續運作。

231 牽桿運動。利用一支曲柄將圓周運動傳遞至另一支曲柄。

232 擺臂 B 振動，帶動齒輪進行間歇圓周運動。當 B 臂舉起時，棘爪 C 會隨之從輪齒的中間舉起並沿著圓周向後退，然後在 B 臂放下時落在輪齒之間，而轉動齒輪。

233 圖為兩種不同的燈輪止動機構。

機械運動

234

235

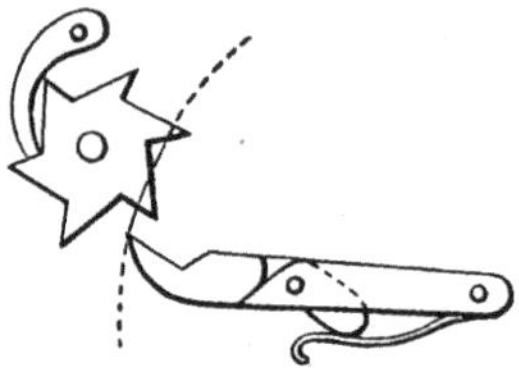

236

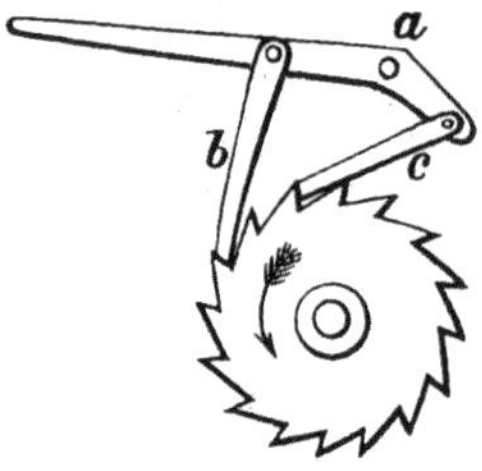

237

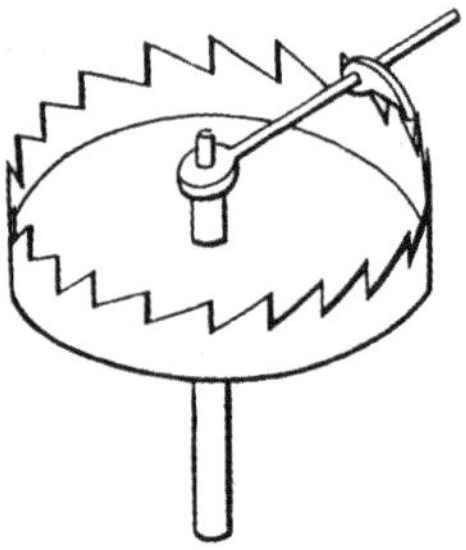

238

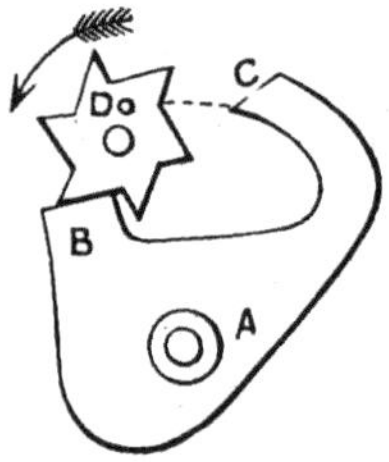

239

240

241

242

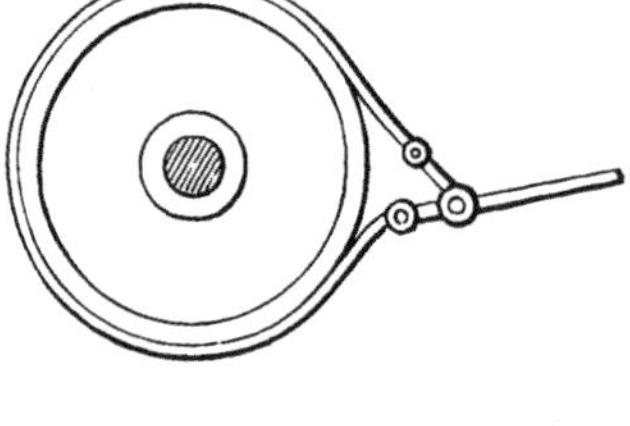

234 ～ 242

234 圖為機軸擒縱機構。S 軸振盪時，冠輪會間歇旋轉。

235 挺桿臂的振盪會帶動棘輪間歇轉動。挺桿臂底部的小型彈簧可以確保挺桿臂在舉起時，挺桿能維持在圖中的位置，並且在挺桿臂放下時穿過齒輪。

236 槓桿 a 連接著 b、c 兩支棘爪，當 a 擺動時，棘輪會幾近連續地進行圓周運動。

237 上方臂在往復轉動時，安裝在臂上的棘爪會帶動下方冠棘輪或鋸齒輪做間歇圓周運動。

238 圖為擒縱機構。D 是擒縱輪、B 與 C 是擒縱叉、A 是擒縱叉的軸。

239 正齒輪的止動器配置。

240 圖中是棘輪的多種止動器。

241 附一支爪的小齒輪連續旋轉，使大齒輪 A 間歇旋轉。

242 用於起重機與吊車的煞車。拉下槓桿末端時，煞車皮帶的兩端會接近彼此，因而收緊煞車輪上的皮帶。

機械運動

243

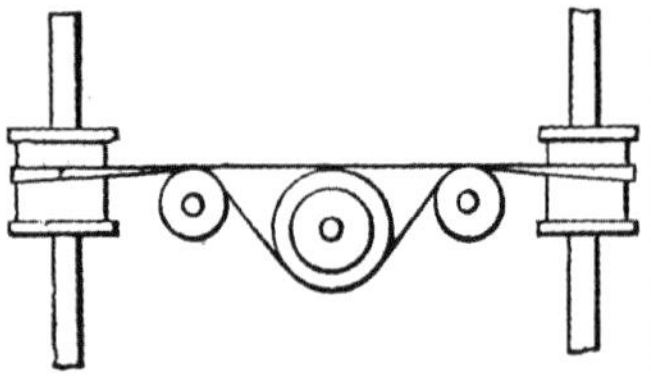

244

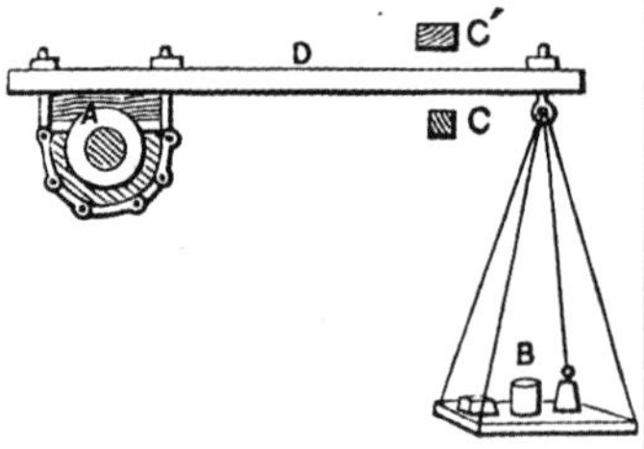

245

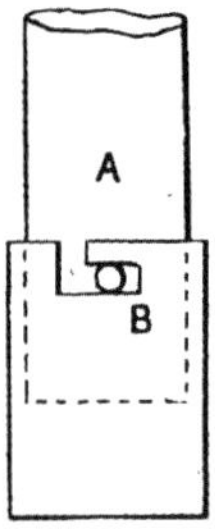

246

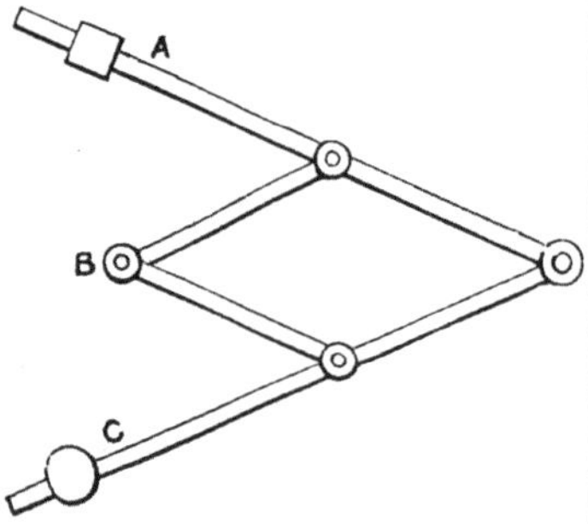

247

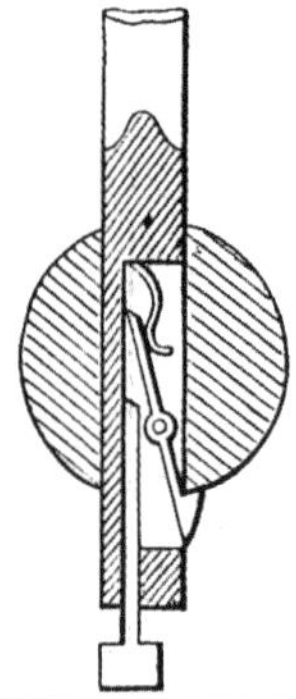

248

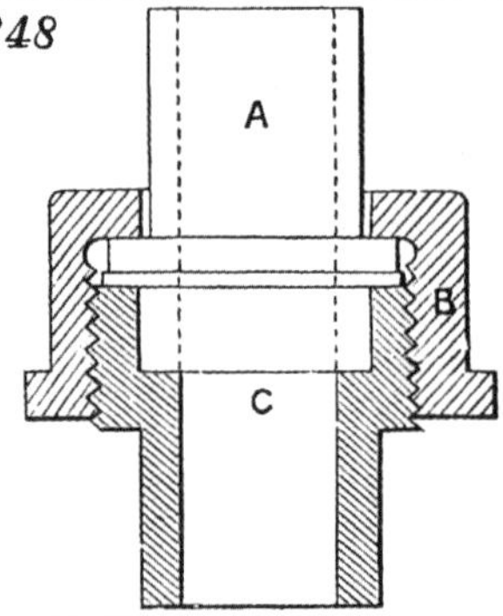

249

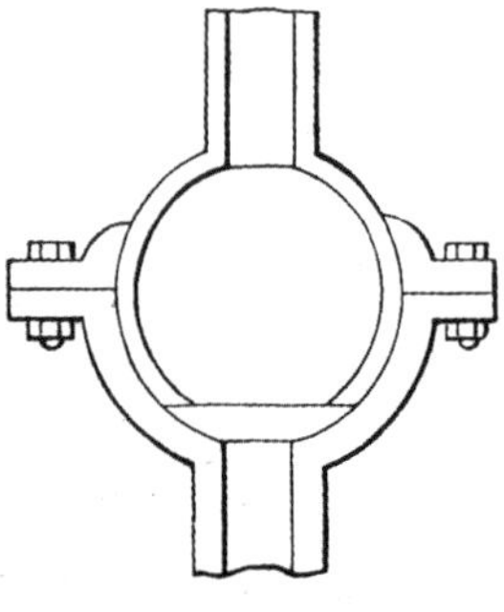

250

251

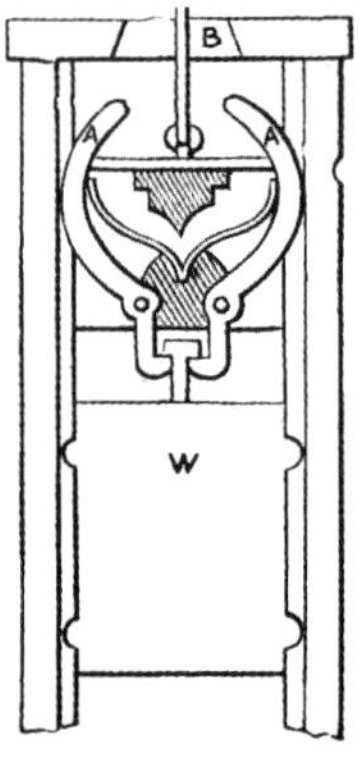

243 ～ 251

243 圖為利用皮帶與滑輪將水平軸的動力傳遞至兩支垂直軸的方法。

244 圖為測力計，或是用來測量任意原動力有效輸出效力總量的儀器。使用方法如下：A 是一個可順暢轉動的滑輪，盡可能固定在一根接近原動力裝置的軸上。滑輪上裝著兩個木塊；或者如圖示，用鏈條或皮帶將一個木塊與一組皮帶栓緊。螺栓和螺帽將兩個木塊或木塊與皮帶固定在槓桿 D 上。要測量軸上傳遞的動力時，只需要測量圓筒 A 在運作時所受的摩擦力與旋轉圈數。D 的末端掛著一副天平 B，上面放有砝碼。C 與 C' 兩個擋塊用來確保槓桿 D 盡可能保持水平。現在假設軸開始旋轉，測量者將螺桿栓得更緊，並在天平 B 上添加重物，直到達到一定的轉數讓 D 呈現圖中的位置為止。此時，如果槓桿安裝在軸上時，輸出效力將等同於重物的重量乘以吊掛重物定點的速度。

245 插旋接頭。旋轉 A 部位，如果 A 能從插槽 B 的 L 型槽中鬆開，就能拔起。

246 圖為複製用的縮放儀，可以放大或縮小平面圖。一支可轉動的臂安裝在固定點 C 上，B 是一支象牙描跡針，A 處裝上鉛筆。以此圖為例，如果以 B 點的描跡針照描平面圖，A 會畫出兩倍大的圖。只要調整 C 上的滑塊，以及在臂上滑動裝載鉛筆的滑塊，就能改變縮放的比例。

247 圖為一種鬆開聲探測鎚的方法。從長桿前端伸出的部件觸碰到海底時，零件會往上滑動，釋放重鎚下方的鉤爪讓重鎚落下，使得脫離重鎚的長桿浮起來。

248 圖為管套聯結器。A 管的凸緣緊接著 C 管的螺紋末端；兩者的相接處以螺帽 B 緊固。

249 圖為改造過的球窩接頭，用於配管。

250 圖為抗磨擦軸承。有時候會將軸放在輪子的圓周上，而不放在一般的軸承上，使摩擦力減到最低。

251 圖為用於打樁機的釋放鉤。當重鎚 W 上升到一定位置，兩端吊鉤 A 的頂端會被壓進框架頂端的 B 凹槽中，使重鎚突然鬆開，藉著重力加速度砸在樁頭上。

252

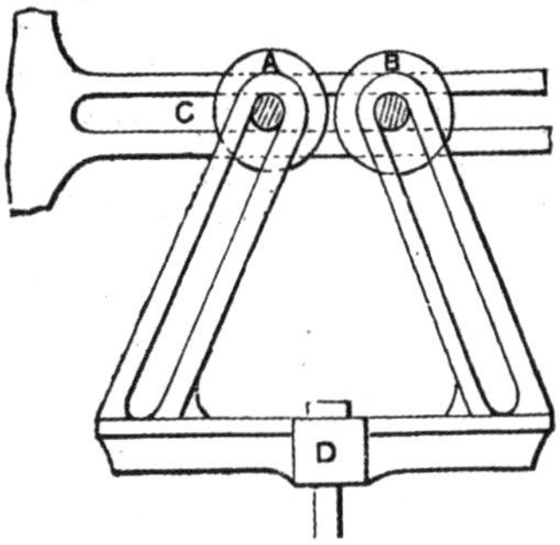

253

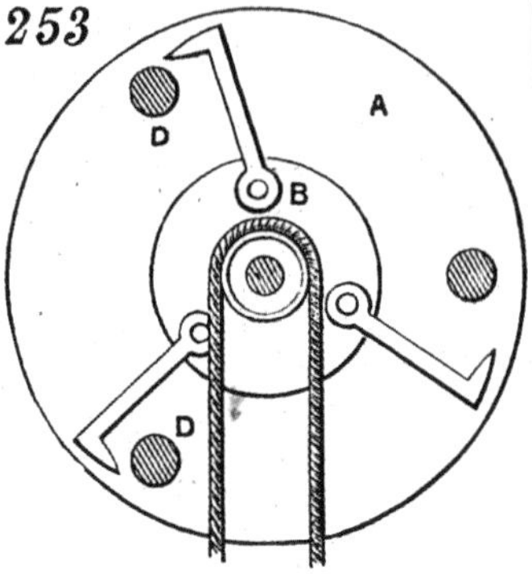

254

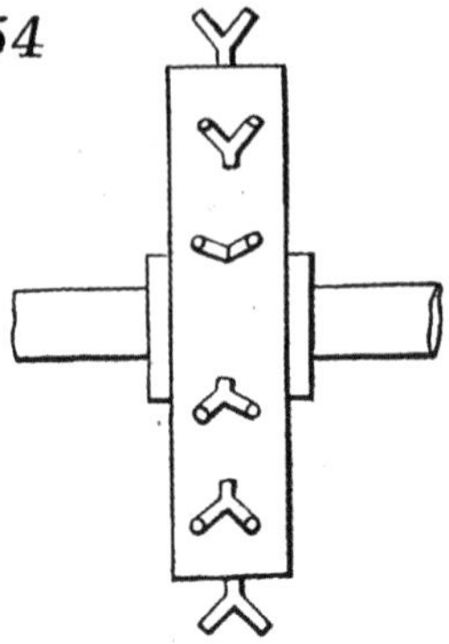

255

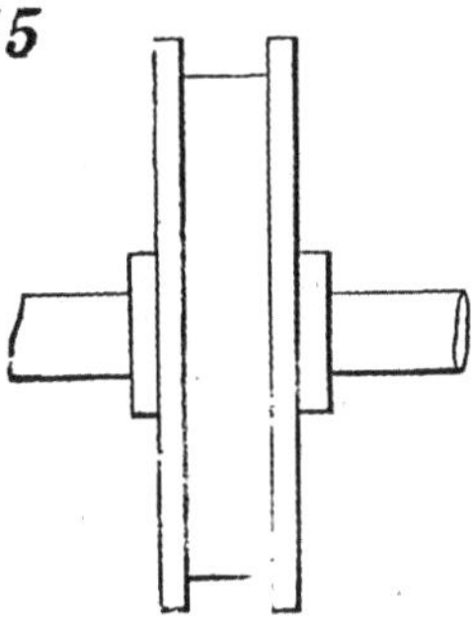

256

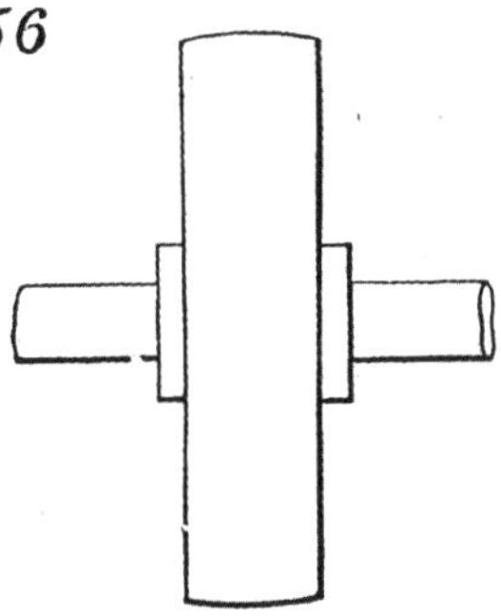

257

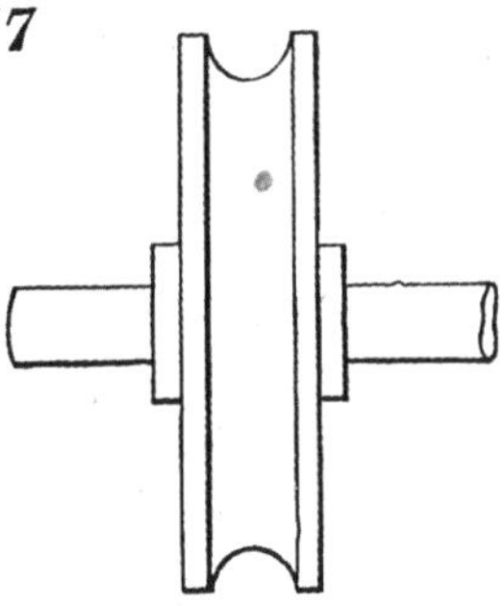

258

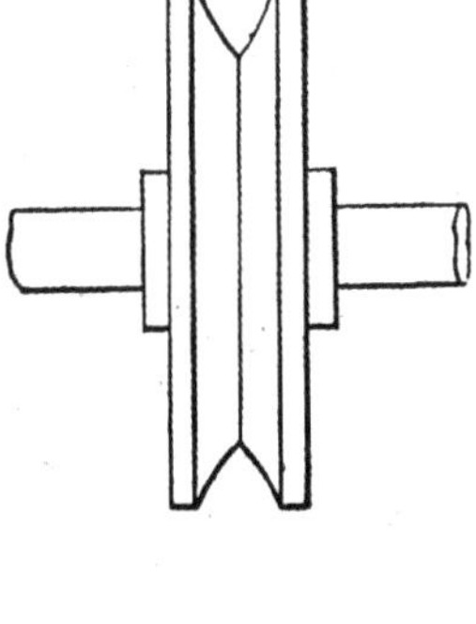

259

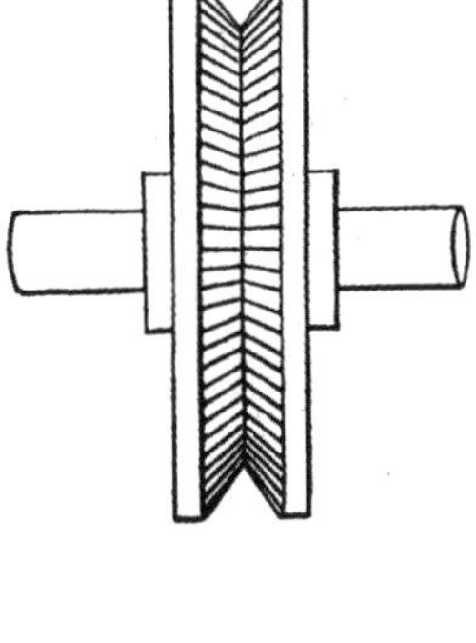

260

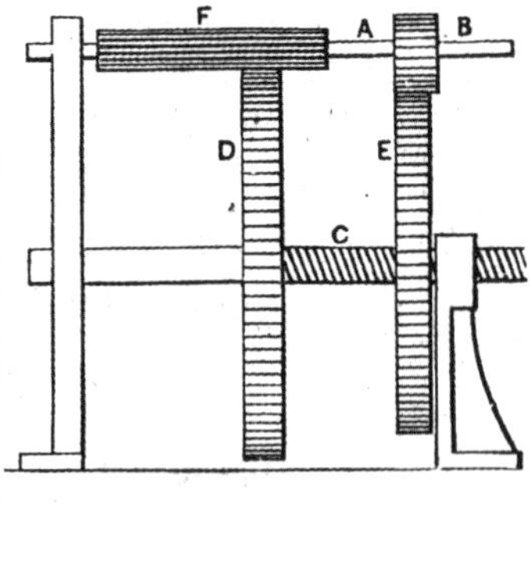

252 ～ 260

252 A、B 兩個滾輪必須在溝槽 C 中做等距來回移動。D 部件上有兩支長孔傾斜臂，前述動作能藉由 D 的上下移動來完成。

253 離心阻截鉤。當礦坑中載運人員或升降礦石的機械損壞時，此裝置能夠防止意外發生。框架 A 固定在轉軸靠礦坑牆上的一側，上面裝有幾根固定樁 D。纏繞繩索的滾筒上有一道凸緣 B，阻截鉤安裝在 B 上。如果滾筒轉速過快而產生危險，鉤子會被離心力甩出，部分或所有鉤子抓住固定樁 D，而得以阻止滾筒旋轉、或使掛在繩索上的物體停止落下。此外，滾筒上應該安裝彈簧，否則緊急停止的繩索很可能造成比轉速過快更大的傷害。

254 圖為一個用來驅動鏈條、或受鏈條驅動的鏈輪。

255 有凸緣的滑輪，可以驅動平滑的皮帶、或受平滑皮帶的驅動。

256 平滑輪，供平滑皮帶使用。

257 有凹槽的滑輪，供圓形繩索使用。

258 表面光滑的 V 形槽滑輪，供圓形繩索使用。

259 此滑輪的 V 形槽表面刻有紋路，以提升繩索的附著力。

260 圖為差速運動機構。螺桿 C 在齒輪 E 輪轂所固定的螺帽中旋轉。螺帽能夠在低矮台座中的軸承裡自由轉動，但不能橫向移動。螺桿軸固定在齒輪 D 中，驅動軸 A 則裝有 F 和 B 兩個小齒輪。如果 F 和 B 的大小正好能驅動 D 與 E 以相同速度旋轉，螺桿會保持靜止；但如果 D 和 E 的轉速不同，螺桿則會以兩者的差速來移動。

機械運動

261

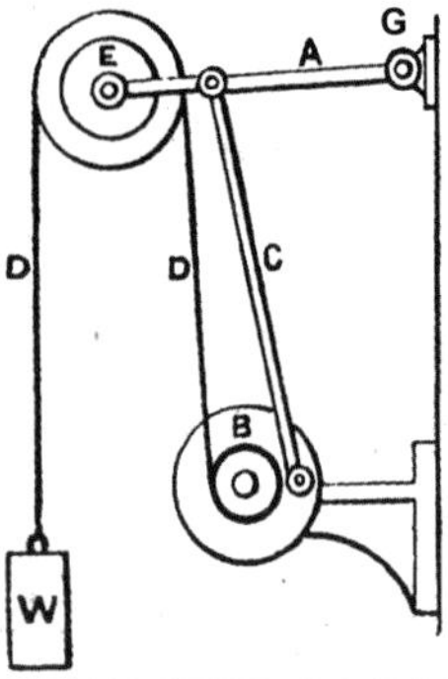

262

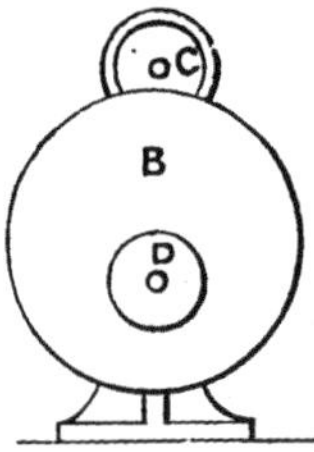

263

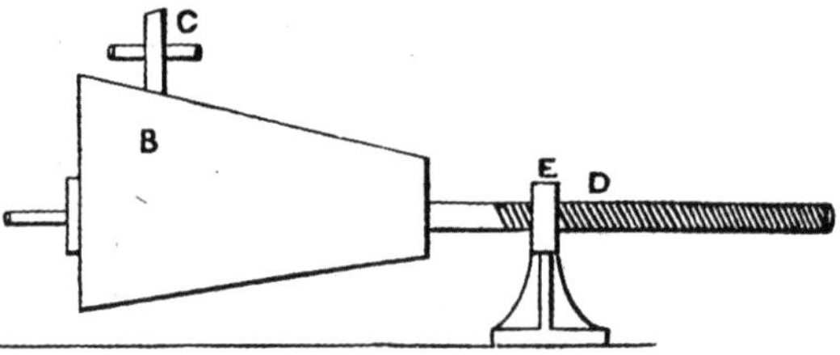

264

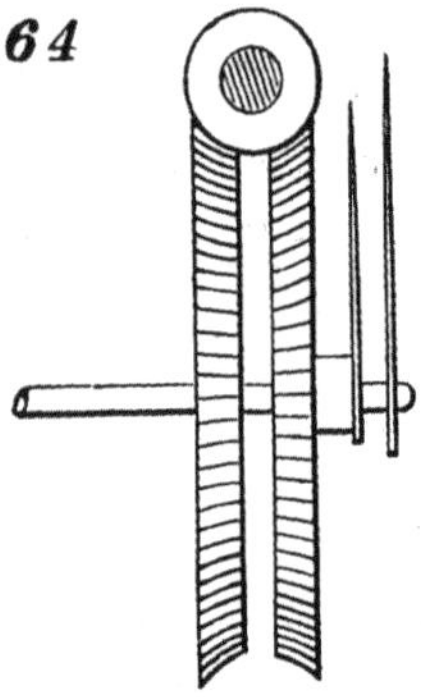

265

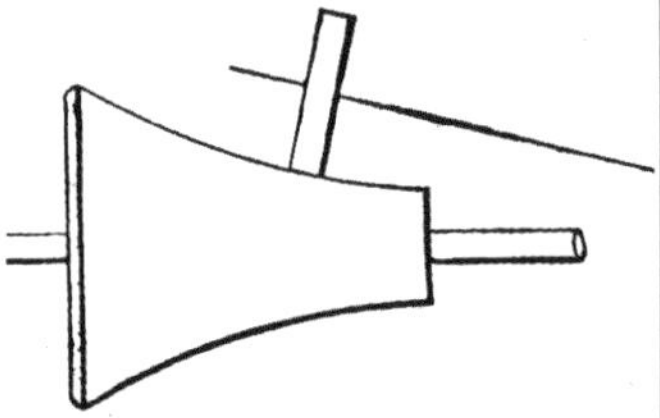

266

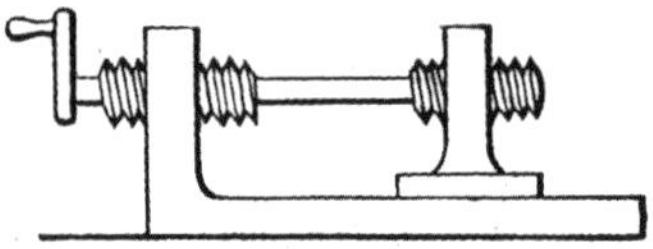

267

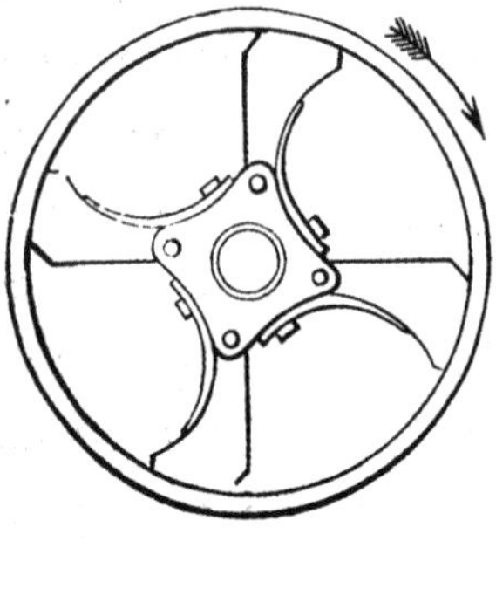

268

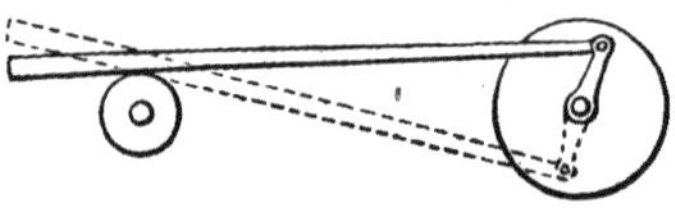

269

261 ～ 269

261 圖為組合運動機構，重物 W 上下往復運動，且往下的行程比往上的行程短。B 轉盤帶動圓筒轉動，使纜繩 D 纏繞其上。C 臂的兩端分別與轉盤和上方的懸臂 A 相接，當圓盤旋轉時，A 會以 G 為支點上下擺動。A 上還裝有滑輪 E。如果將纜繩從圓筒上解下、繫在定點上，並使 A 上下擺動，W 除了跟著上下移動同樣的距離，還會加上受纜繩拉動的距離；也就是說，W 的移動距離會加倍。現在我們再將纜繩繫在圓筒上並轉動 B 圓盤，纜繩會因為不斷纏繞圓筒而收短。W 上下往復運動中的往下行程因此比往上行程要短。

262 和圖 263 分別是可變速且可變向機構的正視圖與側視圖。圓錐 B 以偏心方式安裝在螺桿 D 上。C 是一個摩擦式滾輪，藉由彈簧或配重抵在圓錐上。螺桿 D 定速旋轉時，偏心圓錐會帶動 C 做變速和變向運動。由圖可知，圓錐每轉一圈，滾輪 C 會接觸到圓錐的不同位置，因此在圓錐表面畫出一條螺距與 D 相同的螺旋線。往復運動會傳遞至滾輪 C，且其中一個方向的移動距離會比另一個方向短。

264 兩個直徑相同、但相差一個齒數的蝸輪與同一支蝸桿嚙合。假設兩個蝸輪分別有 100 齒和 101 齒，那麼當 100×101 齒越過兩個蝸輪中心的平面，或當蝸桿旋轉 10100 圈時，其中一個蝸輪會比另一個蝸輪多轉一整圈。

265 可變式運動。當圓錐滾筒規律旋轉，且摩擦滾輪往縱向移動，摩擦輪的旋轉方式就會產生變化。

266 軸上有兩支螺距不同的螺桿，一支鎖在固定的軸承裡，另一支則鎖在可來回移動的軸承當中。軸在旋轉時，會帶動可動軸承做線性運動；每旋轉一圈，可動軸承的移動距離剛好是兩支螺桿的螺距差。

267 摩擦滑輪。當輪框往箭頭的反方向轉動時，固定在樞軸上的偏心臂會帶動輪軸運動；但當輪框依箭頭方向轉動時，偏心臂會以樞軸為中心轉動，軸則不移動。偏心臂均以彈簧固定在輪框上。

268 曲柄和擺動桿的搭配可以將圓周運動轉變為往復運動。

269 缺齒的齒條框架進行連續線性運動，使正齒輪交替改變其轉動方向。

270

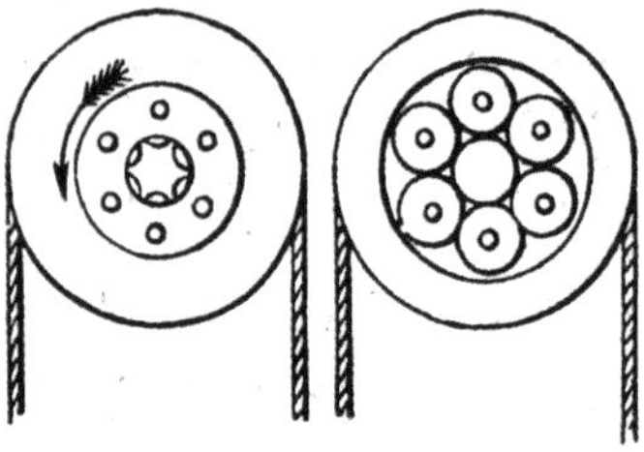

271

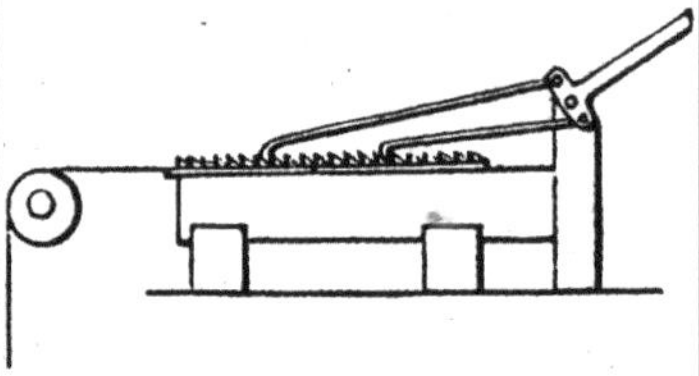

272

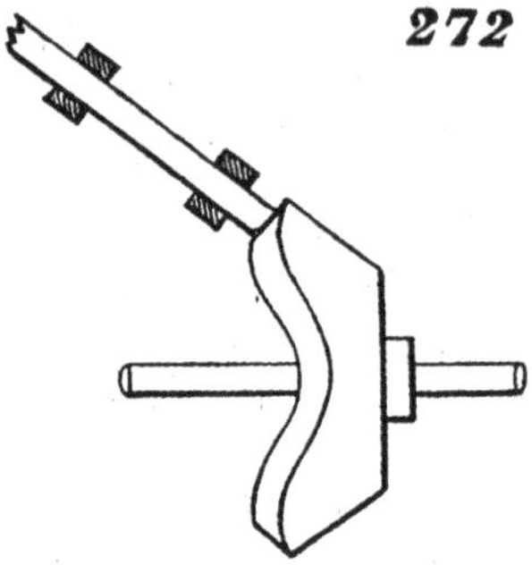

273

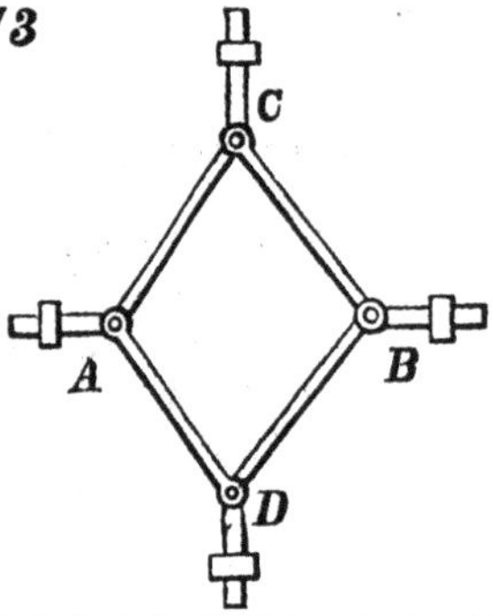

274

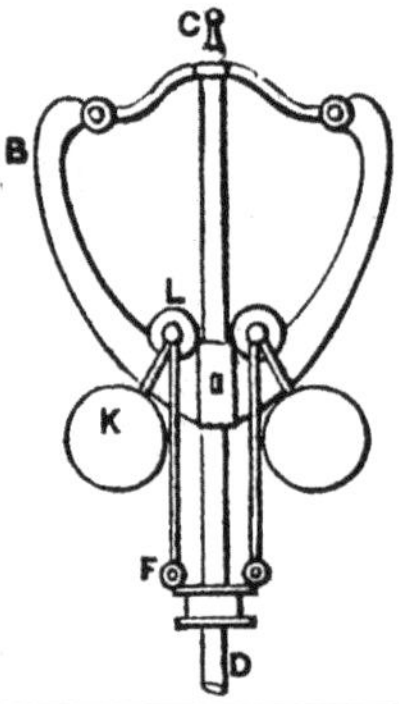

275

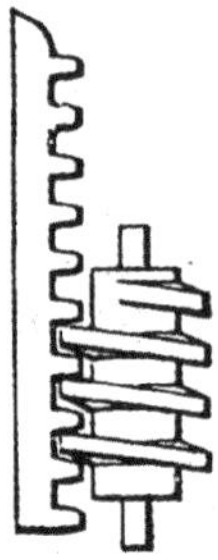

276

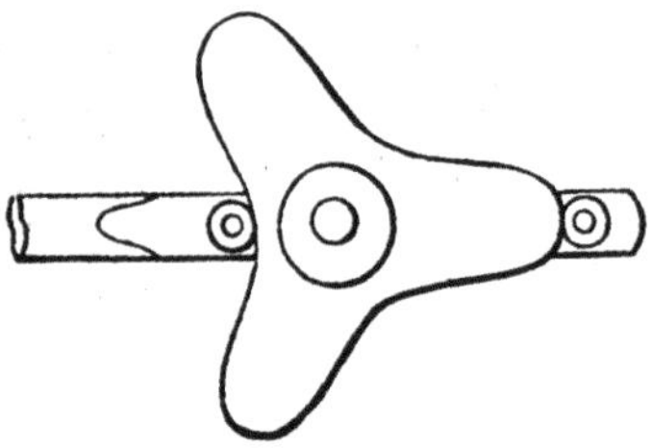

277

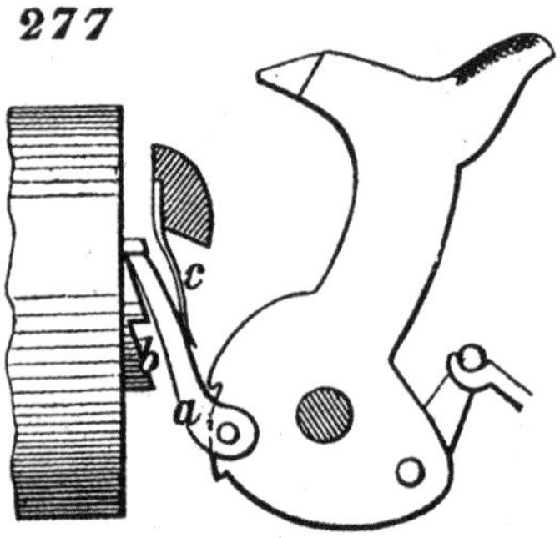

278

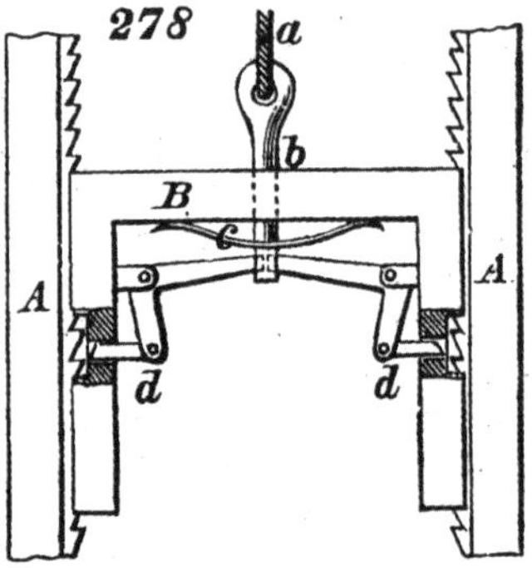

270 ～ 278

270 滑輪的抗摩擦軸承。

271 裝有兩支棘爪的槓桿在振動時，齒條會開始幾近連續地往復線性運動。

272 斜面盤狀凸輪的轉動會帶動與其圓周接觸的桿子進行線性往復運動。

273 由線性運動帶出線性運動的機構。當 A、B 桿接近彼此，C、D 桿會遠離彼此，反之亦然。

274 圖為引擎調速器。兩個 K 球的升降由拋物線型的曲臂 B 導引，兩個抗摩擦輪 L 在 B 上滾動。而兩支 F 桿連接著 L 與套筒，在心軸 C、D 上來回移動。

275 蝸輪的旋轉運動帶動齒條進行線性運動。

276 凸輪持續轉動，使橫桿進行往復線性運動。凸輪上從任一方向通過中心的直徑均等長。

277 柯特（Colt）發明了這個左輪手槍中的機構，壓下擊錘就會使轉輪旋轉。當擊錘往下壓準備擊發時，靠著轉輪的卡爪 a 會推動轉輪背面的棘輪 b。a 藉由彈簧 c 抵住棘輪。

278 圖為奧提斯（C. R. Otis）發明的升降機用安全止動機構。A 是固定的垂直部件，B 是在垂直部件之間活動的平台上半部。吊起平台的繩索 a 繫在栓子 b 與彈簧 c 上。栓子連接著有兩支棘爪 d 的擺桿，d 可以抓住 A 上固定的棘齒。當平台升降時，平台的重量與繩索的拉力會使棘爪脫離棘齒。而當繩索斷裂時，彈簧 c 就會壓下 b 與擺桿的連接處，將棘爪推進棘齒中以阻止平台掉落。

機械運動

279

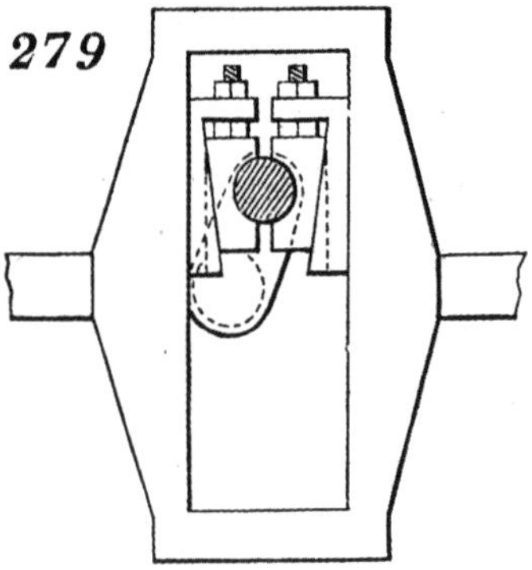

280

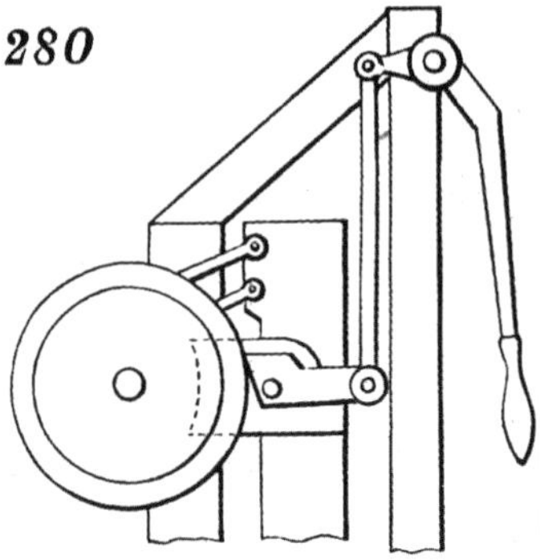

281

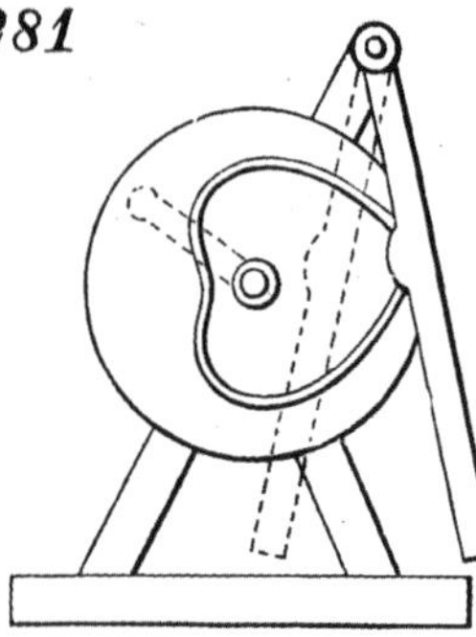

282

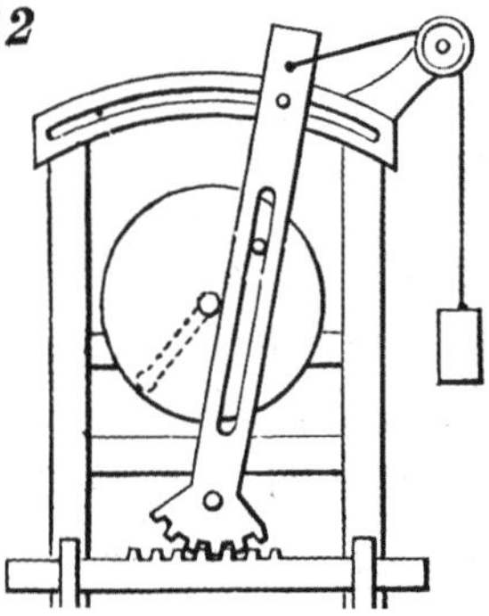

283

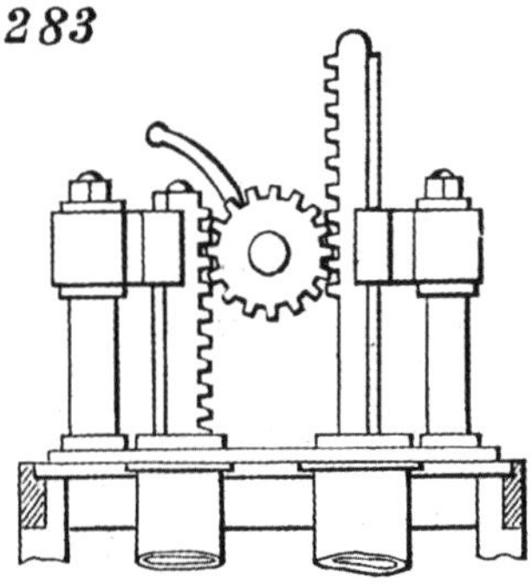

284

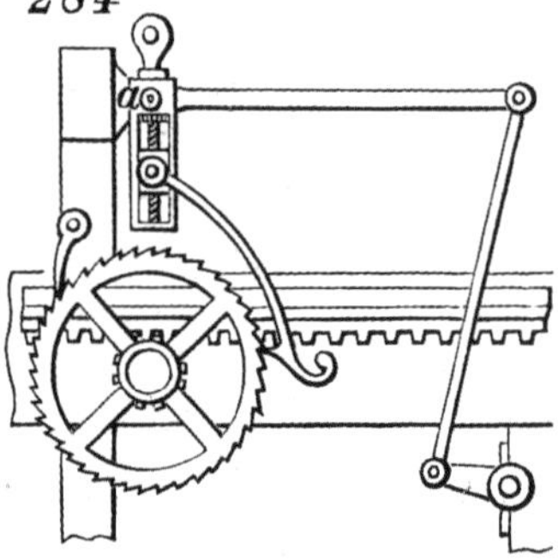

285

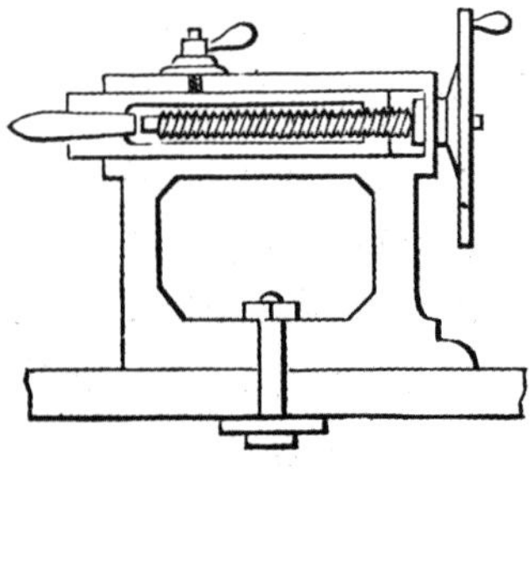

286

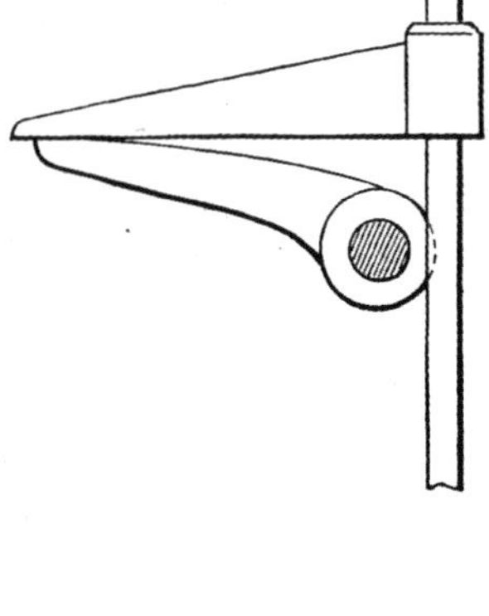

287

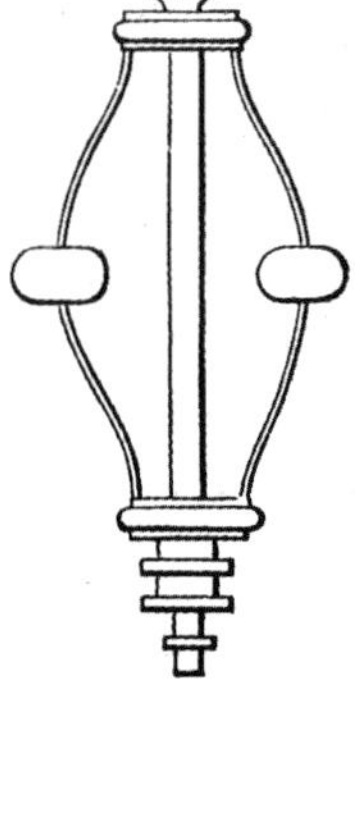

279 ～ 287

279 曲柄與有凹槽的十字頭，曲柄軸節上裝有克雷頓（Clayton）的滑動軸箱。軸箱內有兩塊楔銷襯件與附有可調整螺絲的楔銷嵌條。嵌條會同時鎖緊，將軸箱固定在曲柄上，並且在軸箱與軸頸轉動時將軸箱固定在十字頭的凹槽中。

280 圖為絞盤的運作模式。右側長手把在交互擺動時會將動作傳遞到短桿，短桿的末端直接接觸轉輪邊緣。短桿以插銷固定在一大塊鑄鐵台上，運動幅度有限。鑄鐵台上有兩支牙，牙的凸緣向內接觸轉輪輪緣的內側。短桿外端上抬時，轉輪輪緣就會被夾在短桿外端與台座的凸緣之間，因而產生足夠的摩擦力使短桿帶動轉輪。棘輪與棘爪則用來防止轉輪往反方向轉動。短桿下壓時會鬆開轉輪，從轉輪上方通過。

281 當圓盤旋轉時，右方槓桿上的插銷在圓盤表面的溝槽中滑動，使得槓桿左右擺動。

282 當圓盤旋轉時，固定在圓盤上的插銷會在直立桿的長孔內滑動。直立桿以接近末端的固定點為軸心旋轉，兩端都可橫向移動。末端的帶齒扇形帶動下方橫桿進行交替橫向運動，以及右方重物的交替上下移動。

283 左右擺動手把，動作就會透過小齒輪傳遞到齒條。這個裝置可用來啟動科學實驗用的小型空氣泵。

284 圖為裁縫機台座的進給機構。圖下方的曲柄轉動，將交互運動傳遞到水平雙臂曲柄桿上，其支點 a 位於圖的左上角。動作接著傳至曲柄桿垂直臂的捕捉爪，捕捉爪子推動棘輪，裝在棘輪軸上的小齒輪因此推動車架上的齒條。進給動作可由曲柄桿垂直臂上的螺絲調整。

285 車床上的可動頭座。旋轉右側的轉輪，動作會傳至螺桿，使末端中心點固定的紡錘產生線性運動。

286 蒸汽引擎的跳動閥所使用的趾部與提鉤。搖軸上的彎曲趾部推動提鉤，提鉤拉起相連的提桿使閥門升起。

287 皮克靈（Pickering）調速器。兩顆球固定在彈簧上，彈簧的上端用軸環固定在軸心上，下端則用軸環固定在可滑動的套筒上。球的離心力會將彈簧拉成適當的弧度而抬起套筒。當離心力減弱時，彈簧會將球往軸心方向拉而使套筒下降。

288

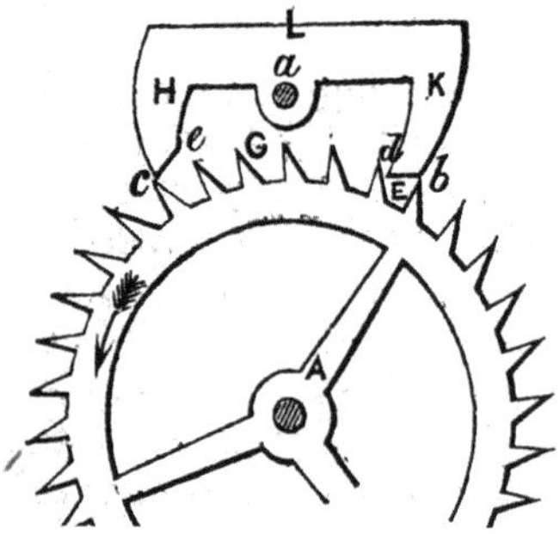

289

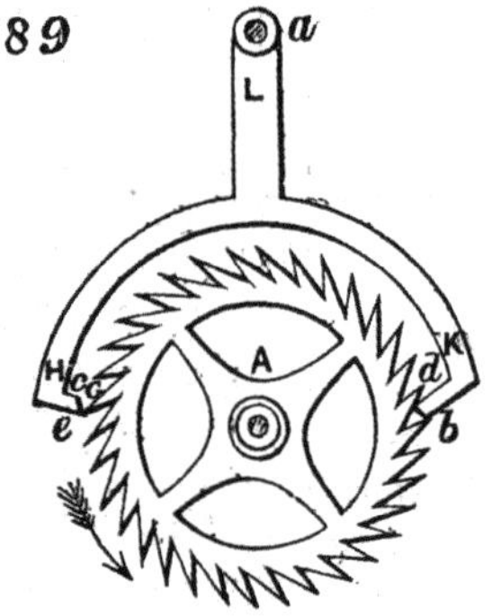

290

291

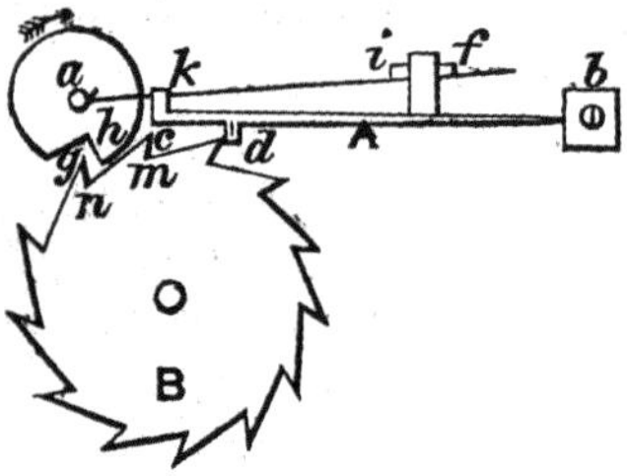

292

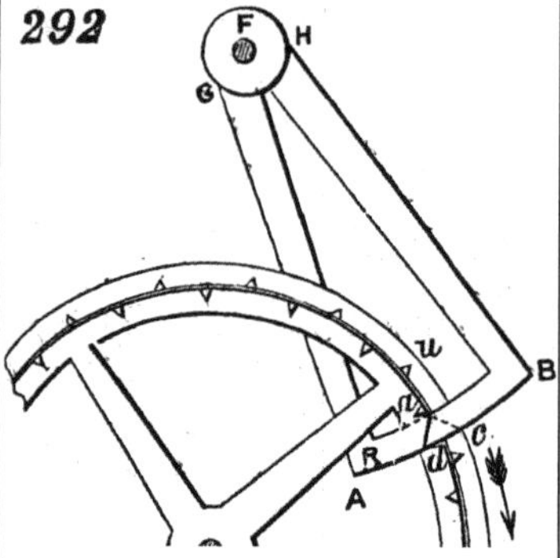

293

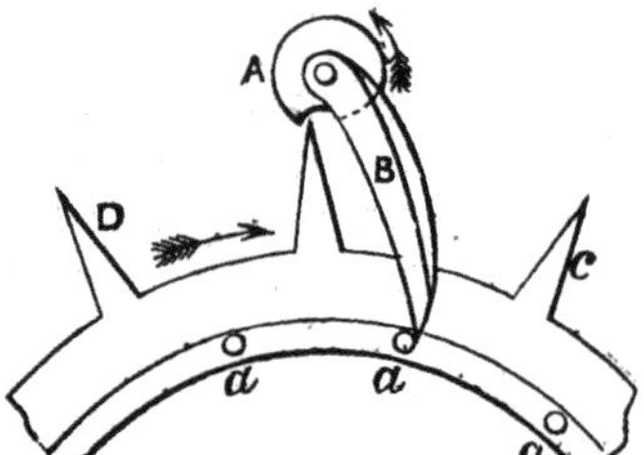

288 ~ 293

288 和圖 289 均為時鐘的擒縱機構，前者為「反衝式」，後者為「靜止式」或「不擺式」。兩張圖中同樣的字母代表相似的零件。錨型固定器 HLK 受鐘擺的擺動影響，以 a 為軸心擺動。擒縱輪 A 位於固定器的兩個端點 HK（又稱為擒縱叉）之間。A 的輪齒會反覆接觸 K 的外側與 H 的內側。在圖 289 中，這兩個側面被削切成以 a 為圓心的弧形，輪齒在抵住擒縱叉時，會讓齒輪瞬間完全靜止，故稱為靜止式或不擺式。圖 288 中，這兩個側面的方向不與 a 同心（不須特地指定形式），輪齒在離開擒縱叉時會讓齒輪往回轉一小段距離，故稱為反衝式。當鐘擺擺到頂點，擒縱叉放開輪齒時，齒的末端會滑過面 c、e、d、b，給鐘擺足夠的衝擊力。（編按：靜止或不擺式擒縱又稱為無幌式擒縱）

290 另一種鐘擺擒縱機構。

291 圖為亞諾（Arnold）發明的計時器，又稱為自由擒縱機構，偶爾會應用在鐘錶中。彈簧 A 固定於、或用螺絲鎖在手錶機板的 b 點上，彈簧下方則有一個小止動器 d，用來擋住擒縱輪 B 的輪齒。彈簧上方裝有一根輪椿 i，用來固定另一條較輕但彈力較強的彈簧。這條彈簧穿過 A 末端的鉤子 k，因此在被壓下時可不受干涉，但抬起時則會連帶抬起 A 彈簧。平衡擺輪的軸心上有一根輪椿 a，在平衡擺輪每次振盪時會敲擊一下細彈簧。如果平衡擺輪依照箭頭方向轉動，a 經過時就會壓下彈簧；在返回時則將細彈簧、連帶 A 與 d 一起抬起，讓擒縱輪的一個輪齒通過，彈簧再回落以擋住下一個輪齒。就在一個輪齒通過的同時，另一個輪齒會敲擊刻槽 g 的一側，以回復平衡擺輪在擺動時損失的動能。由此可知，在整個振盪過程中，自由的平衡動作只會在一個點遭到妨礙。

292 大型時鐘使用的椿擒縱機構。擒縱叉 B 在齒輪前方運作，另一個擒縱叉則在齒輪後方。椿也以相同的模式配置，交互在前、後停住擒縱叉。由於擒縱叉的弧度是以 F 為中心，因此是靜止式或不擺式擒縱。

293 鐘錶的雙向擒縱機構。這個名稱來自於齒輪與冠輪的運作方式。擒縱叉 B 裝在平衡擺輪的圓心上，每次擺動都會受到冠輪的齒撞擊。平衡擺輪的軸心 A 刻出一個凹槽，當冠輪的齒撞擊 B 後，齒輪邊緣的齒就能從凹槽通過。

294

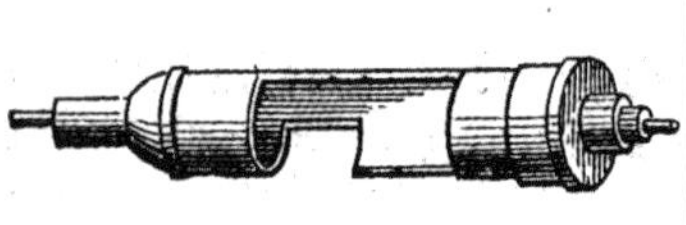

295

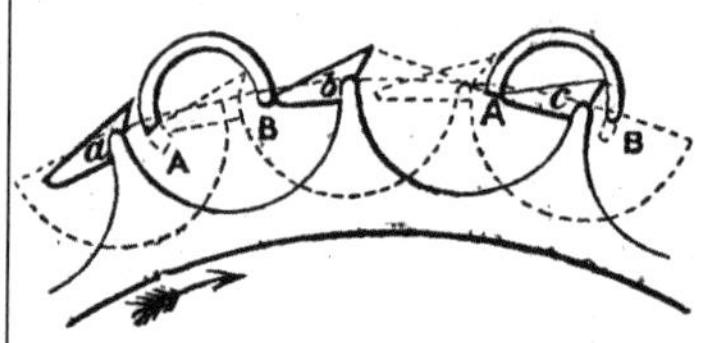

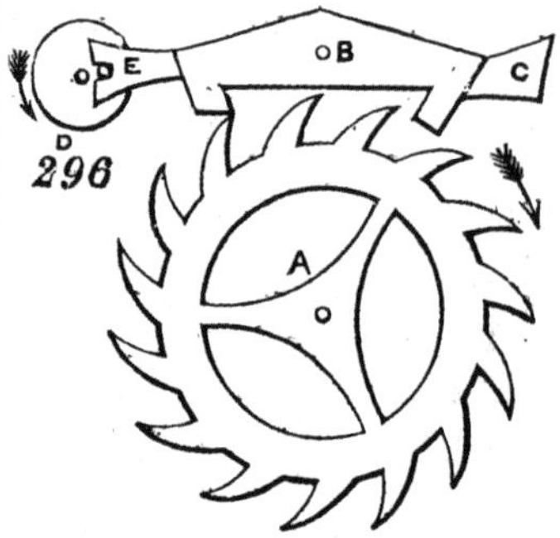

296

294 和圖 295 為工字輪擒縱機構。圖 294 畫出整個工字輪，295 則以特寫畫出擒縱輪的部分，A、B 表示工字輪在振盪過程中的不同位置。滾輪上的擒縱叉 a、b、c 交互在工字輪的內側與外側暫停，平衡擺輪則裝在工字輪頂端。擒縱叉削切成斜面，才能滑過工字輪的斜切邊，以跟上平衡擺輪的撞擊。

296 槓桿擒縱機構。附有擒縱叉的錨件 B 安裝在槓桿 EC 上，槓桿在 E 端有一凹槽。平衡擺輪的心軸上裝有一圓盤，盤上的小插銷會在每次擺動時卡入凹槽，使擒縱叉不斷卡進又脫離擒縱輪的輪齒。擒縱叉脫離輪齒時，會受到擒縱輪交互撞擊，槓桿則從相反方向交互撞擊平衡擺輪。

機械運動

297

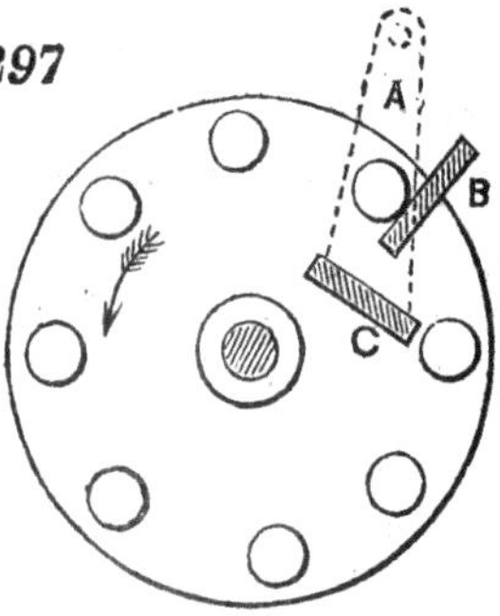

298

299

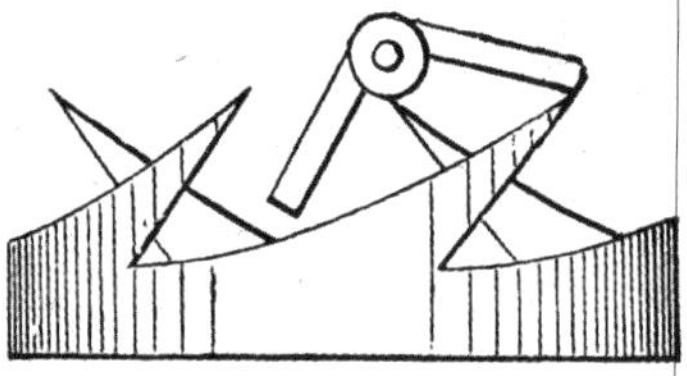

300

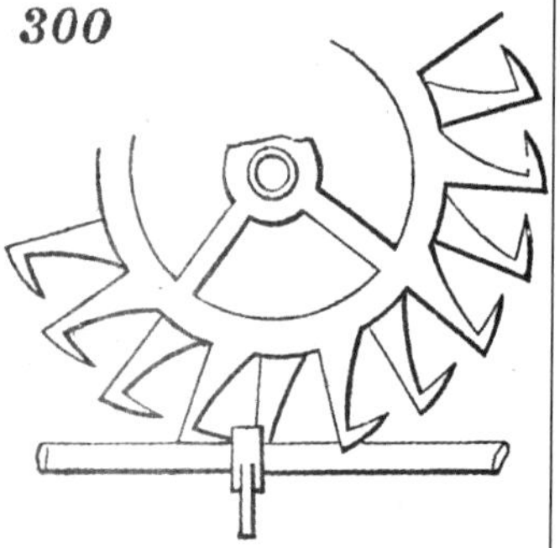

301

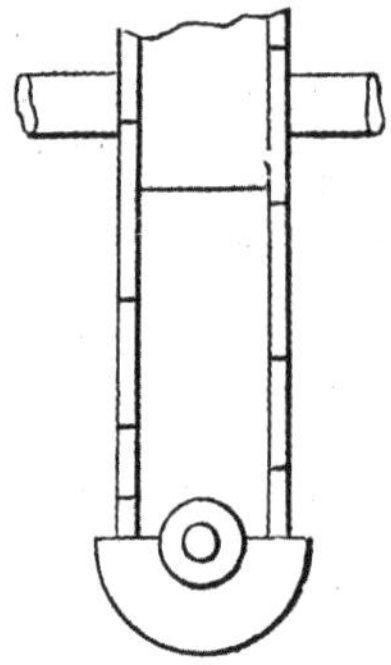

302

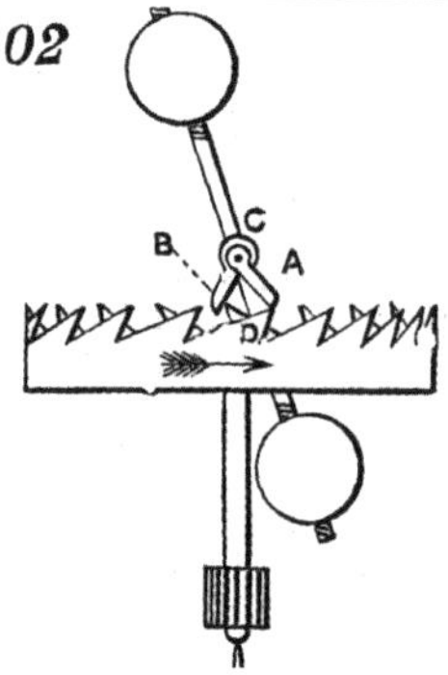

303

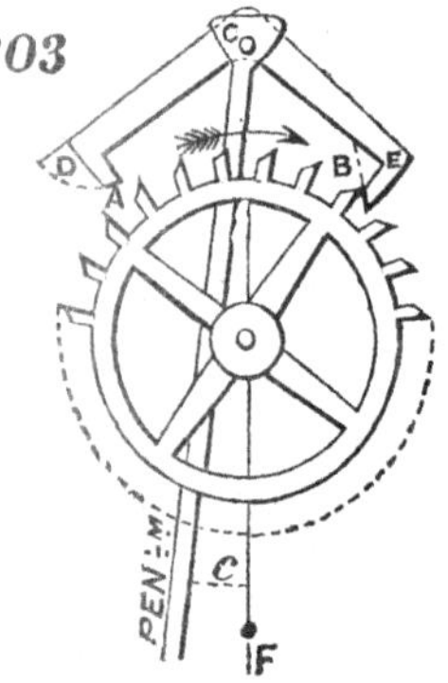

304

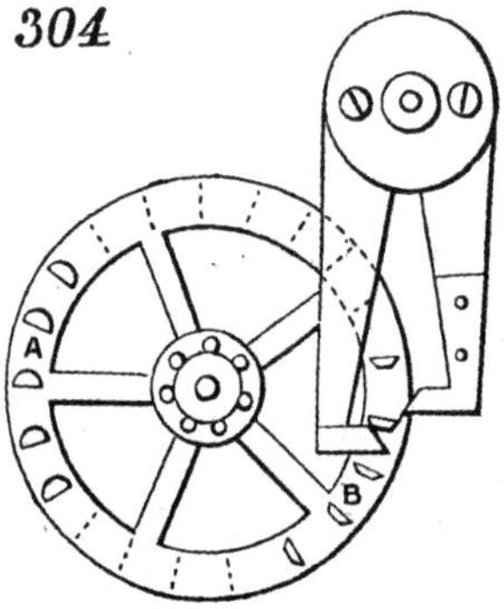

305

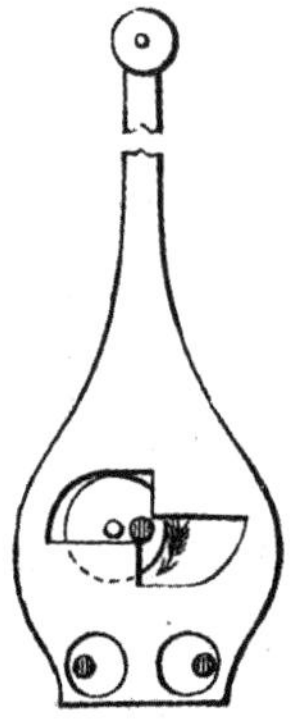

297 ～ 305

297 使用燈輪的擒縱機構。一支擺臂 A 連接兩支擒縱叉 B 與 C。

298 舊型鐘錶的擒縱機構。

299 舊型鐘錶的擒縱機構。

300 和圖 301 均為鐘錶擒縱機構。圖 300 是前視圖，圖 301 則是側視圖。擒縱叉交互受到兩個擒縱輪的輪齒操縱。

302 平衡擺輪擒縱。C 是平衡擺輪、A 與 B 則是擒縱叉、D 是擒縱輪。

303 圖為靜止式鐘擺擒縱。擒縱叉 E 的內側與 D 的外側與擒縱叉的擺動軸同心，因此不會反衝。

304 圖為銷輪擒縱機構，稍微類似於圖 292 的椿擒縱機構。擒縱輪上的插銷 A 與 B 有兩種類型，以右方為佳。此擒縱機構的優點是可以輕鬆更換損壞的插銷；一般輪齒損壞的齒輪則必須整個廢棄。

305 圖為單插銷式鐘擺擒縱機構。擒縱輪是一個裝有一支偏心插銷的小圓盤。鐘擺每次擺動，擒縱輪會轉動半圈，敲擊擒縱叉的垂直面，水平面則不動。此機構也能安裝中在手錶中。

機械運動

306

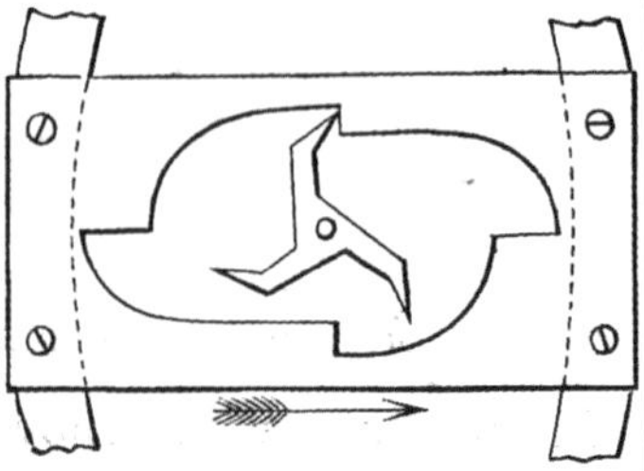

307

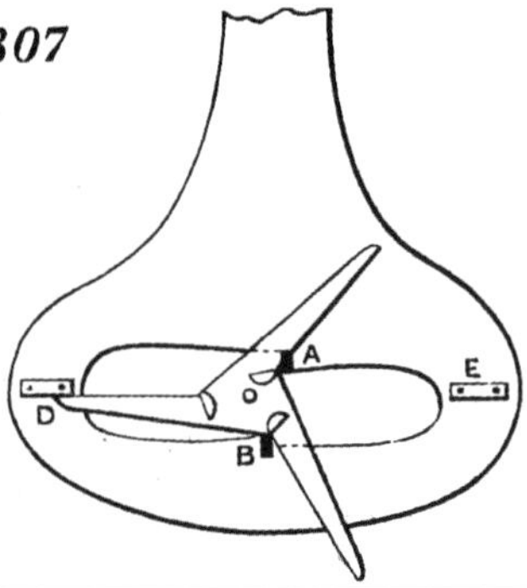

308

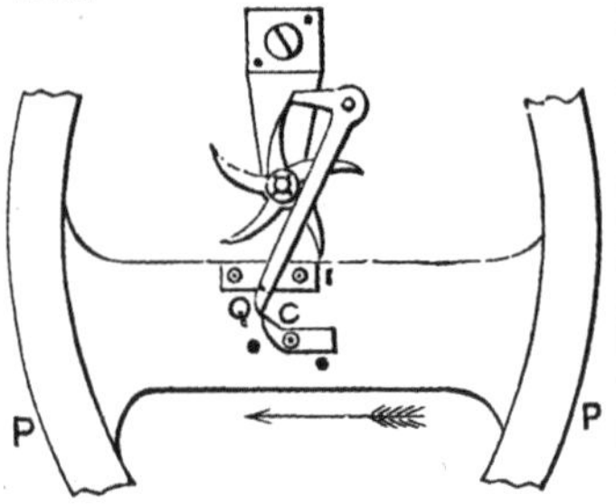

309

310

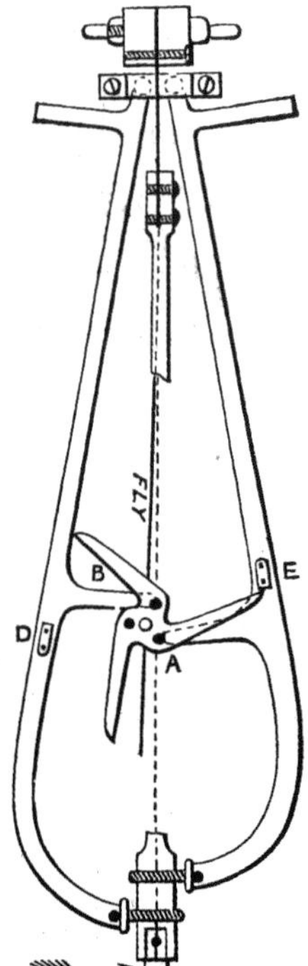

311

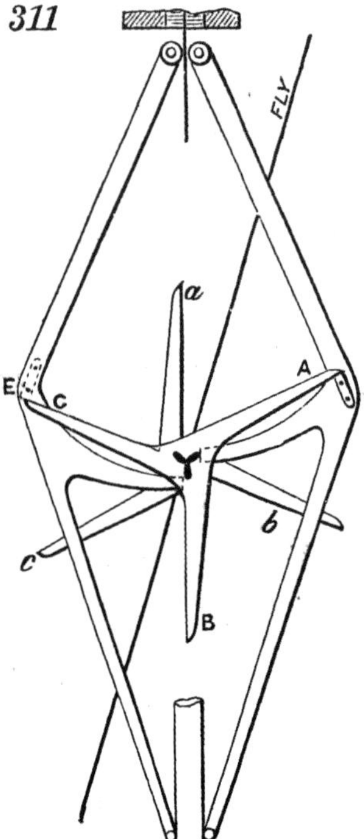

312

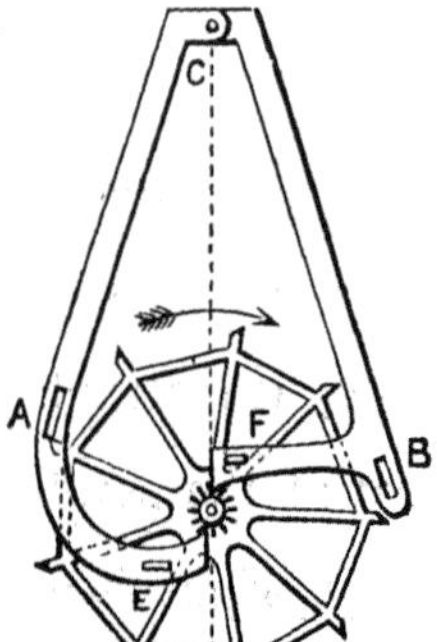

306 ~ 312

306 三爪鐘擺擒縱機構。鐘擺上裝有一片開口平板，擒縱叉位於開口中。擒縱輪的三支爪交互推動擒縱叉的上下部分。圖中顯示其中一支爪正推動著擒縱叉的上半部。

307 上一張圖的改造版，裝有長止動齒D與E。A與B是擒縱叉。

308 分離式鐘擺擒縱機構。鐘擺P與擒縱輪分離，只有受到撞擊以放開擒縱輪時才有連結。只有一支擒縱叉I，在鐘擺向左擺時才會受到撞擊。槓桿Q在撞擊前會鎖住擒縱輪，直到被鐘擺上的掣子C解開為止。掣子可在支點上擺動，當鐘擺向右擺時會被槓桿推開。

309 穆奇（Mudge）發明的重力式擒縱機構。擒縱叉A與B並不裝在同一軸心而分別裝在兩個軸心上，如C所示。鐘擺在分叉銷PQ之間振盪，擺動時會交互將裝有重槌的擒縱叉從齒輪上舉起。當鐘擺歸位時，擒縱叉跟著落下，重槌就會給予撞擊。

310 三爪式重力擒縱機構。靠近擒縱輪中心的三支插銷負責舉起擒縱叉A與B，擒縱叉的兩個擺動支點則在鐘擺支點附近。擒縱叉上的兩個止動器D和E負責停住擒縱輪。

311 雙重三爪式重力擒縱機構。鎖定輪ABC與abc用一組頂銷相連，中間有足夠空隙可容納擒縱叉。ABC的輪齒被其中一支擒縱叉的止動齒D擋住，abc則被另一支擒縱叉的止動齒E擋住。

312 布羅薩（Bloxam）發明的重力式擒縱機構。小齒輪交互舉起擒縱叉，A、B擋塊會制止大齒輪。叉形銷E、F則用來限制鐘擺的動作。

機械運動

313

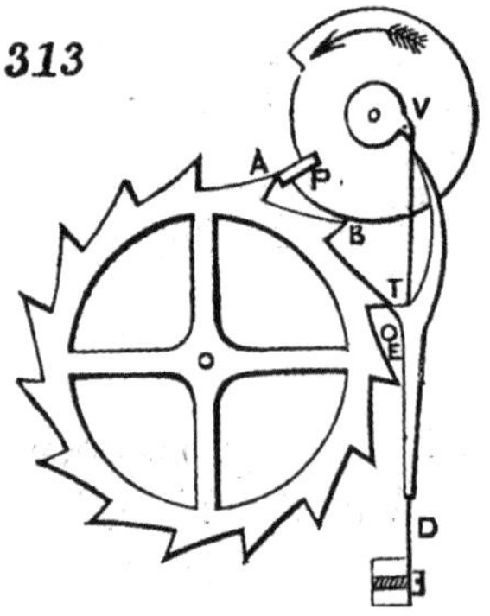

314

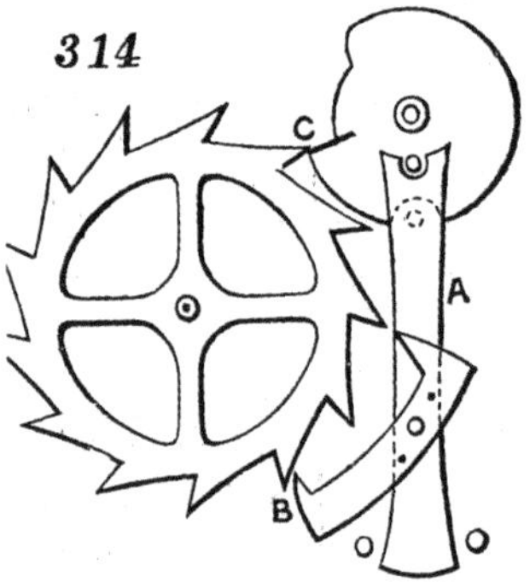

315

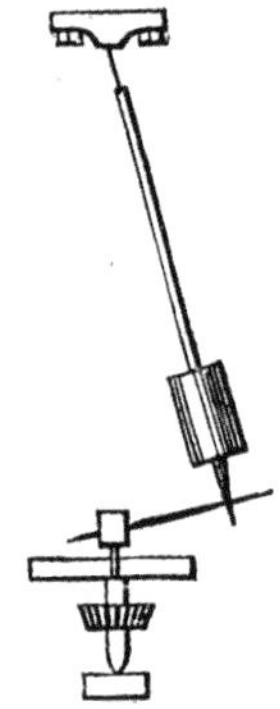

316

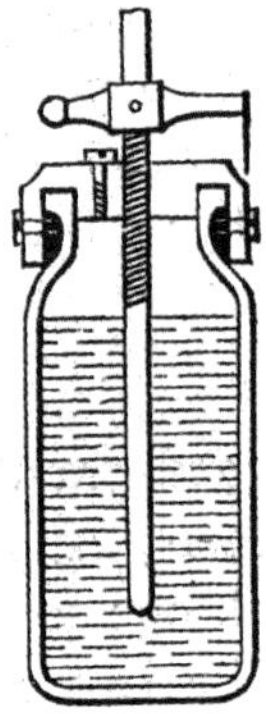

317

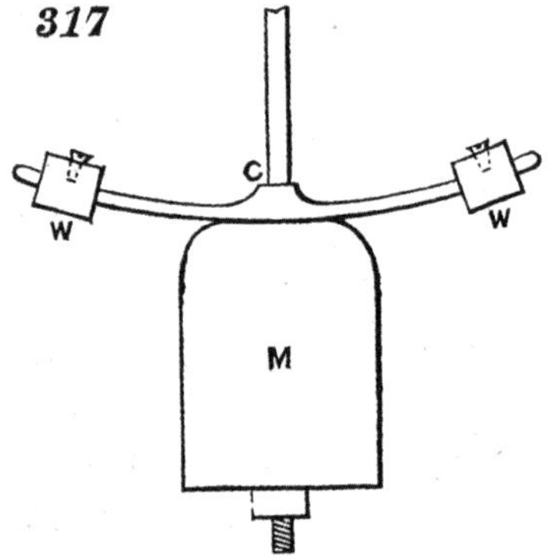

313～317

313 目前常用的計時器擒縱機構。當平衡擺輪依箭頭方向轉動時，側邊的齒 V 會壓下抵住槓桿的彈簧，推開槓桿並且移開擋住擒縱輪的掣子。當平衡擺輪返回時，V 會推開彈簧而不挪動槓桿，槓桿於是停在擋塊 E 的位置。衝擊力僅會施加在擒縱叉 P 上。

314 計時器槓桿擒縱機構。圖中的擒縱叉與槓桿和圖 296 槓桿擒縱機構類似，不過這裡的擒縱叉只會鎖定擒縱輪而不會施加衝擊力。衝擊力是透過擒縱輪的輪齒直接施加在平衡擺輪的擒縱叉 C 上。

315 圖為一根以圓繩懸吊的錐形鐘擺。鐘擺末端藉由一支擺臂，與安裝該擺臂的垂直轉軸相連，並受其帶動轉圈。鐘擺桿在動作中會畫出錐形的軌跡。

316 水銀補償式鐘擺。裝有水銀的玻璃瓶是重錘，當鐘擺桿因溫度升高而伸長時，水銀的液面也會上升而導致重心上升，以補償桿子深長的效應，反之亦然。如此能夠確保擺動中心的高度，以及鐘擺的有效長度均維持不變。

317 合成桿型補償鐘擺。C 是一支由青銅加鐵或鋼組成的合成桿，底部用青銅焊接。由於青銅的熱膨脹率比鐵高，因此溫度上升時桿子會往上翹，連帶將兩個重錘 W、W 往上抬。如此一來，M、W 組合重錘系統的重心上升，並帶動振盪中心隨之上升一段距離，以補償鐘擺桿變長可能造成振盪中心下降的距離。

318

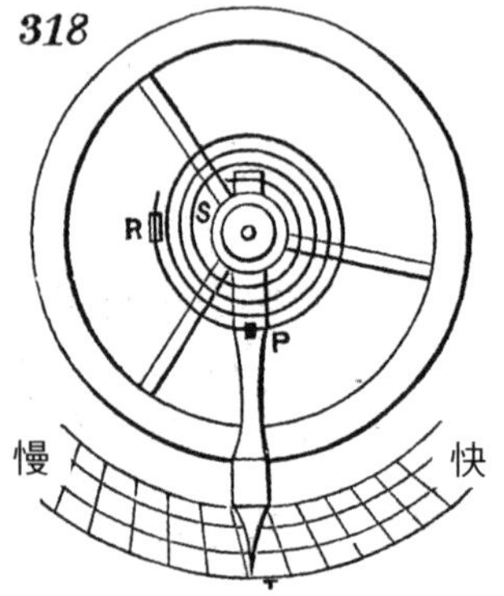

319

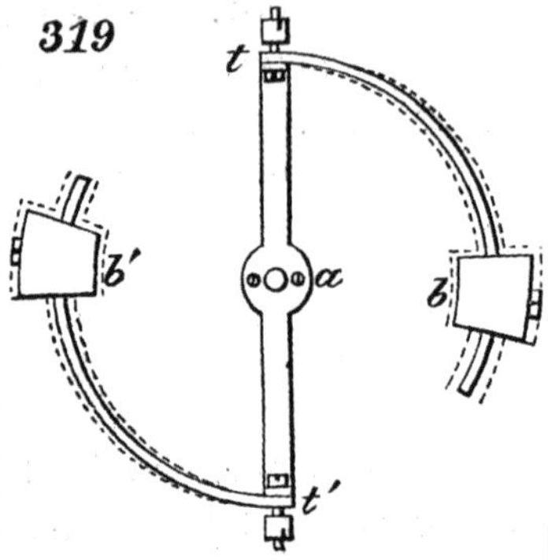

320

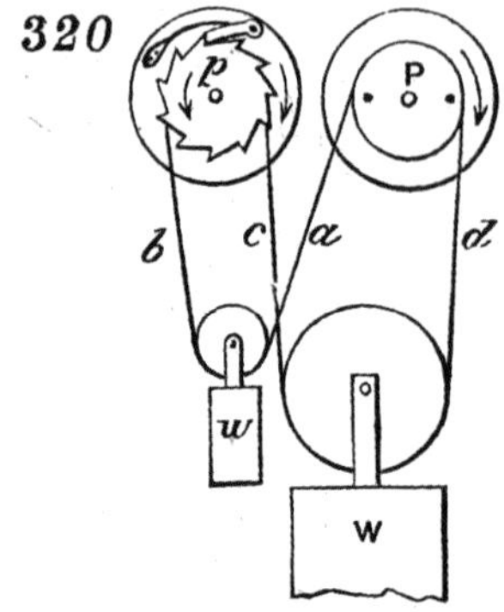

321

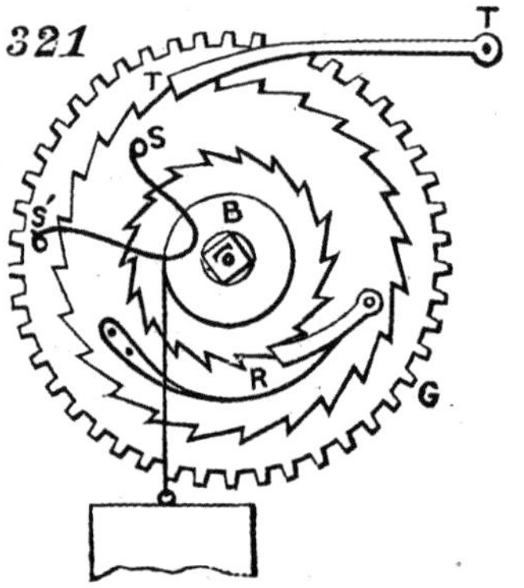

318 ～ 321

318 圖為手錶的調節器。平衡彈簧的外端固定至樁柱 R，內端則固定在平衡桿上。調節槓桿在與平衡桿同心的固定圓環中轉動。將彈簧插入調節槓桿的兩根輪樁之間，彈簧在 P 處定義出一個中性點，如此彈簧只能在平衡桿與該點之間擺動。當調節槓桿向右擺時，輪樁會使彈簧的作用部位縮短，而使平衡桿的擺動速度加快；當調節槓桿向左擺時，平衡桿的擺速則變慢。

319 補償平衡機構。t-a-t' 是主平衡桿，兩端裝有調節用的調時螺絲。t-t' 是合成材料桿，外層是黃銅，內層則是鋼，裝有兩個重錘 b、b'。當溫度上升時，由於黃銅膨脹較快，桿會向內彎，連帶使重錘往內靠而降低機構的平衡慣性。當溫度下降時，上述動作則相反。這套平衡動作補償的不只是機構本身，還包括平衡彈簧的膨脹與收縮。

320 圖為鐘錶內的無端鏈條。鐘錶上發條時，重錘或主發條會從發條盒上鬆開，用來維持轉式發條盒的動力，讓鐘錶持續運作。圖的右邊是「動輪」，左邊是「擊輪」。滑輪 P 固定在動輪的大輪上，而且表面粗糙以防止吊掛的繩索或鏈條鬆脫。另一個類似的滑輪則安裝在擊輪的大輪心軸 p 上，藉著一支棘爪兼掣子與大輪相連；但是如果沒有擊輪，滑輪可以連接至時鐘的框架。如圖，兩個重錘懸掛而下，小錘的重量剛好可讓繩索或鏈條掛在滑輪上。若將繩索或鏈條的 b 部位向下拉，棘輪會在掣子下方轉動，大錘因此被 c 拉起，卻完全不減少施加在動輪上的壓力。

321 圖為哈里森（Harrison）發明的轉式發條盒。裝有掣子 R 的大棘輪藉著發條 S、S' 與大齒輪 G 相連。當時鐘運轉時，重量經由發條作用在 G 上；然而當重錘因為上發條而鬆開時，以樞軸固定在框架上的掣子 T 會擋住大棘輪，使其無法反轉。過程中，發條 S、S' 會繼續驅動大齒輪 G，如此時鐘的擒縱機構會繼續運作，鐘擺在短時間內也能自行擺動。一些精良的手錶內也具備一套運作原理相似的機構。

機械運動

322

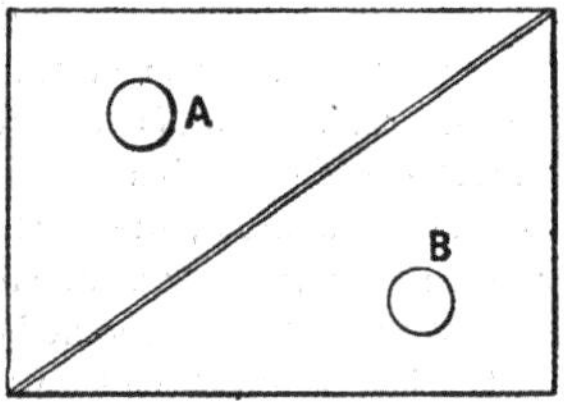

323

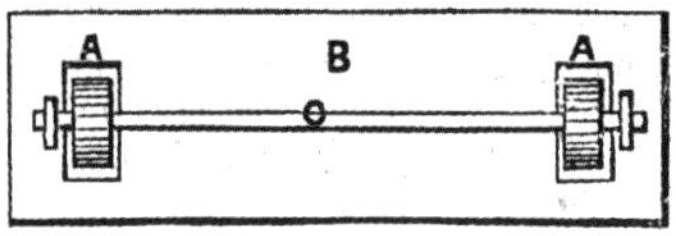

324

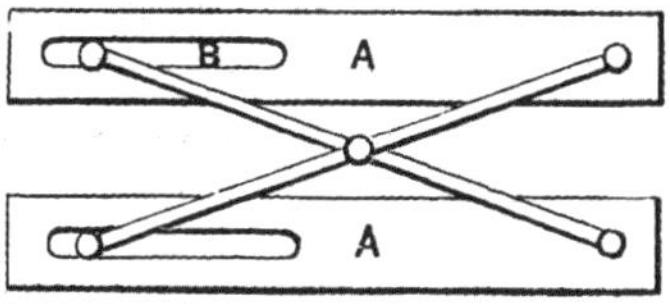

325

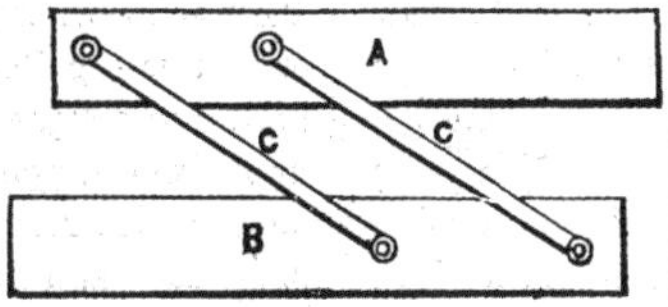

326

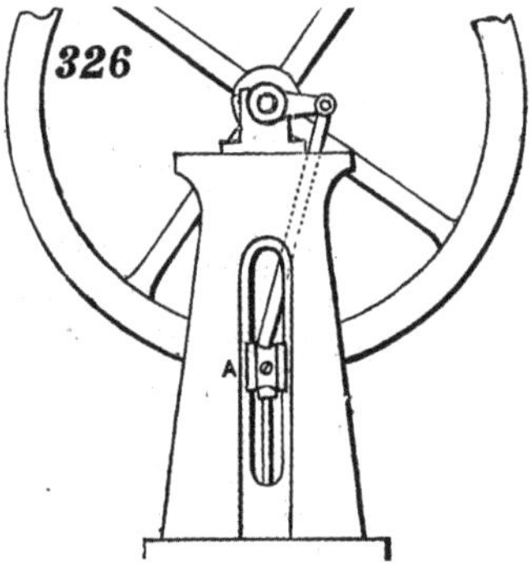

327

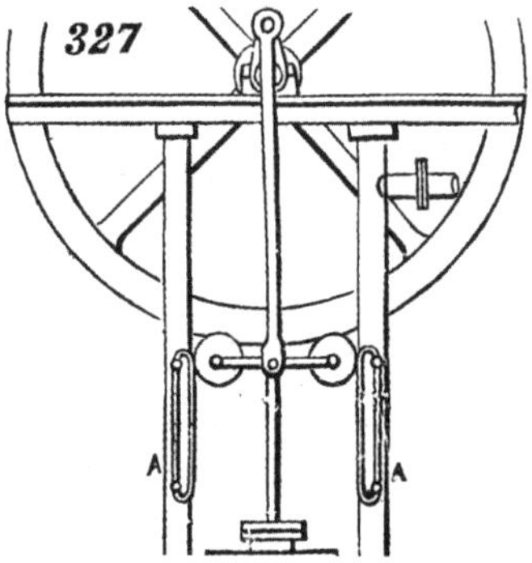

328

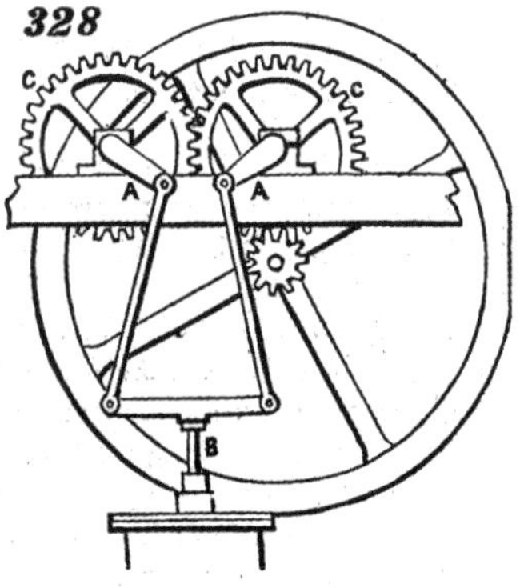

329

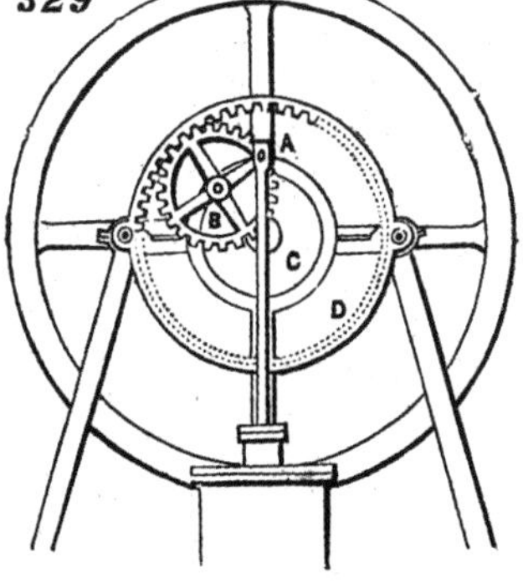

330

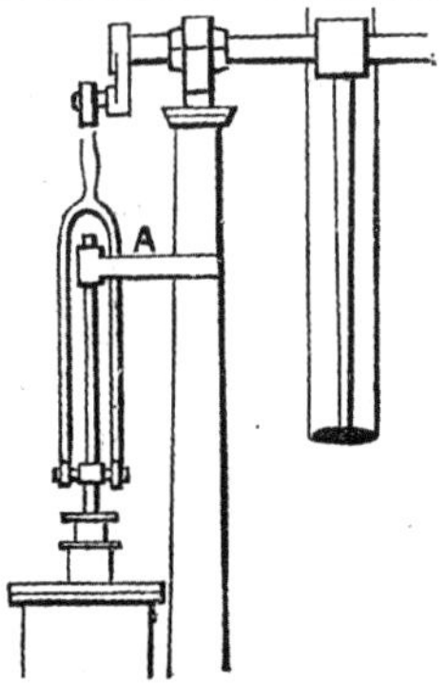

322 ～ 330

322 把一個長方形沿對角線切成兩個直角三角形 A 和 B，就能得到一套製圖用的平行尺。使用時只要將兩個三角形的斜邊靠在一起滑動即可。

323 圖為直尺 B、轉軸 C 與兩個輪子 A、A 所組成的平行尺。兩個輪子稍微往尺的背面凸出，輪上有刻痕以抓緊紙面，確保平行尺與所有畫出來的線條維持平行。

324 複合式平行尺。兩支直尺 A、A 之間利用兩支十字臂來連接，兩臂的中點結合在樞軸上。擺臂的一端各自固定在一支尺的末端，另一端則藉由插銷在直尺的溝槽 B 裡滑動。如此一來，尺的末端與邊緣都能保持平行。圖中直尺的組合方式也應用在許多機械零件的組合中。

325 圖中是由兩支簡單的直尺 A 與 B，以及兩支固定在樞軸上的擺臂 C 和 C 所組成的平行尺。

326 圖為一種讓引擎活塞桿做平行運動的簡易方式。滑塊 A 在機構框架的垂直溝槽裡運動並且受其導引。框架則固定在平坦的表面。

327 此圖與圖 326 的差別在於，改用裝在十字頭上的滾輪來代替原本的滑塊。兩側框架上各裝有筆直的導桿 A、A，滾輪在上面滑動。此機構應用於法國的小型引擎當中。

328 卡特萊博士（Cartwright）在 1787 年發明了這個平行運動機構。C 和 C 兩個齒輪的半徑與齒數相同，兩支半徑相同的曲柄 A 以相反的方向安裝。因此齒輪在旋轉時，兩支連桿會呈現一致的傾斜度。活塞桿上的十字頭與兩支連桿相連，帶動活塞桿做垂直運動。

329 活塞桿的導引機構。活塞桿 A 藉由軸節與齒輪 B 相連，圓盤 C 固定在軸上，B 繞著 C 上的曲柄銷旋轉。B 在一個半徑為其兩倍長的內齒輪 D 中旋轉，將動作傳達到曲柄銷，因而讓活塞桿保持垂直動作。

330 圖中的加長活塞桿在導桿 A 中運動，A 與汽缸的中心成一直線。連桿的下半段分叉，讓活塞桿的上半段能穿過其中。

機械運動

331

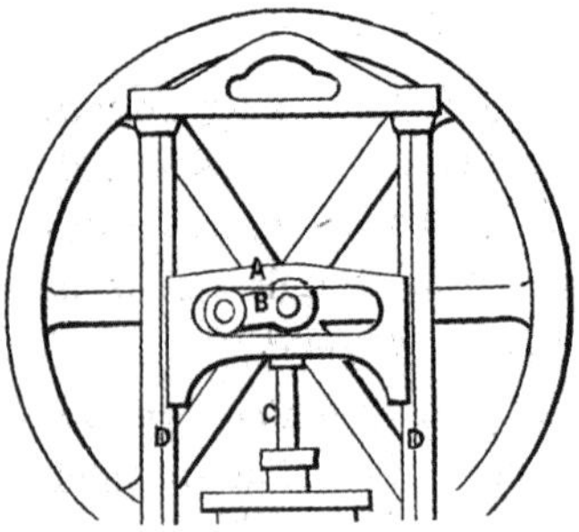

332

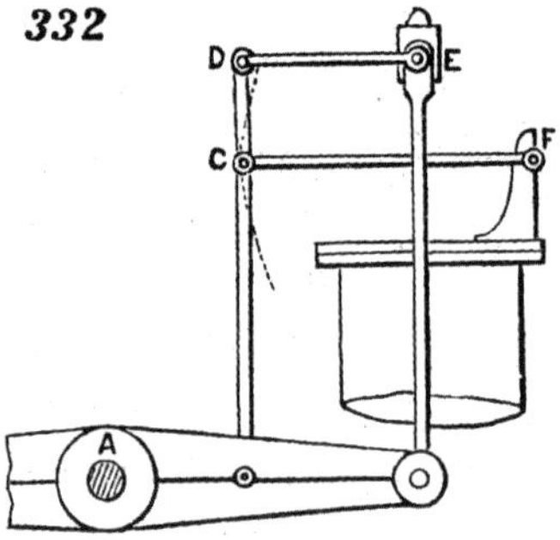

333

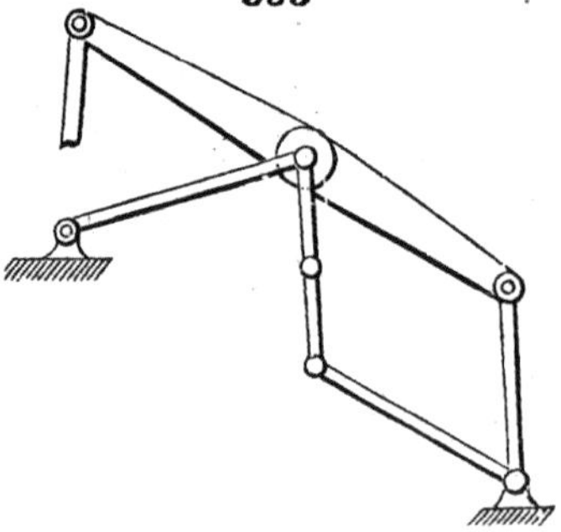

334

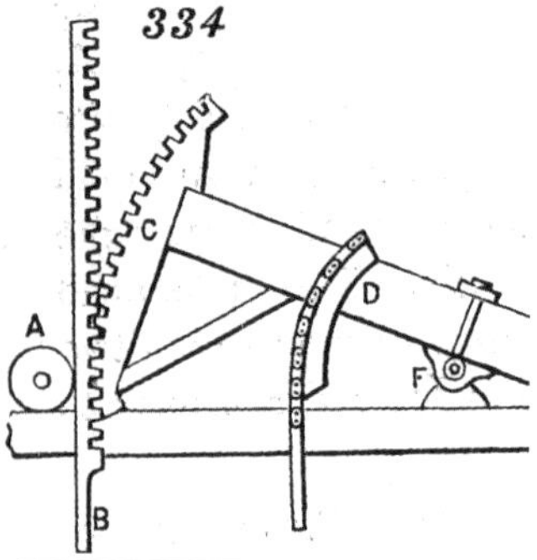

335

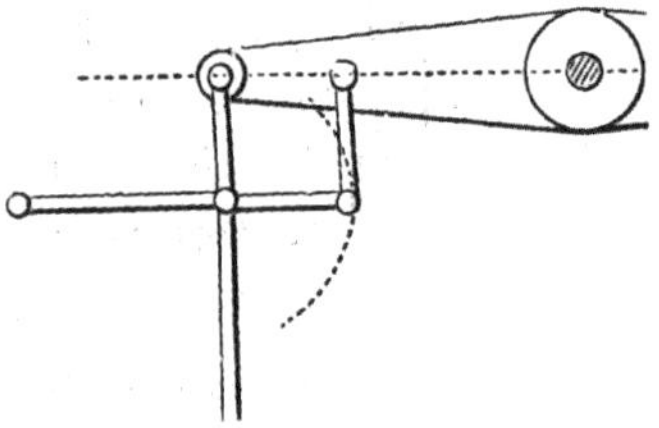

336

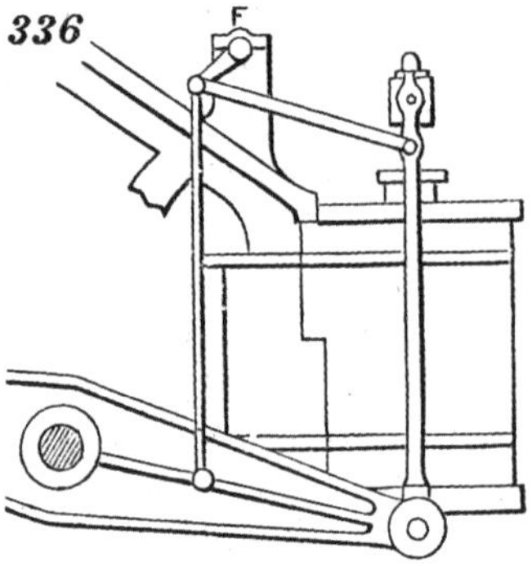

337

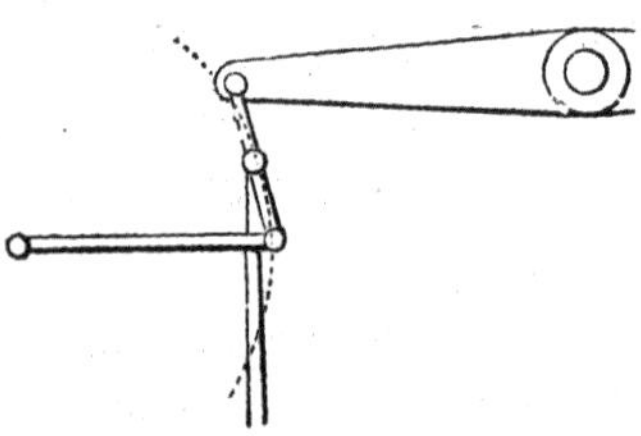

338

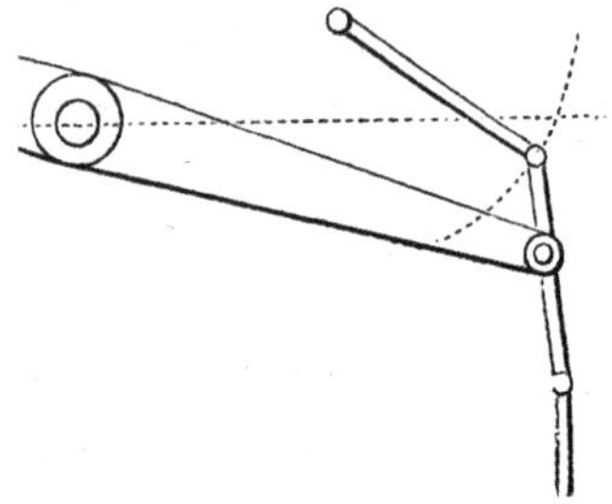

339

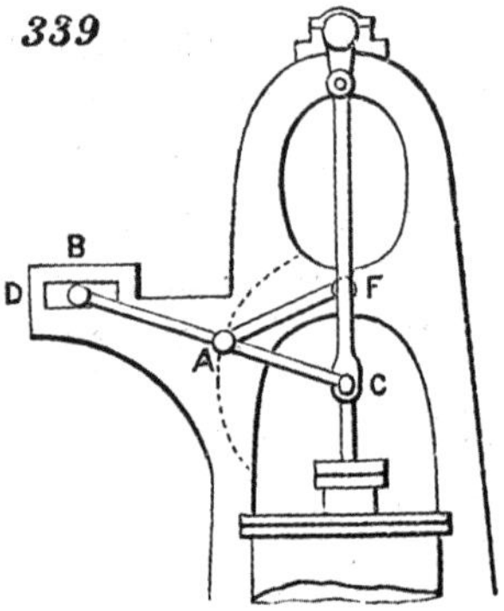

331 ～ 339

331 圖中的引擎使用了在圖 93 與圖 279 介紹過的曲柄運動。曲柄一軸節軸頸在有開口的十字頭 A 中運動，A 則在引擎框架的柱狀導軌 D 和 D 中動作。

332 圖中的平行運動機構用於船舶的側向槓桿引擎中。FC 是半徑桿，DE 平行桿與十字頭 E 相接。

333 此平行運動機構僅用於特定狀況。

334 圖為某些舊式單動橫樑引擎使用的平行運動機構。活塞桿是一支直齒桿，與橫樑的帶齒部位互相嚙合。齒桿後方抵著一個滾輪 A。

335 圖為固定橫樑引擎常用的平行運動機構。

336 圖中經過改造的平行運動機構用於船舶的側向槓桿引擎。一對平行桿除了連接至橫樑或側向槓桿所延伸出的側桿，也與在固定軸承中轉動的搖軸短旋臂相連。

337 在此平行運動機構中，半徑桿連接擺動短桿的末端，短桿的頂端連接橫樑，活塞桿則連接至短桿的中點。

338 平行運動機構的另一種改版，圖中的半徑桿改為安裝在橫樑的上方。

339 圖為直動引擎使用的平行運動機構。橫桿 BC 連接活塞桿，B 端在固定溝槽 D 裡滑動。半徑桿 FA 的兩端分別連接至固定軸的 F 點與 BC 的中點 A。

機械運動

340

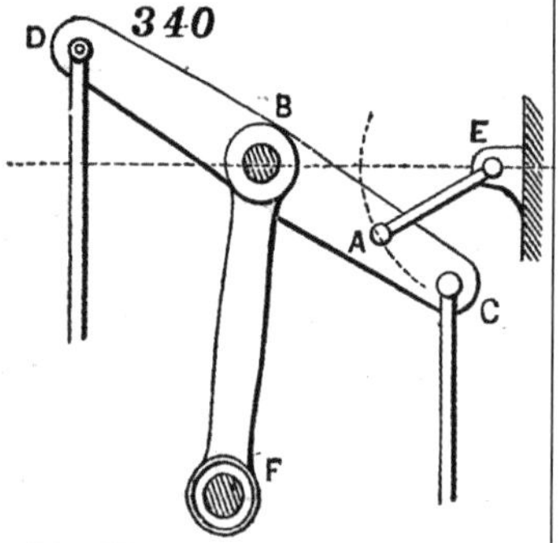

341

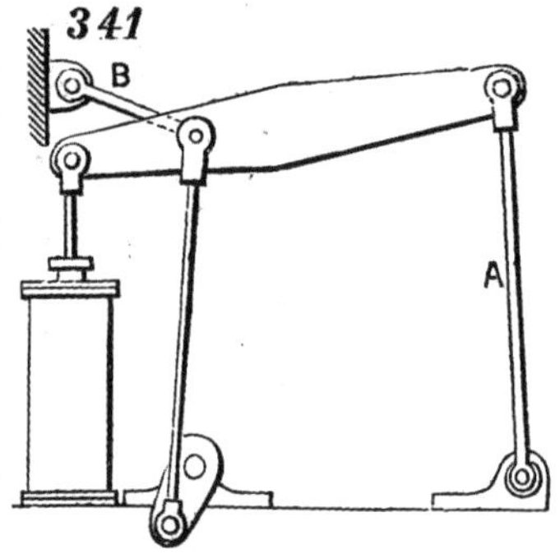

342

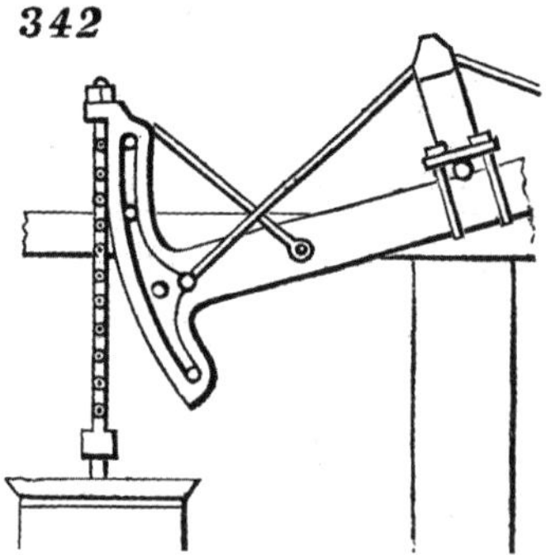

343

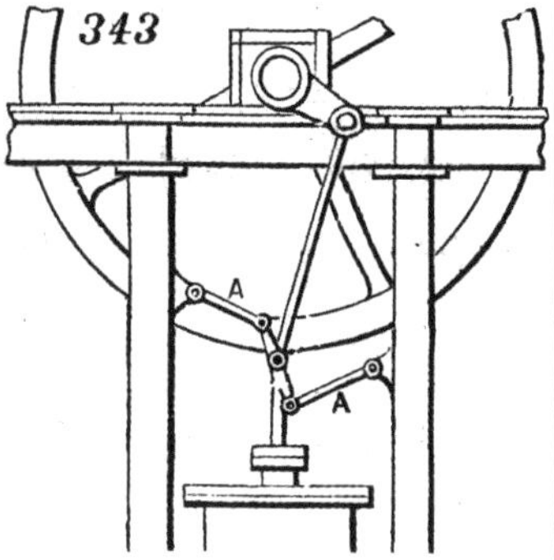

344

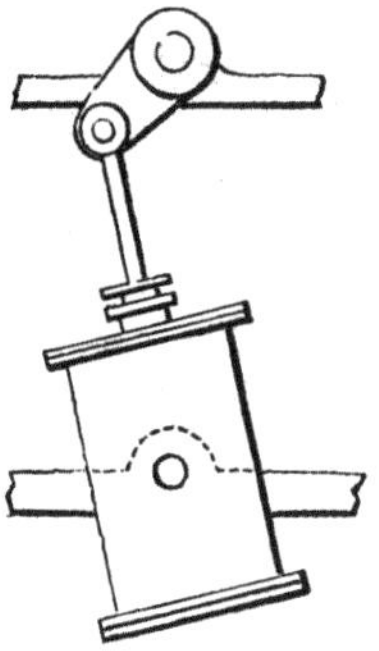

345

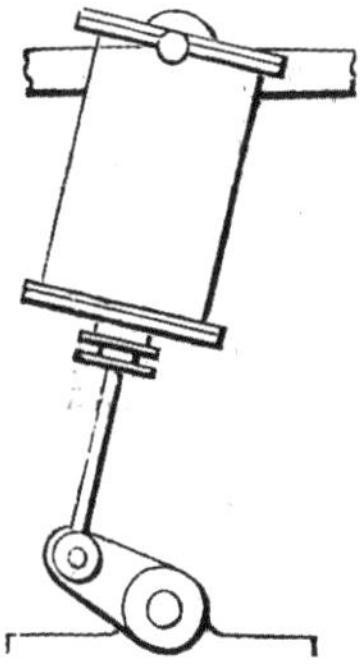

346

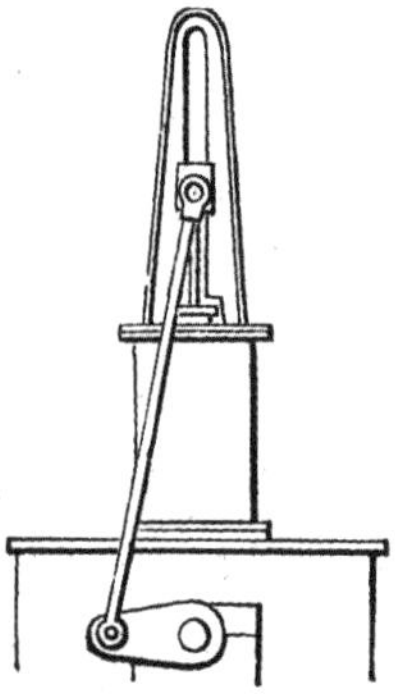

347

348

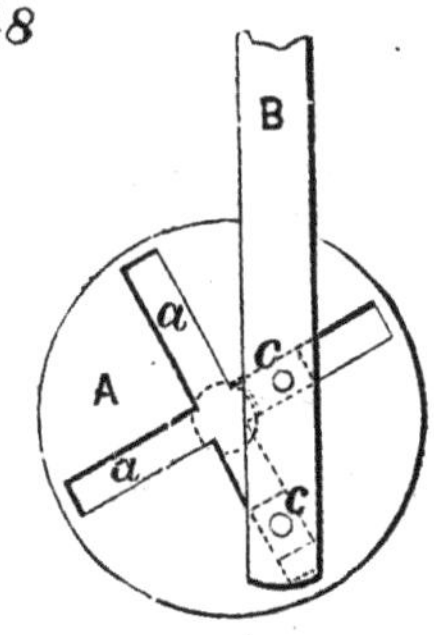

340 ～ 348

340 圖為另一種平行運動機構。橫樑 DC 由柱 BF 支撐，BF 以 F 點為軸心輕輕搖動。活塞桿固定於 C 點，半徑桿 EA 負責製造平行運動。

341 這是一台「蚱蜢」式橫樑引擎。橫樑的一端固定於搖柱 A，軸與汽缸保持適當的距離以利曲軸動作。B 是平行運動的半徑軸。

342 圖為依循大氣壓法則運作的舊式單動橫樑泵引擎。活塞桿與橫樑末端的扇形面之間以一條鏈子連接。汽缸的頂端開放。極低壓的蒸汽注入活塞下方，橫樑另一端則有泵桿等物的重量幫助舉起活塞。之後蒸汽由於注入而冷凝，造成活塞桿下方真空，於是活塞被大氣壓力往下壓，順勢拉起泵桿。

343 圖為直立式引擎的平行運動機構。兩支半徑桿 A、A 的一端各自連接至框架，另一端則連接至活塞桿頂端的擺動機件。

344 圖為一台擺動式引擎。位於汽缸縱向中點的耳軸在固定軸承中轉動，活塞桿則直接固定在曲柄上，因此不需要導軌。

345 反轉的擺動式或鐘擺式引擎。汽缸頂端有一支耳軸像鐘擺一樣擺動。曲柄軸在下方，直接連接至活塞桿。

346 圖為桌型引擎。汽缸固定在一張像桌子的基座上，活塞桿上的十字頭在汽缸上方所固定的直溝線軌中運動。十字頭則另外以兩支側向連桿與基座下方的兩支平行曲柄相連。

347 圓盤引擎的剖面圖。圖中，左側的圓盤活塞只露出邊緣，大致上會像彈到空中的硬幣一樣不斷轉動。汽缸頭呈圓錐形，結合球體做成的活塞桿與圓盤相連；該球體則嵌入同心的台座中，在汽缸頭內運動。活塞桿左端與曲軸臂或飛輪在左方軸的末端相連。蒸汽交互導入活塞的兩端。

348 此機構為史奈德（B. F. Snyder）在 1836 年註冊的專利，只靠著一支軸的旋轉就能帶動兩支桿進行往復運動。之後麥考迪（J. S. McCurdy）用它來驅動裁縫機的車針和一組鋸子。裝在中央轉軸上的圓盤 A 表面有兩道互相垂直且通過圓心的溝槽 a、a，連桿 B 則裝在兩個用樞軸固定、分別在不同溝槽裡運動的滑塊 c、c 上。

機械運動

349

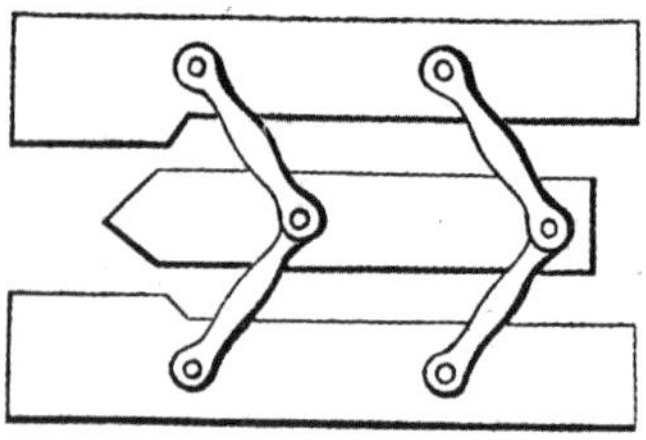

350

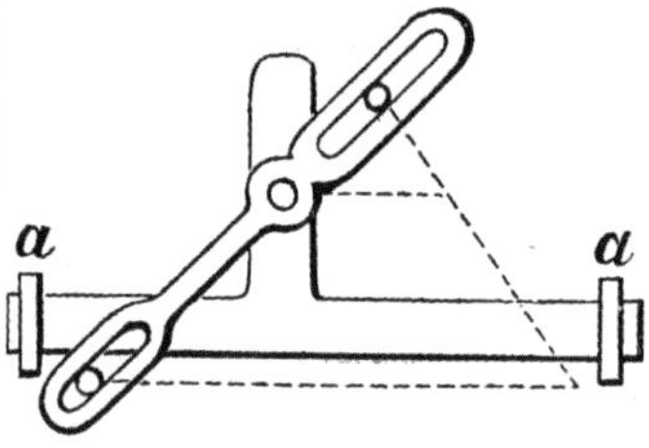

351

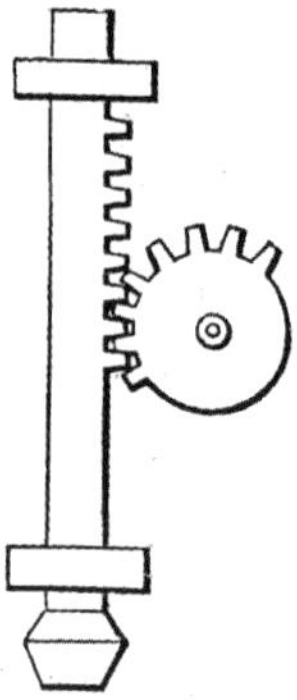

352

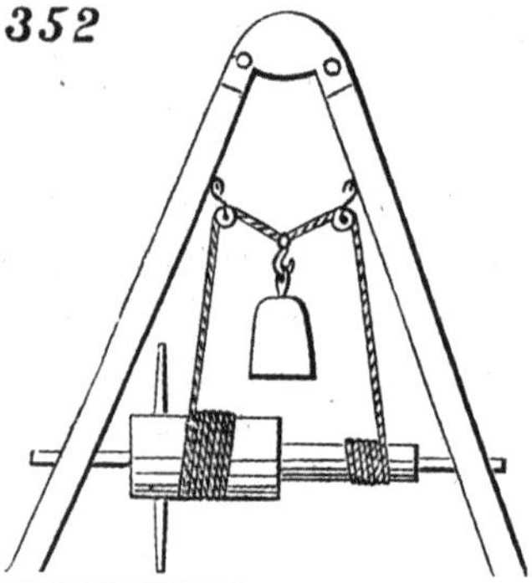

353

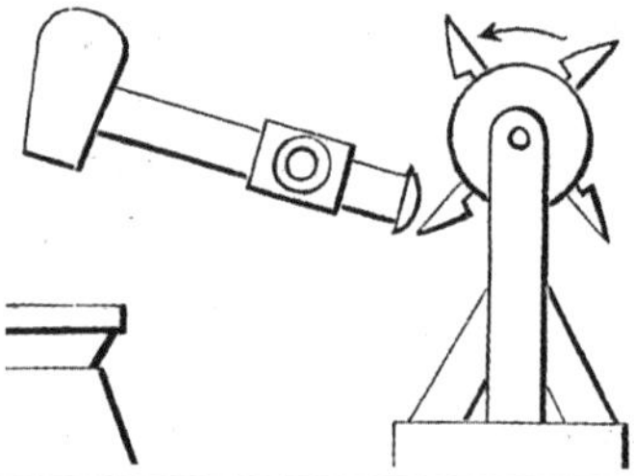

354

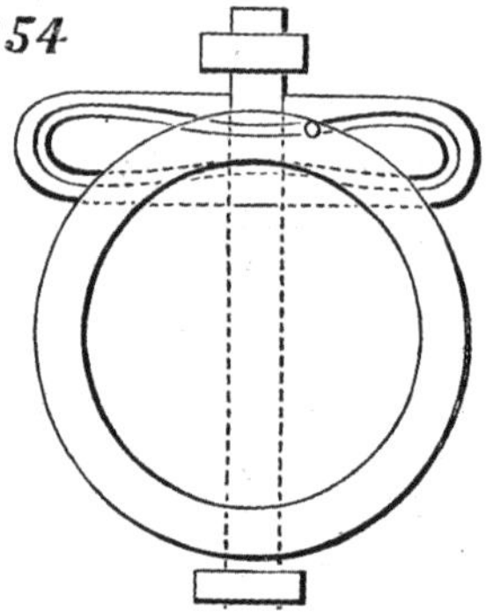

355

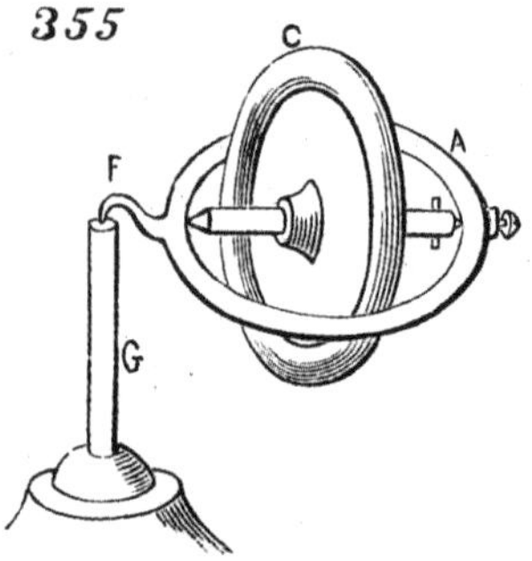

356

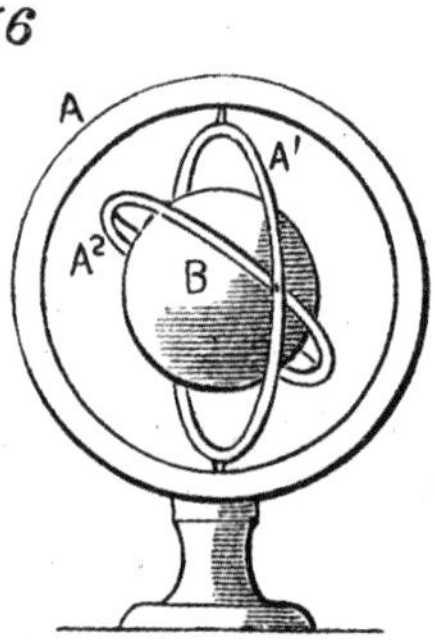

357

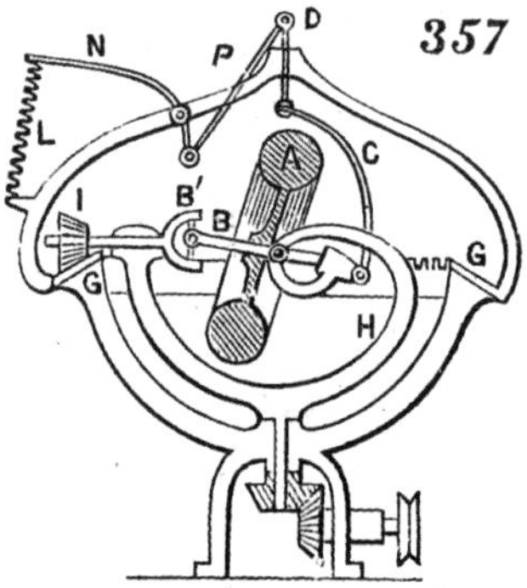

349 ～ 357

349 圖為平行尺的另一種版本。擺臂在正中央結合，再以一根間隔棒串連起來。這樣的配置能夠讓尺的末端與邊緣保持平行。

350 圖為橫向運動或來回運動機構。上方溝槽中的插銷固定不動，下方溝槽中的插銷則在水平虛線上移動。如此一來，與槓桿相連的橫桿就會受前者的帶動，在導軌 a、a 之間進行橫向運動。

351 圖為一台搗槌，由水平轉軸帶出垂直的向下衝擊力。缺齒的小齒輪在齒桿上運動、將桿抬起，直到齒輪的齒離開齒桿，桿才隨之落下。

352 圖 129 中式絞盤的另一種版本。

353 圖 72 斜杵或機碓的改版。圖中的錘柄是第一級槓桿，圖 72 的錘柄則是第三級槓桿。

354 此機構為圖 93 曲柄與長孔十字頭的改版。十字頭有一道能讓曲柄軸節在其中運動的無端溝槽，其造型能讓軸節或往復桿保持等速運動。

355 圖為陀螺儀，或稱轉動儀，用於顯示轉動物體的運動傾向，以維持轉動平面。金屬圓盤 C 的心軸尺寸剛好可以在 A 環的軸承中輕鬆轉動。如果金屬圓盤在其心軸上高速轉動，且 A 環另一側的樞軸 F 位於 G 柱頂端的軸承上，圓盤與環看起來會像是擺脫重力的影響，不會掉下而是繞著垂直軸轉動。

356 波倫伯格（Bohnenberger）的機器同樣能顯示出旋轉物體的運動傾向。這台機器有三個環 A、A^1、A^2 一個套住一個，兩兩之間用樞軸連接、互相垂直。最小環 A^2 上裝有軸承，可乘載重球 B 的中軸。當球高速旋轉時，不管三個環的位置如何改變，球的中軸方向都不會變；支撐重球的 A^2 環能夠抵抗巨大的位移壓力。

357 這個稱為陀螺儀調速器的裝置用於蒸汽引擎等機械，由安德生（Alban Anderson）在 1858 年取得專利。A 是一個重輪，輪軸 B、B' 由兩個零件以萬向接頭連接而成。零件 B 上裝著 A 輪，零件 B' 則裝著小齒輪 I。B 的中點藉由一個絞鏈接頭連至旋轉框架 H，因此當 A 輪的傾斜角度改變時，B 的外側也會跟著上升或下降。框架 H 受到來自引擎的斜齒輪驅動，這也意味著小齒輪 I 會繞著有齒的固定圓環 G 轉動，A 輪則在輪軸上高速旋轉。當框架 H 與 A 輪旋轉時，A 會趨於垂直，但彈簧 L 會妨礙 A 的運動傾向。當調速器愈快，A 的垂直傾向愈明顯，足以抵抗彈簧的力道，反之亦然。零件 B 藉由 C、D 桿連至閥桿，彈簧 L 則藉由槓桿 N 與 P 桿連至閥桿。

機械運動

358

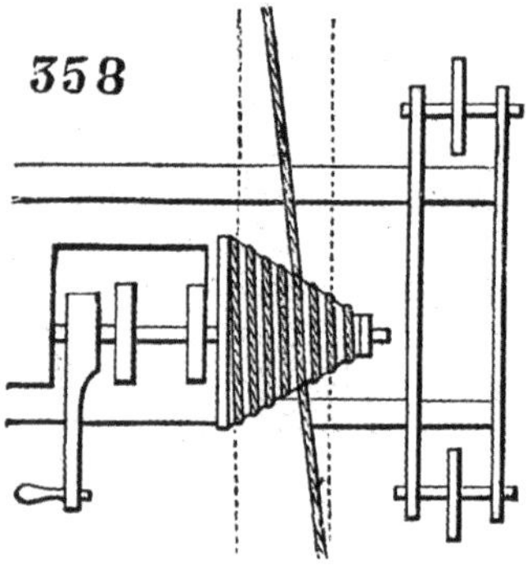

359

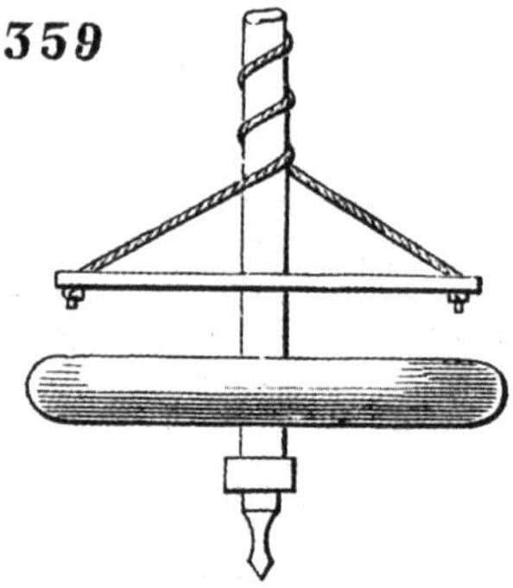

360

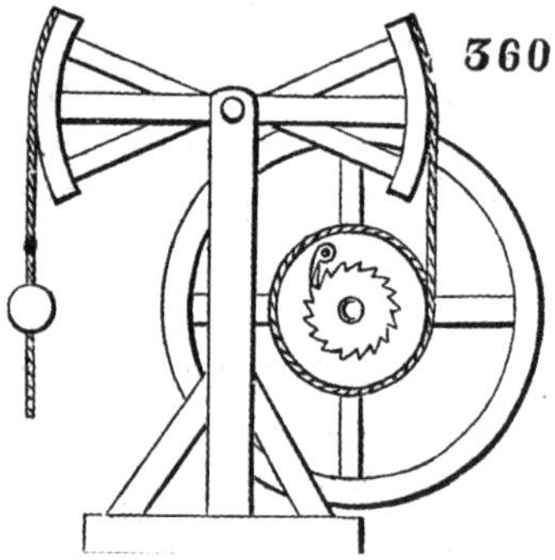

361

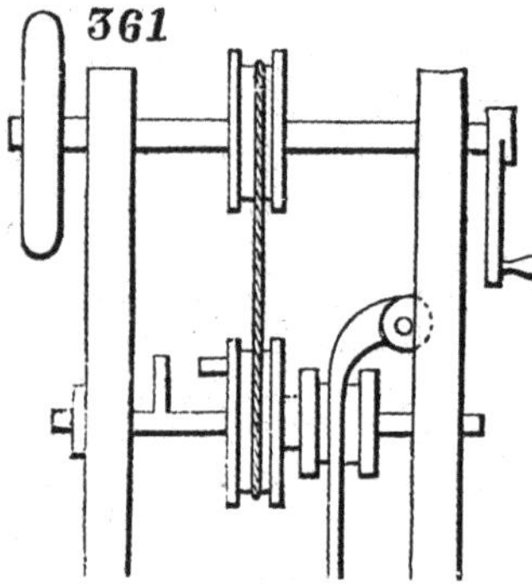

362

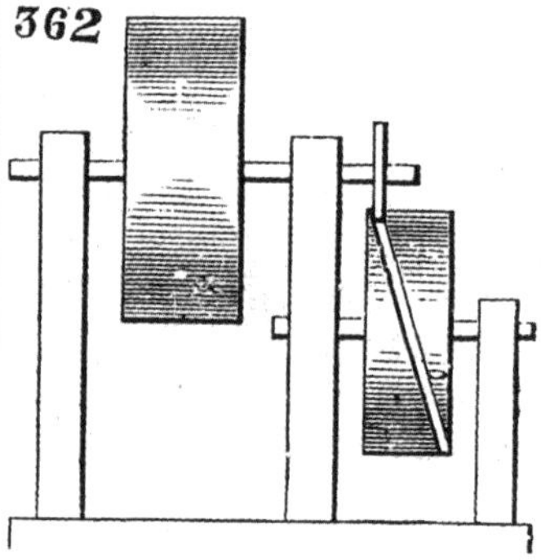

363

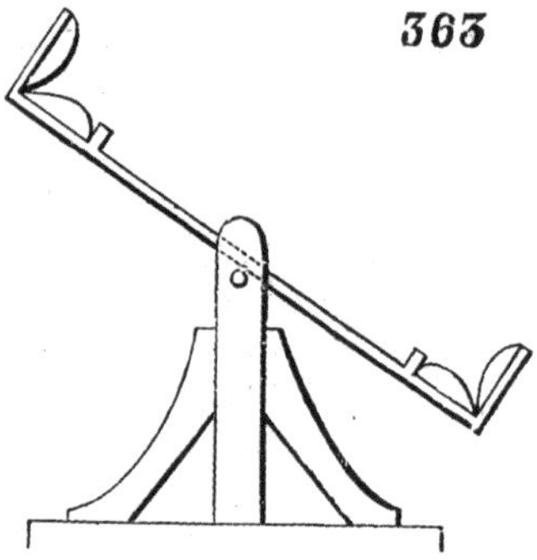

364

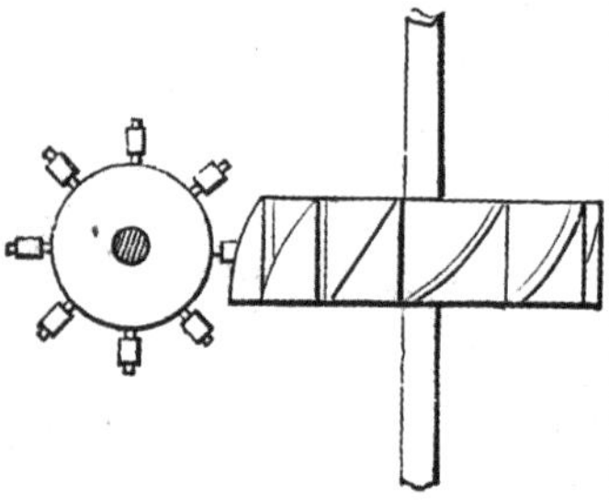

365

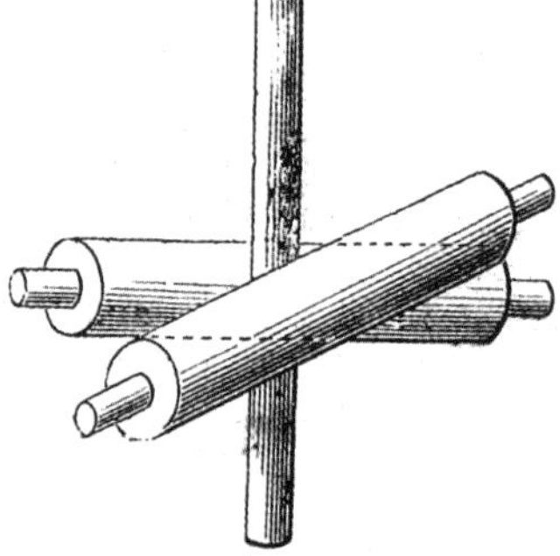

366

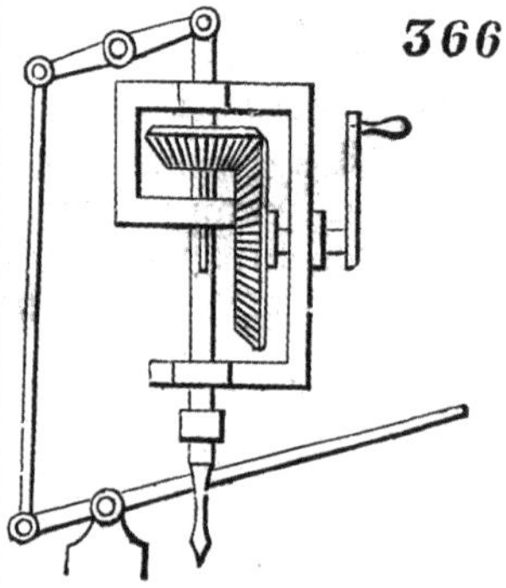

358 ～ 366

358 圖為支架的橫向運動，該運動的速度可以透過將皮帶在圓錐輪的不同直徑上移動來調整。

359 圖為一台原始的鑽孔機。機器就定位後，需要手動操作使其持續轉動。反覆壓下連著皮帶的橫桿後再放開，讓皮帶交替纏繞在轉軸有兩個方向。下方沉重的圓盤或飛輪能在鑽頭心軸旋轉時給予穩定的動量。

360 此機構藉由振盪來製造連續的旋轉運動。圖中的橫樑可以擺動，帶動繫著繩索的鼓輪套在飛輪軸上旋轉，再藉由鼓輪上的棘爪和固定在飛輪軸上的棘輪傳動到軸上。

361 圖為另一種比較簡易的滑輪離合器。較低的軸上有一支插銷，滑輪上則有另一支插銷。利用手把或者其他方式使滑輪在軸上左右滑動，使滑輪的插銷進入或脫離軸的插銷控制。

362 上方軸末端的插銷在下方圓筒的斜溝中運動，讓上方軸和鼓輪做交替橫向運動。

363 圖為一座翹翹板，表現一種最簡單的受限制擺動或交替圓周運動。

364 連續旋轉運動可以帶出其垂直軸上的間歇旋轉運動。左側的小輪為驅動輪，輪緣放射狀排列的短柱上裝有摩擦輪，作用在大輪表面的斜向溝槽中或凸起處，進而傳遞運動。

365 圓柱桿夾在兩個滾筒之間，滾筒的軸互相傾斜。當兩個滾筒旋轉時，圓柱桿會跟著旋轉並上下移動。

366 圖為鑽孔機。旋轉運動經由大的斜齒輪傳遞至垂直的鑽頭軸。鑽頭軸除了在小斜齒輪中滑動，也會因為小齒輪上的活鍵與溝槽，而跟著小齒輪一起轉動。此外還受連接上方槓桿的踏板下壓力道帶動，而往下鑽孔。

367

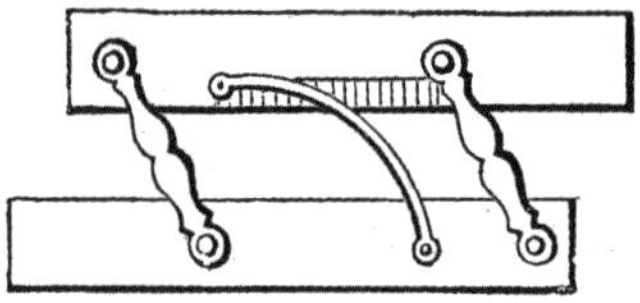

368

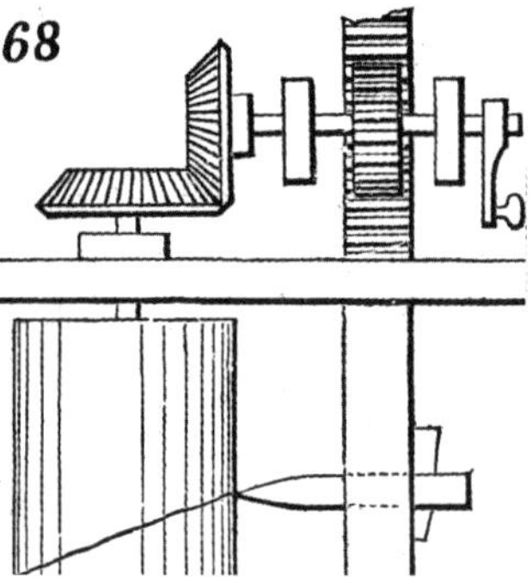

369

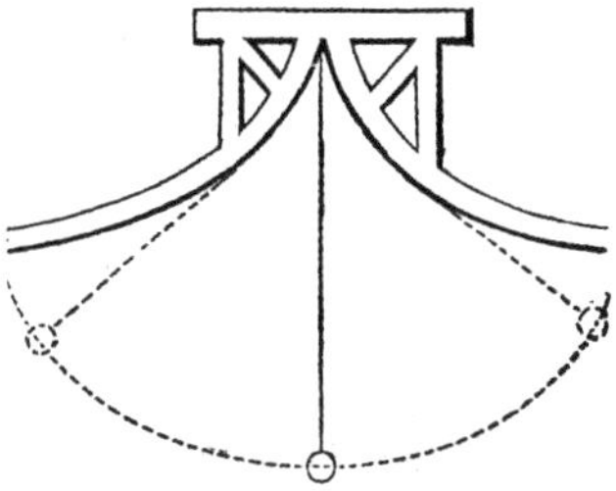

370

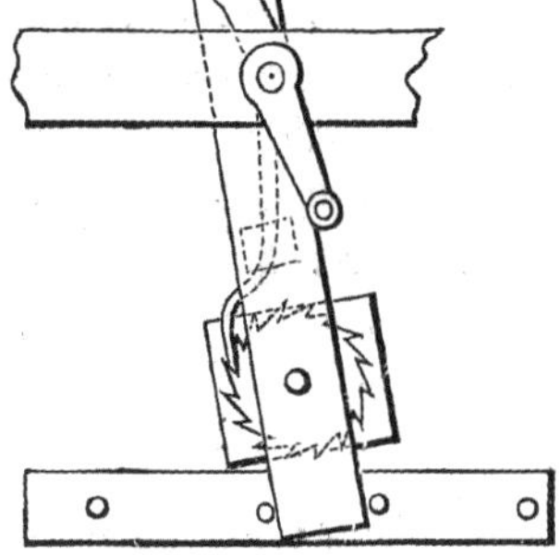

371

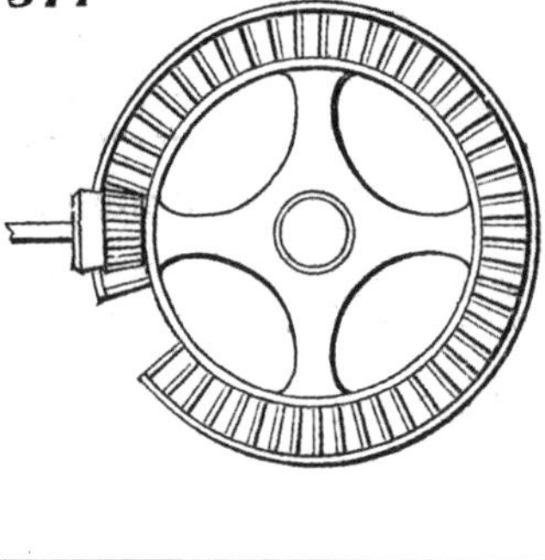

372

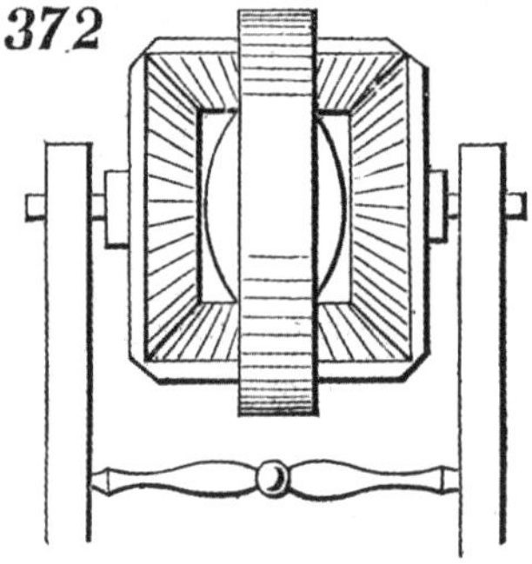

373

374

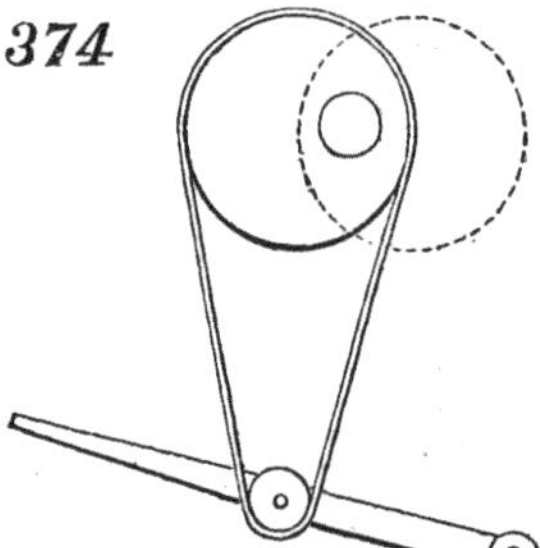

375

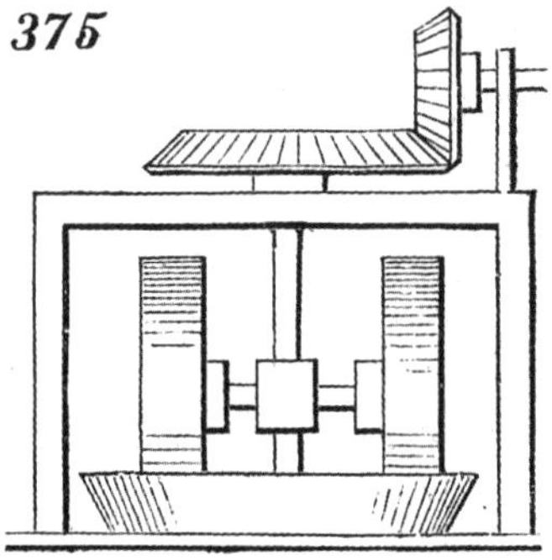

367～375

367 使用平行尺，不需事先測量就能直接畫出間距符合需求的平行線。上方尺的下緣有一段象牙製的刻度標，黃銅弧形臂的外端會在上面指出兩把尺的間距寬度。

368 圖中是一種在圓筒上繪製螺旋線的機構。正齒輪驅動斜齒輪，斜齒輪則帶動圓筒旋轉。正齒輪同時也帶動齒條，讓畫下的記號點從圓筒的一端往另一端移動。

369 擺線形的表面使鐘擺進行擺線弧形運動，呈現等時擺動。

370 圖為一台用來拋光鏡子的裝置，打摩的動作愈多變愈好。用手把來轉動連接長桿及棘輪的曲柄。鏡子牢牢固定在棘輪上。長桿受下方軌道的插銷導引，同時進行縱向運動和擺動，棘輪則因為曲柄上的偏心掣子撥動而間歇旋轉，鏡子因此能進行複合運動。

371 此機構為軋輥輪運動的改版。大齒輪的兩面都有齒，規律轉動的小齒輪會由圖左方的缺口穿過而接觸大齒輪的另外一面，使大齒輪進行交替圓周運動。

372 圖為懷特（White）發明的測力計，用來測量使任何機構產生旋轉所需的力量。兩個水平斜齒輪安裝在一個可在水平軸上自由旋轉的箍架裡。水平軸上另有兩個垂直斜齒輪與水平斜齒輪嚙合，其中一個固定在軸上，另一個可自由滑動。框架不動時，若其中一個垂直斜齒輪轉動，就可藉由水平斜齒輪帶動另一個垂直斜齒輪。但如果箍架隨垂直斜齒輪一起轉動，那麼將箍架固定所需的力量會等於第一個齒輪輸出的力量；裝在箍架外圍的皮帶上面會顯示出讓框架保持靜止所需要的配重。

373 羅伯（Robert）製作這個裝置來證明輪車的摩擦力其實與速度無關，只與載重有關。在大輪上放一台有載重的輪車，輪車連接著一個由彈簧做成的指示器。指示器能指出當大輪旋轉時，需要多大的力量才能使輪車保持靜止。他發現速度改變並不會影響指數，但增加重量會立刻造成影響。

374 將皮帶從踏板的滾輪繞至軸的偏心輪上，踏板可因此帶動輪軸轉動。

375 圖為用來壓碎或輾磨的輪輾機，或稱為磨輪。圖中的輪軸均與垂直軸相連，齒輪或磨輪則在一個淺盤或槽中滾動。

機械運動

376

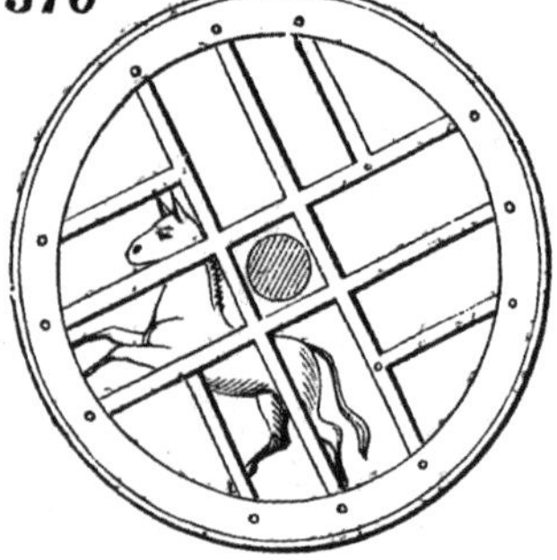

377

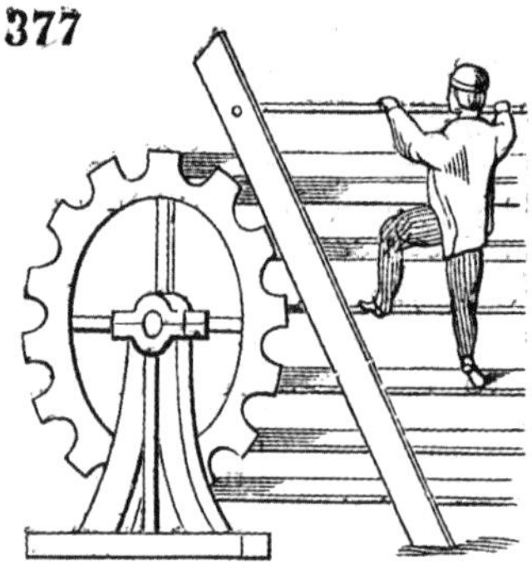

378

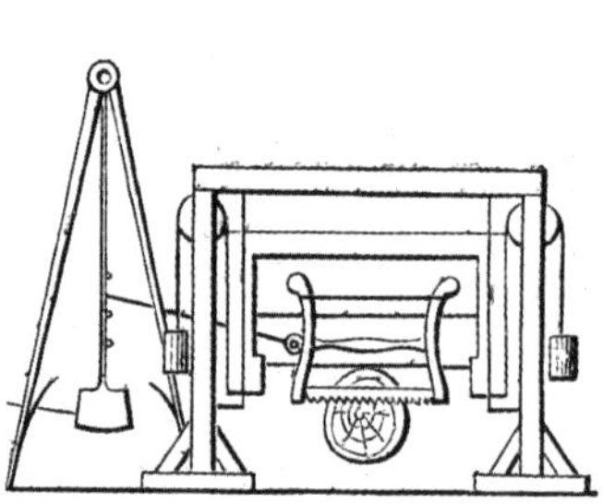

379

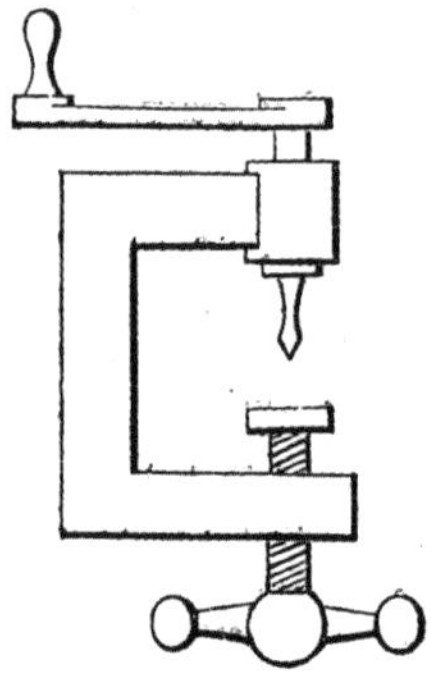

380

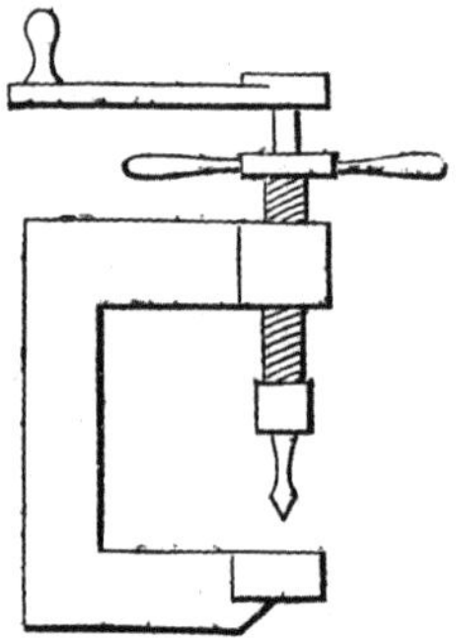

381

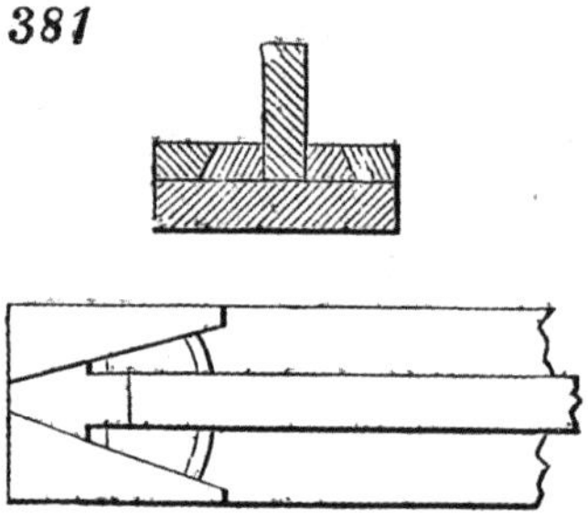

382

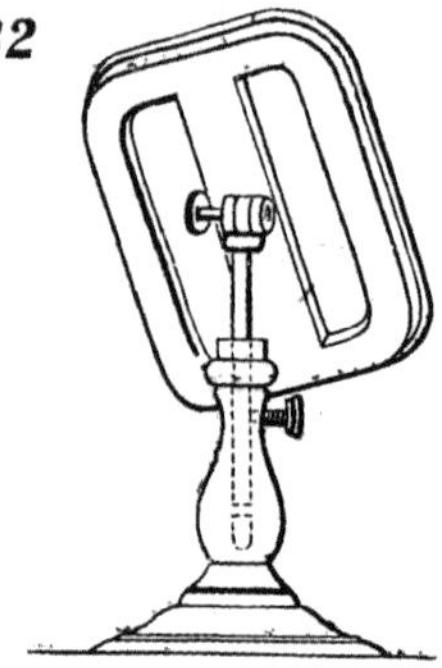

383

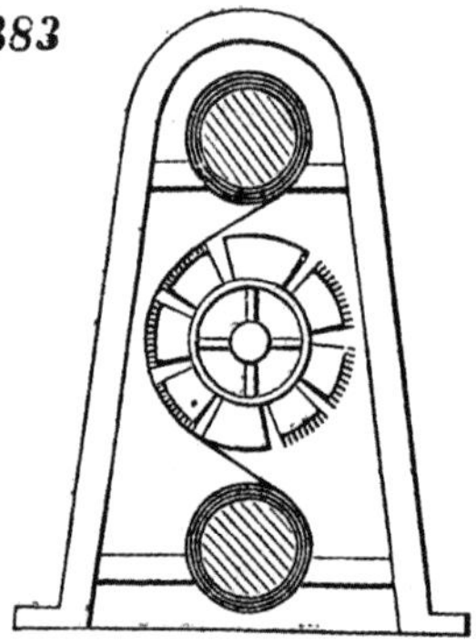

384

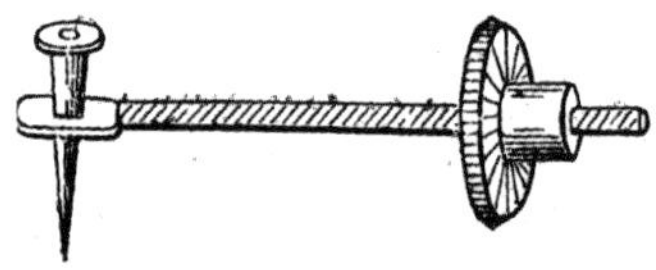

376 ～ 384

376 圖為一台馬力驅動的踏車，靠著動物在內部嘗試往上爬時的體重來運轉。此裝置用在渡輪上的明輪，以及其他以馬力驅動的機器中。古代人在烹調時，也曾利用翻叉犬來驅動這樣的轉輪，進而轉動烤肉叉。

377 某些國家的監獄會讓囚犯使用踏車來磨碎穀物或其他東西。人踩在踏板邊緣時，體重就能轉動車輪。這種機械可能是中國人的發明，他們至今仍以此機械來引水灌溉。

378 這是利用鐘擺運動來鋸樹的鋸子，圖中正在鋸一棵放倒的圓木。

379 和圖 380 是攜帶式的夾鉗鑽。圖 379 中的進給螺桿方向和鑽頭相反；圖 380 中鑽頭軸會穿過進給螺桿的中心。

381 包里（Bowery）的木工夾鉗，上方為平面圖，下方為橫剖面圖。長方形底座的其中一端有兩塊斜邊相對的楔形頰板，並從頂端向內收縮成鳩尾榫的造型，中間才能容納兩個楔子，以此固定要磨平的木塊。

382 圖為放置鏡子等物品的調整式支架，可讓承載的鏡子或其他物品升高、降低、左右轉或調整傾斜角度。支撐桿插入支柱的插孔中，用螺絲固定。再用附有鎖緊用固定螺絲的絞鏈將鏡子固定在支撐桿上。相機腳架也是使用相同的機構。

383 圖為製布或紗線機器的基本構造。機構中有兩個滾輪，布料或紗線纏繞其上，中間再夾著一個圓筒。圓筒的表面平滑，可視作業需要裝上刷毛、起絨刷頭等工具。此機構應用在梳理紗線的機器、整理毛線的起毛機與大部分布料成品的表面加工機器中。

384 圖為螺旋規，用來繪製螺旋線。繞著固定中點轉動的小轉輪在刻有螺紋的桿上移動，就能畫出螺旋線，再透過有色面朝下的複寫紙將圖形印在繪圖紙上。

385

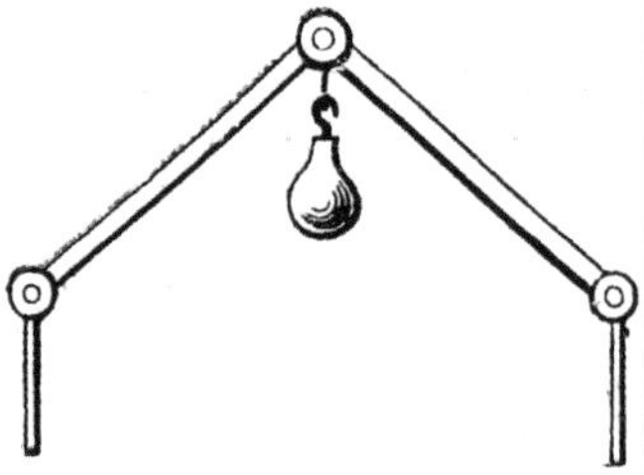

386

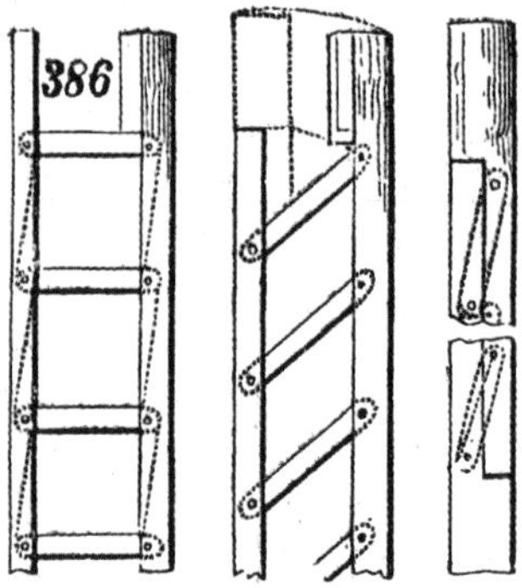

387

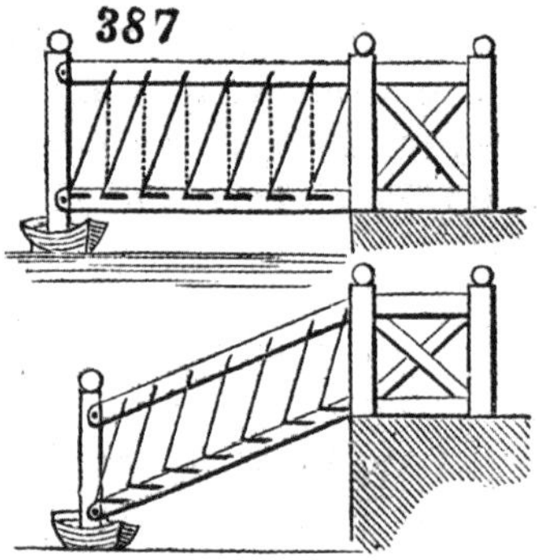

388

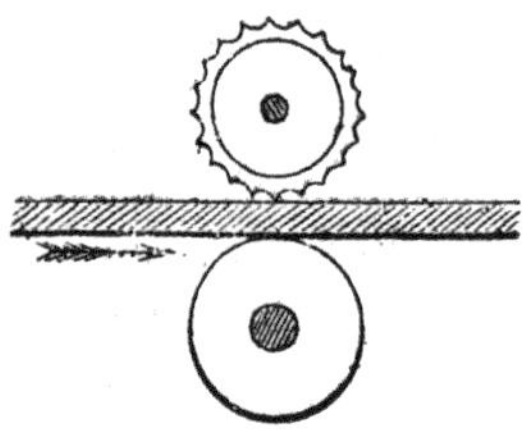

389

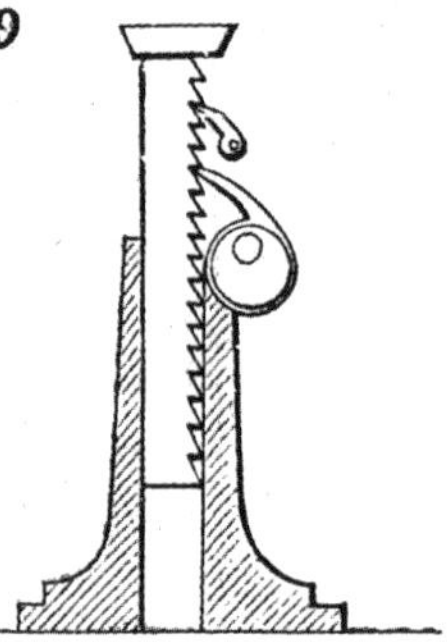

390

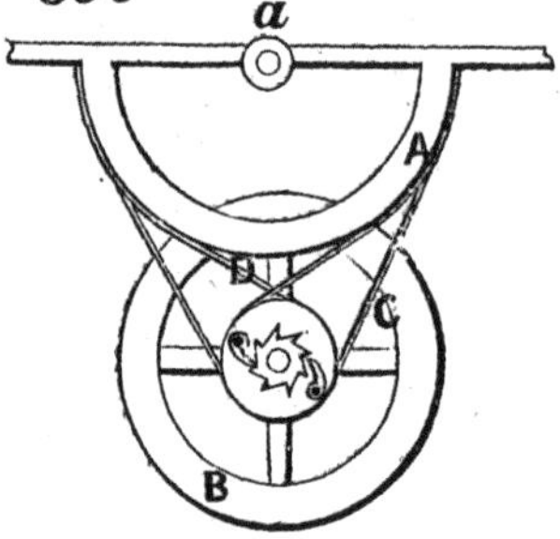

391

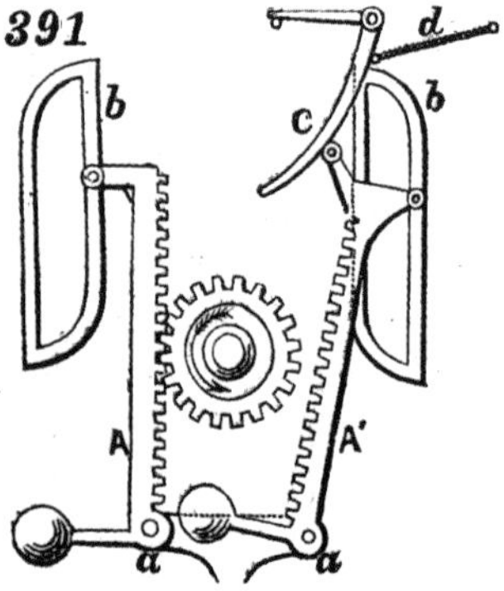

392

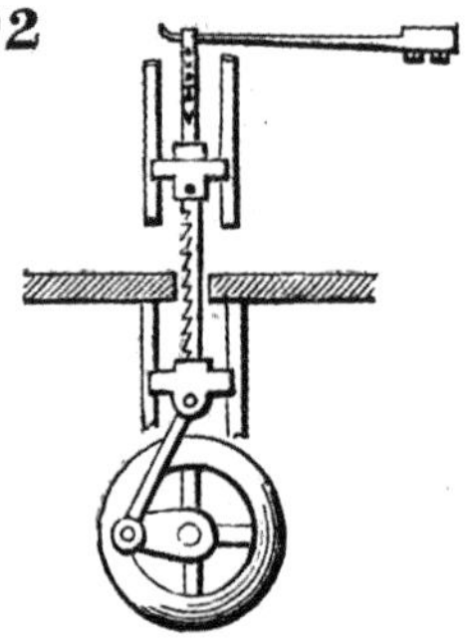

393

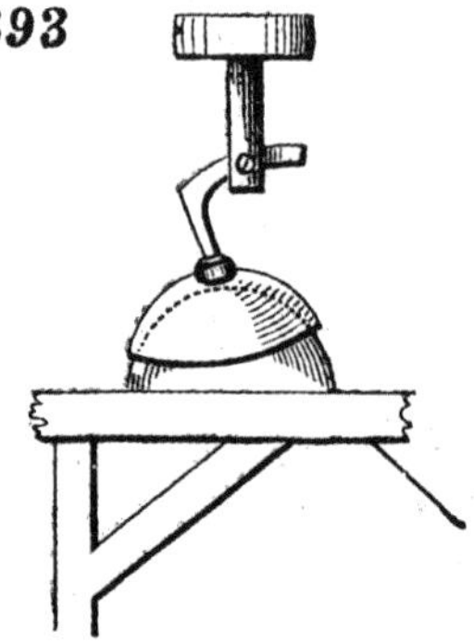

385 ～ 393

385 圖中是俄羅斯人用來關門的機構。門的插孔中有一支可旋轉的插銷，另外一支插銷則以類似方法固定在門框上。開門時兩支插銷互相靠近，將重物舉起。接著重物會將肘節處的接頭向下拉成一直線而加大兩支插銷的間距，此時門就會關上。

386 圖書館的摺疊梯，圖中分別顯示它全開、半開與闔起的狀態。圓桿以樞軸固定在兩支側柱上，側柱可以密合成一支直圓柱，將圓桿收進來。

387 圖為設在碼頭邊、隨潮汐而自行調整高度的梯子。踏板的其中一端以樞軸固定在構成繩索部位的木桿上，另一端則由從扶手桿上懸吊而下的桿子支撐。無論梯子的高度為何，踏板都會保持水平。

388 伍德沃斯（Woodworth）刨床中的進給運動機構，由平滑的支撐滾輪和上方的有齒滾輪組成。

389 圖為千斤頂，由偏心輪、棘爪與棘齒條組成。上方的棘爪為止動器。

390 此機構能將擺動轉換成旋轉運動。半圓形零件 A 連接一支橫桿，以 a 為作用的支點。兩條皮帶 C、D 的兩端連接在 A 上，下方掛著兩個在飛輪 B 軸上滑動的游滑輪。皮帶 C 採開口繞法，D 則是交叉。兩個滑輪上都裝有棘爪，與固定在飛輪軸上的棘輪嚙合。當 A 往某個方向轉動時，其中一支棘爪會卡住棘輪；當 A 往另一個方向轉時，就換另一支棘爪卡住棘輪。透過這種方式就能讓輪軸持續轉動。

391 此機構能將往復運動轉換成旋轉運動。有配重的齒條 A 與 A' 以樞軸固定在活塞桿的末端，齒條上的插銷分別在固定導溝 b 和 b 之中活動。當其中一排齒條因嵌合齒輪而上升時，另一排齒條則下降，形成連續的旋轉運動。右齒條的插銷在彎肘槓桿 c 與彈簧 d 的幫助下，可順利通過導溝 b 的頂端轉角。

392 圖為一把線鋸，下端連至拉動它的曲柄，上端則連至將鋸片拉緊的彈簧，避免出現開口。

393 圖為拋光鏡片或其他球體的裝置。盛裝拋光材料的杯型零件，藉由球窩接頭與彎曲金屬零件，連結一支與拋光物體同心的直立轉軸。杯型件以偏心方式安裝，因此能同時在萬用接頭上自轉，又繞著直立轉軸和拋光物體的軸心旋轉。如此一來，杯子的表面就不會重複接觸鏡片或其他拋光物體的同一部位。

機械運動

394

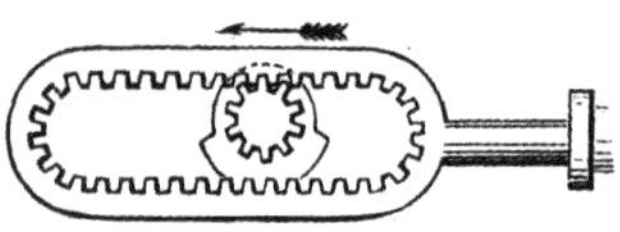

395

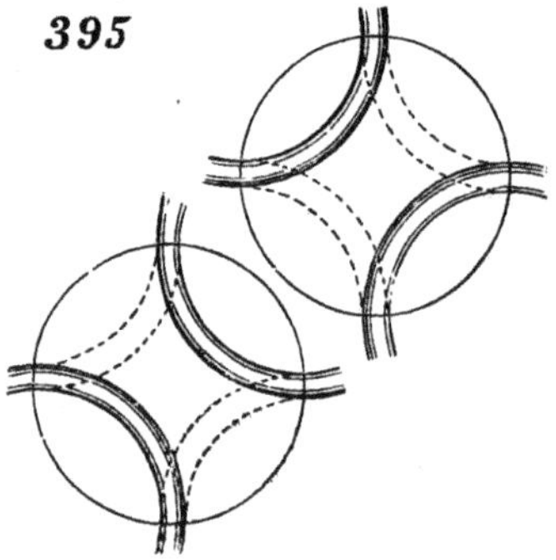

396

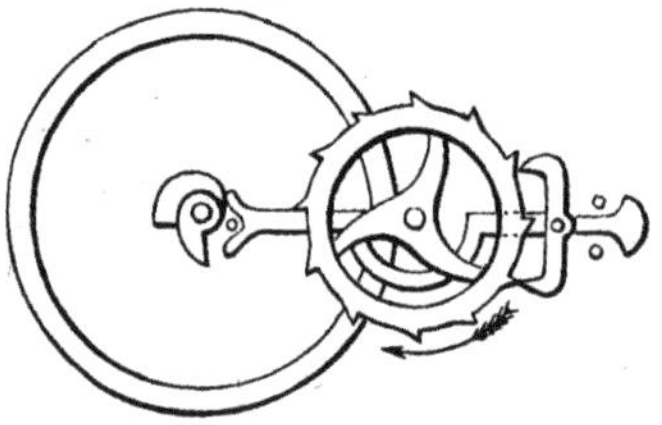

397

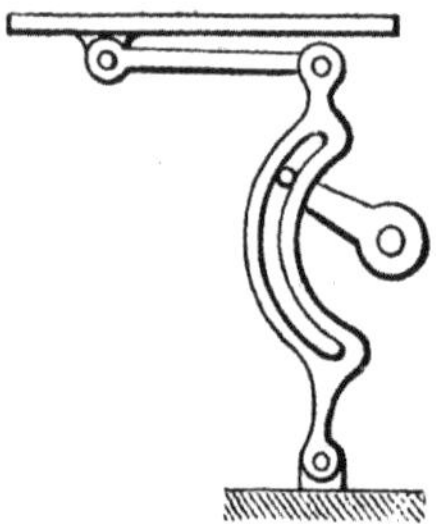

398

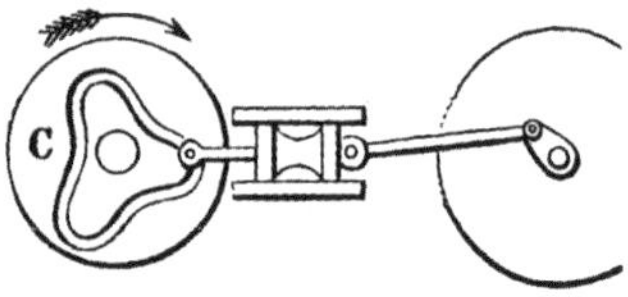

399

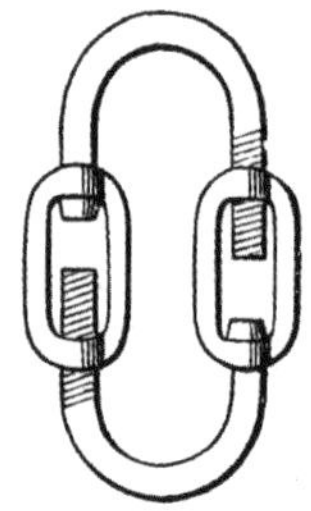

400

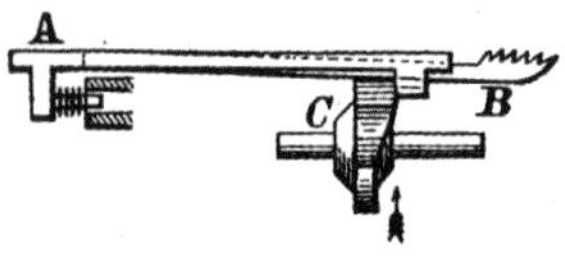

401

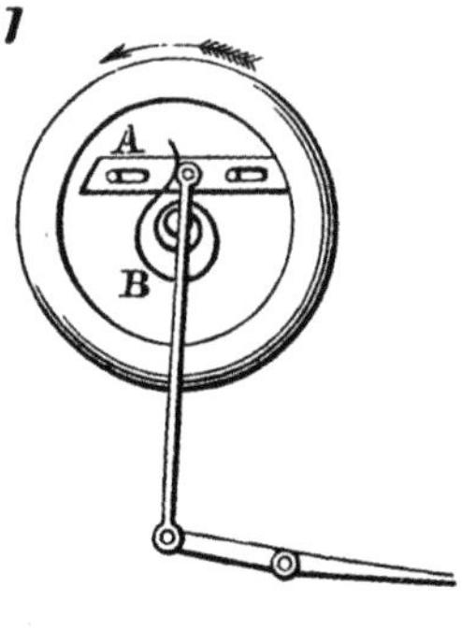

402

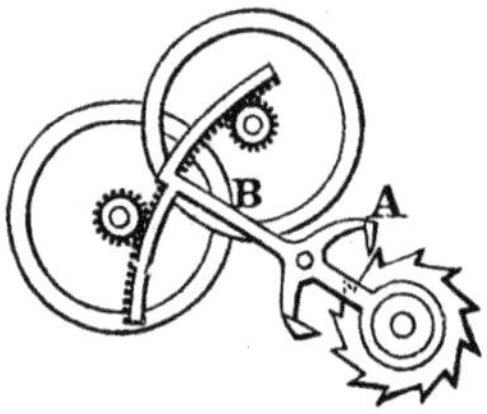

394 ～ 402

394 圖為帕森（C. Parsons）的專利裝置，可將往復運動轉換成旋轉運動。一個側邊有溝槽的無端齒條與小齒輪嚙合，小齒輪上向外延伸兩個同心但不同半徑的凸緣。此裝置被用來替代擺動汽缸引擎中的曲柄。

395 圖為四向旋塞，多年前的蒸汽引擎以此裝置來為汽缸供給和排出蒸汽。圖中的兩個方向是旋塞旋轉四分之一圈後的狀態。假設蒸汽由頂端進入，上圖是由汽缸的右側排氣，下圖則由左側排氣。可想而知，進氣是從反方向進行。

396 圖為李德（G. P. Reed）取得專利的錶用錨件與槓桿擒縱機構。如圖，槓桿與計時器擒縱裝置的結合方式，使得在其中一個方向取得平衡的所有衝擊力道經由槓桿傳遞，而在反方向取得平衡的所有衝擊力道則直接傳至計時器的衝擊擒縱叉。擒縱輪每次衝擊擒縱叉時，擒縱輪便會鎖定和鬆開一次。

397 圖中的裝置可將持續的旋轉動轉換成間歇的線性運動。許多縫紉機都使用此機構來驅動梭子。同樣的機構也應用在三滾筒印刷機中。

398 此機構可將持續的旋轉運動轉換成間歇的旋轉。凸輪 C 為驅動輪。

399 圖為修理鏈條、或在充當牽索或拉條使用時將鏈條繃緊的方法。此鏈環由兩個零件組成，各自的兩端分別裝上旋轉螺帽、刻上螺紋，因此能夠旋入另一個零件的螺帽中。

400 圖為威爾森（A. B. Wilson）取得專利的四動進給機構，用於惠勒 & 威爾森（Wheeler & Wilson）、斯洛特（Sloat）及其他品牌的縫紉機。橫桿 A 分岔成兩支橫桿，中間以樞軸固定另一支 B 桿（下方裝載著正齒輪或進給器）。B 桿被凸輪 C 的輻射狀凸起部位抬起，同時帶動兩支分岔橫桿往前進。彈簧負責製造返回行程，B 桿因自重而回落。

401 圖為一種能夠避開死點的曲柄裝置，由布羅奈爾（E. P. Brownell）取得專利。踩下踏板時，有溝槽的滑桿 A 會跟隨軸節一起向前移動，直到軸節越過中心點。彈簧 B 會使 A 停在止動器上，直到再次被踏板帶動。

402 圖為根西（G. O. Guernsey）取得專利的鐘錶擒縱機構。機構中使用兩個平衡擺輪，由同一動力驅動，但往相反方向擺動，用來抵消鐘錶突然受到的撞擊。當撞擊發生而使其中一個輪加速時，另一個輪會減速。A 錨件固定在槓桿 B 的前端，B 的末端扇形，其中一段的齒朝外，另一段的齒朝內，分別與平衡擺輪上的小齒輪嚙合。

機械運動

403

404

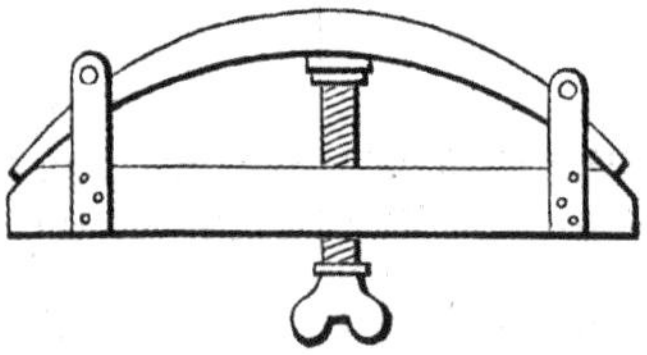

405

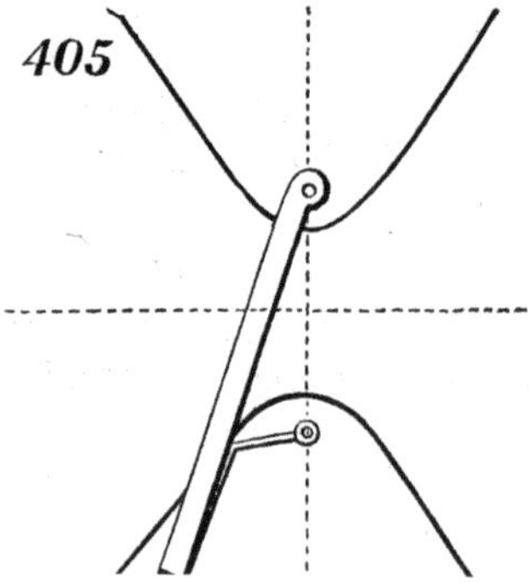

406

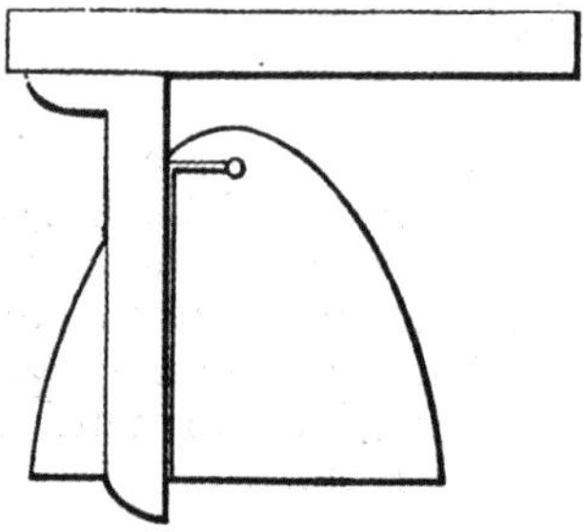

407

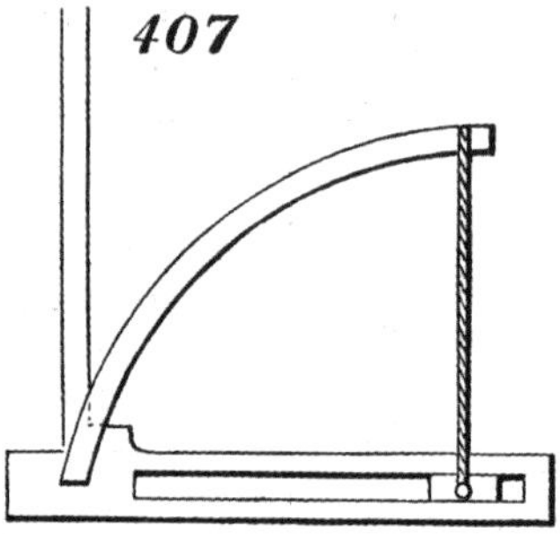

403～407

403 圖為三把直尺組成的圓弧規，在無法觸及圓心的情況下可用來繪製弧線。首先畫出弦與正矢，然後從弦的兩端畫兩條斜線到正矢的頂點。兩把尺沿著這兩條斜線擺放，在頂點交叉後固定。接著將第三把尺橫跨在前兩把尺上，做為拉條，並在弦的兩端插上圖釘或做記號以導引裝置。一方面在兩把斜尺夾角的旁側插入鉛筆，另一方面讓圓弧規在兩個圖釘之間移動，便可畫出圓弧。

404 圖為另一種圓弧規。彈性弧桿的兩端厚度是中央的一半，因此能在拉到最彎時與正圓弧吻合。需事先取得圓弧上的三點，用螺絲將弧桿彎至這三點的位置，兩端以小滾輪固定於直桿上。

405 圖為描繪雙曲線的工具，需事先取得頂點與焦點。圖中的兩條曲線為雙曲線，中央垂直虛線上的兩點為焦點。尺的一頭固定在第一個焦點上，讓尺的另一頭能以此焦點為中心旋轉。再準備一條棉繩，其中一端用圖釘固定在第二個焦點上，另一端則盡量靠近尺。棉繩的長度要控制在尺對準中心線時，能剛好拉到頂點的程度。將鉛筆卡在棉繩的彎曲位置，一手將尺從中心線位置移開，一手拿鉛筆帶著棉繩貼近尺緣畫線，即可畫出半邊拋物線；將尺轉向，就能畫出拋物線的另一半。

406 圖為描繪拋物線的工具，需事先取得底線、高度、焦點、基準與高度。首先將直邊的內側貼合準線，再將角尺的底座抵在同一條準線上，角尺的直尺部分因此與軸線平行。然後將鉛筆卡在棉繩的彎曲位置，以上圖的方式畫線。

407 圖為描繪尖拱圖形的工具。水平桿上有一道直溝，溝中滑塊上有一根插銷，用來固定棉繩。弧形桿用有彈性的木材製成，垂直於水平桿且一端固定。水平桿的上緣對齊起拱線的高度，弧形桿的背側則對齊尖拱開口的側柱。拉彎弧形桿，直到桿頂對準拱門頂點，弧形桿底座的支點可確保側柱與弧線相切。鉛筆固定在弧形桿與棉繩相接的位置。

408

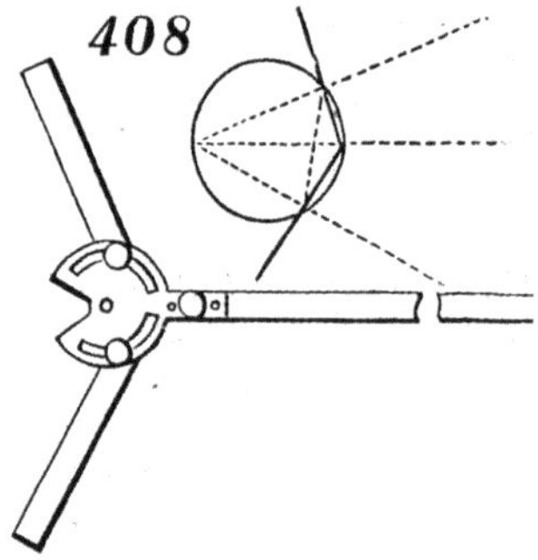

409

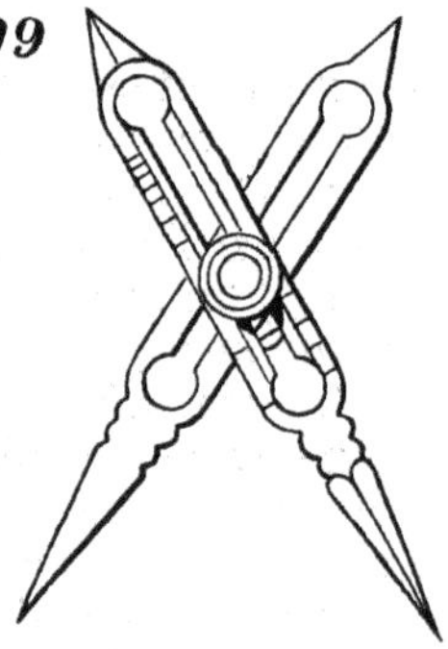

410

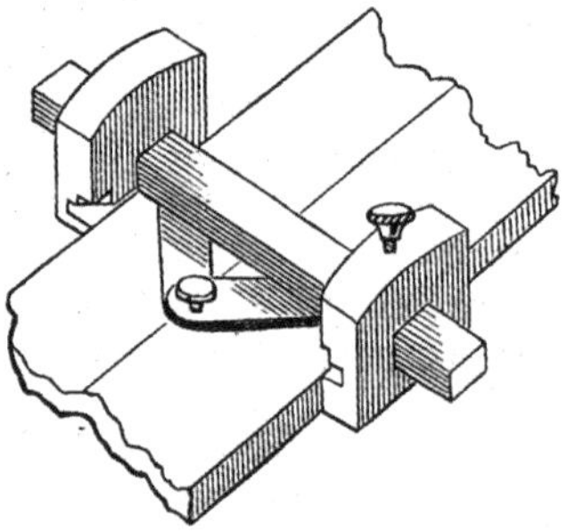

411

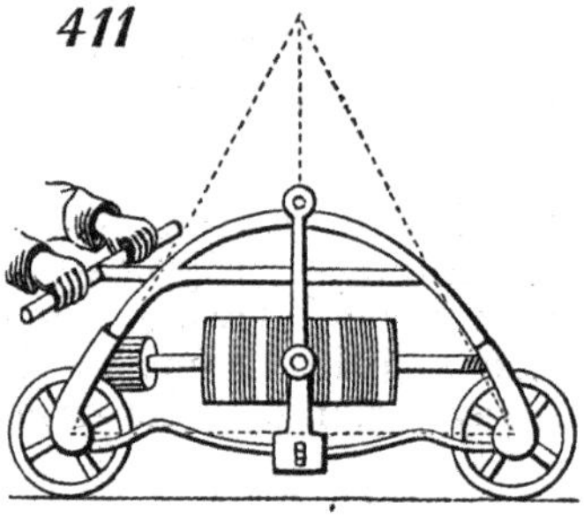

408 ～ 411

408 圖為一把Y型尺，當直線指向遠在紙面外一個不可及、或是難以對準的點時，可用來輔助描繪這類的直線，主要用來繪製透視圖。直尺部位的上緣，也就是畫線側，與兩支可動支腳的末端必須結合在接頭的中心。上方的幾何圖可看出此工具的配置，兩支腳與直尺之間可以個別調整出不相等的夾角。在貫穿中心點的虛線端點直直打入一根釘子，讓Y型尺能抵著釘子移動。假設沿著輻合線，難以在紙面上找到交會點，或是紙面外臨時的一點，而無法如圖示設置工具時，可以藉由畫出與輻合線平行和相對的線條，來找出對應的交會點。

409 圖為一把比例分規，能將圖案按照設定的比例放大或縮小。分規的樞軸固定在滑塊上，而滑塊可在兩支腳的軸向溝槽中活動，必要時能以定位螺絲固定。使用時以一組端點為尺度基準，再轉移到另一組端點上，縮放程度會與端點到樞軸的距離成比例關係。比例刻度顯示在分規的一支或兩支腳上。

410 圖為等分儀。橫桿的兩側各有一片平行的頰板，一片固定、一片可調整並以手轉螺釘固定。兩片頰板的中間各裝有一支等長的短桿，兩支短桿的另一端以樞軸結合出用來做記號的尖端。無論頰板間距如何變化，尖端都會位於頰板的中點。因此只要將頰板夾在兩邊平行的物體上，再使用此儀器畫線，就能將物體一分為二。兩邊不平行的物體也可用相似方法等分，但過程中需注意使頰板緊貼在物體的兩側。

411 圖為測量員用的自記平面計。水平底盤與車身構成一個等腰三角形，車輪周長等於三角形的底邊。車身上有一個鐘擺，當車子走在水平面上時剛好位於底盤中央。車上有一個受車輪帶動旋轉的鼓輪，上面包覆著已畫好標線的紙張。當車身向左或向右傾斜時，鐘擺上的鉛筆會在紙上畫出車體行經地面時的傾斜情形。鼓輪能夠垂直移動以配合需要的繪圖比例，也能水平移動以免紙張畫滿。

機械運動

412

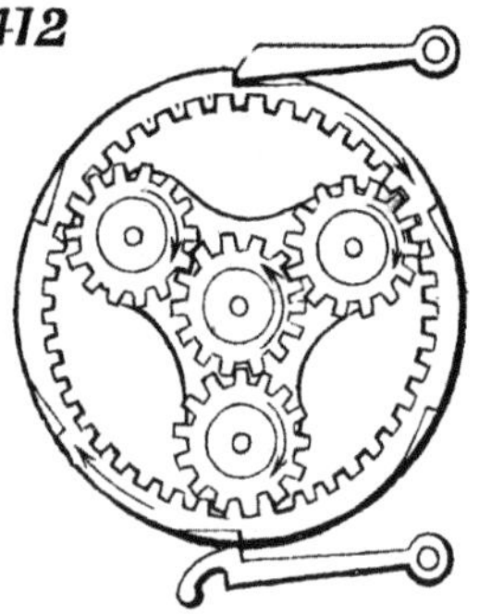

413

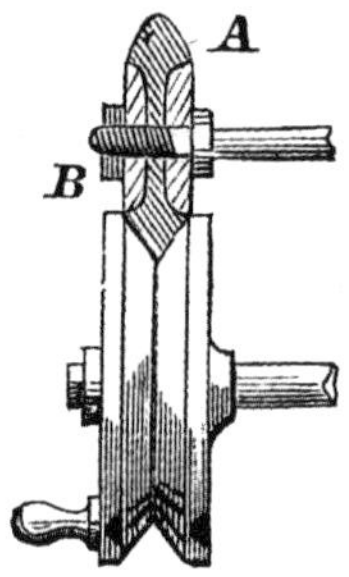

414

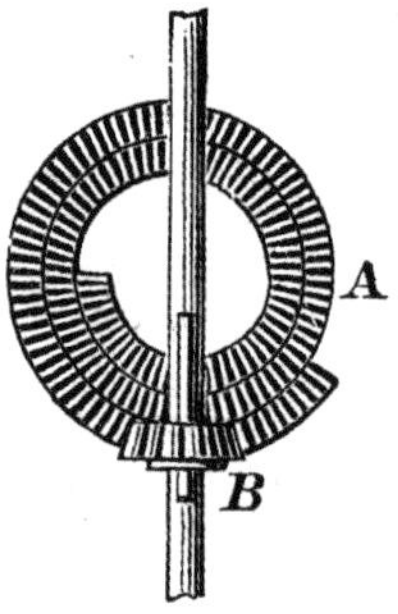

415

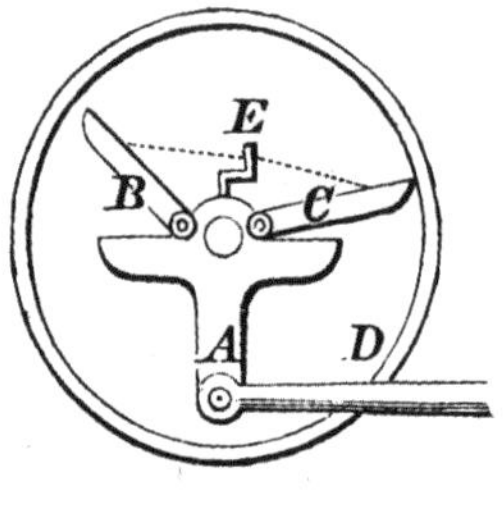

416

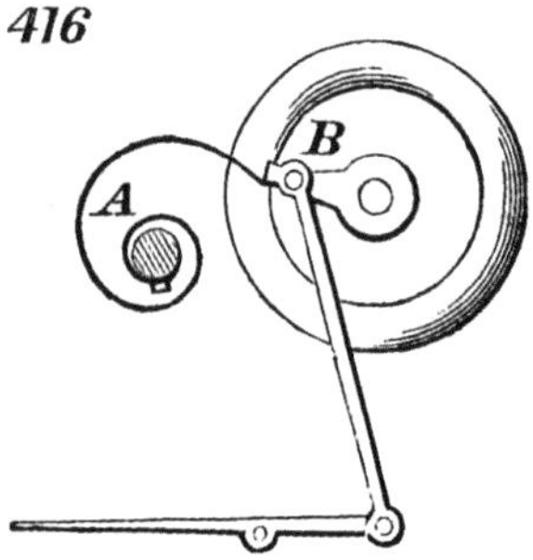

417

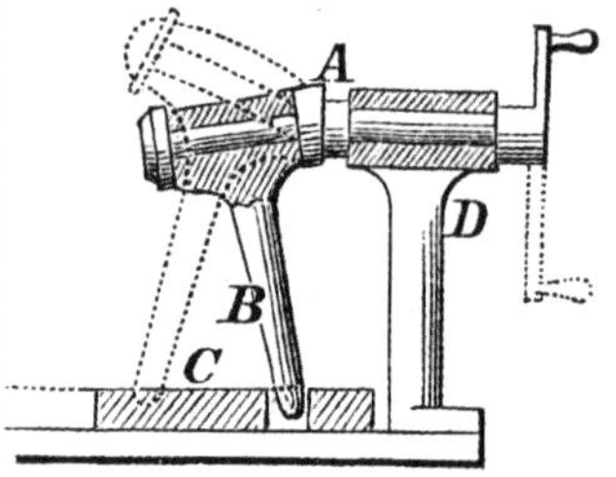

418

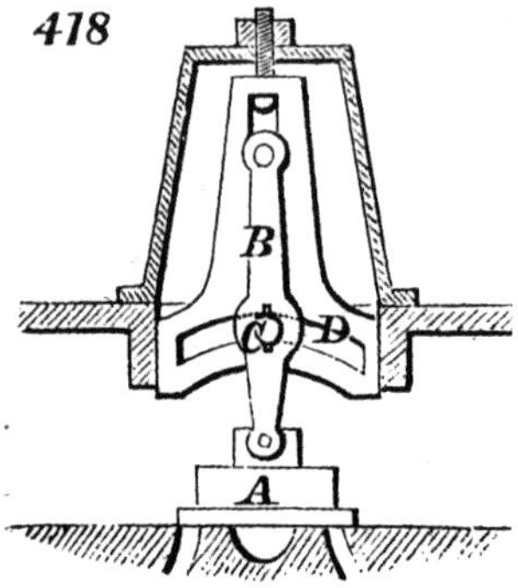

419

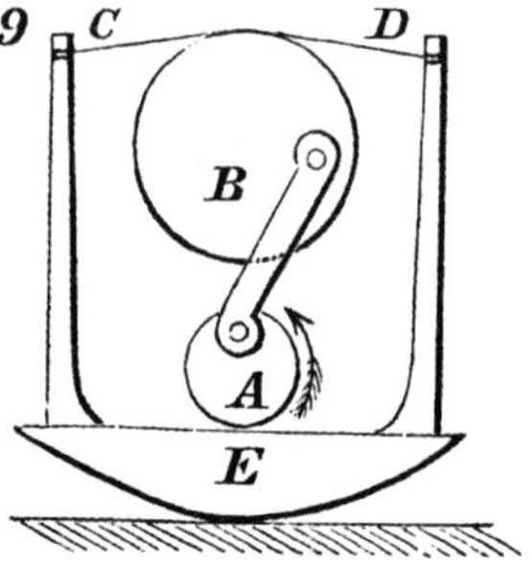

420

412 ～ 420

412 圖為絞盤底部的齒輪運作情形，可視情況做為單機或複合機、單一複滑車或三重複滑車。鼓面和筒身分別旋轉；鼓面固定在心軸上，受心軸帶動旋轉；如果鎖定在筒身上，也會帶動筒身一起旋轉，也就是單一複滑車。解鎖後，齒輪開始作用，鼓面和筒身的旋轉方向將相反，速度比為三比一。

413 圖為豪勒（J. W. Howlett）取得專利的可調式磨擦齒輪，改良自圖45。A 輪由兩片金屬圓盤和中間一片有 V 型凸緣的橡膠圓盤組合而成。上述零件以螺帽 B 拴緊後，橡膠盤會向外放射延展，使得兩輪之間的磨擦力道增強。

414 圖為蝸形齒輪與滑動的小齒輪，當蝸型盤 A 往其中一個方向旋轉時，轉速會逐漸加快；而當轉動方向相反時，轉速則愈來愈慢。小齒輪 B 會在軸的活鍵上移動。

415 圖為迪克森（P. Dickson）的專利裝置，可將擺動轉換為雙向的間歇旋轉運動。擺動動作傳遞給槓桿 A，A 的上方、靠近 D 輪輪軸處用絞鏈固定著兩支棘爪 B 和 C。A 頂端的小曲柄 E 用繩索連接著 B 與 C。當 C 接觸 D 輪內側時，D 會開始轉動，而 B 會脫離 D；當 C 脫離 D 時，曲柄 E 會使 B 接觸 D，使 D 朝反方向旋轉。

416 此裝置能輔助踏板運動中的曲柄越過死點。螺旋彈簧 A 傾向於將曲柄 B 拉往與死點垂直的方向。

417 此裝置可以將持續的旋轉運動轉換成線性往復運動。在固定軸承 D 中轉動的 A 軸有一端彎曲，並套在 B 桿頂端的插孔中轉動。B 桿的另一端則在滑塊 C 的插孔中運動。軸在轉動半圈後，B 和 C 會從原本的實線位置移動到虛線位置。

418 由布坎南（Buchanan）與萊特（Righter）取得專利的滑動閥運作方式。A 閥門接在 B 桿的末端，可以在閥座上水平滑動。B 的前端有一支插銷在垂直槽孔中滑動，連接 B 桿的滾輪 C 則在兩條懸吊而下、可調整垂直位置的弧形槽 D 中滑動。這個設計是為了防止閥門被蒸汽的過大力道壓在閥座上，同時降低磨擦力的影響。

419 自動搖籃利用此裝置將持續的旋轉運動轉換成搖動。轉動的 A 輪連接半徑較大的 B 輪，使 B 輪擺動。B 上兩條彈性皮帶 C、D 各自連接至搖籃或搖椅的支柱。

420 圖為敲鐘槌。底下的彈簧會在槌子敲鐘之後將其舉起、帶開，避免槌子干擾鐘上的金屬零件。

421

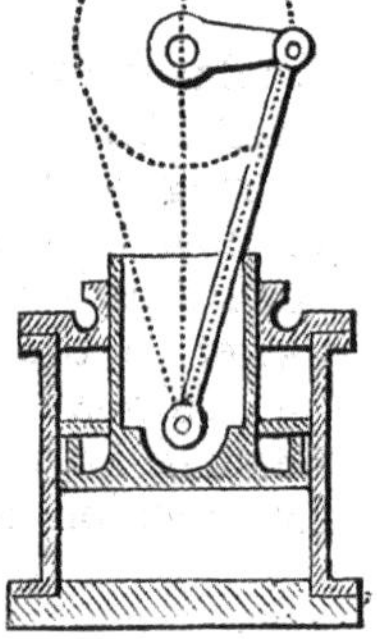

422

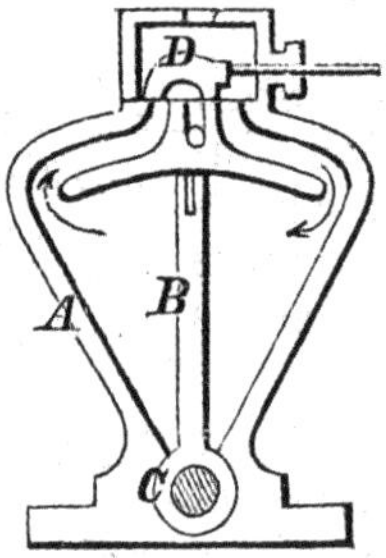

423

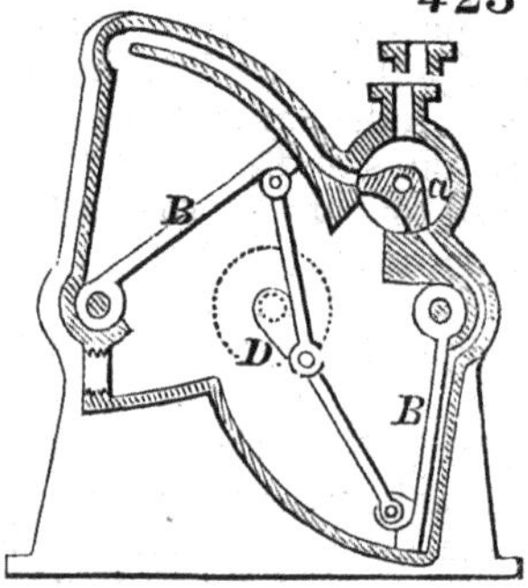

424

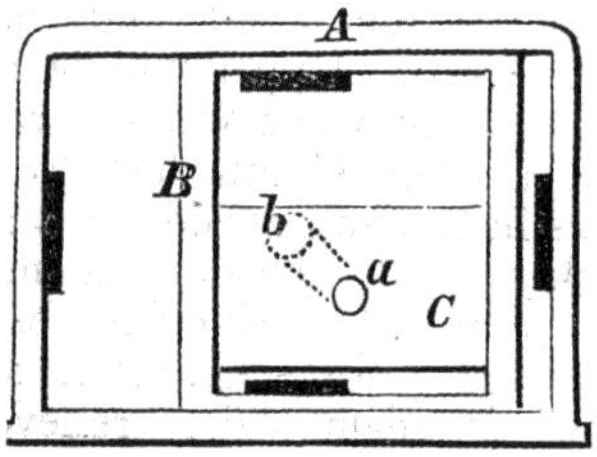

425

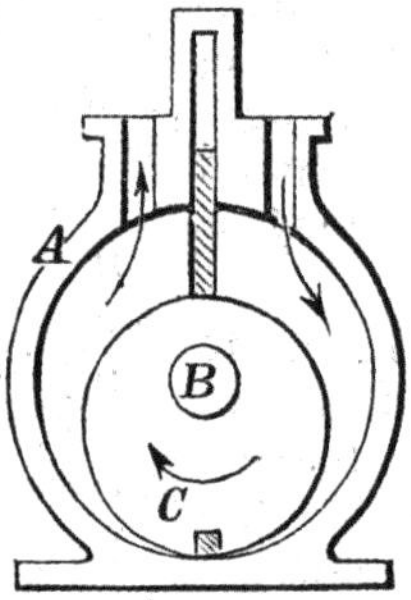

426

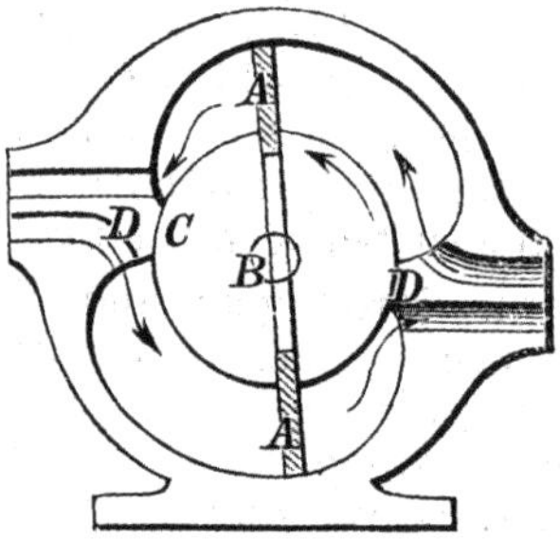

421 ～ 426

421 船用筒塞機。活塞的下部有一個圓筒，與搖臂直接相連。圓筒的動作貫穿汽缸蓋中的填料函。活塞上部的有效區域由於圓筒的關係而大幅縮減。為了平衡活塞上下兩端的力量，高壓蒸汽會先在活塞的上部作用，再排入活塞下方擴大使用。

422 圖為擺動式活塞引擎。汽缸 A 的輪廓呈扇形。活塞 B 連接搖軸 C，滑動閥 D 將蒸汽輪流導入活塞的兩側，以驅動活塞，基本上與普通往復式引擎類似。搖軸與曲柄相連以製造旋轉運動。

423 由魯特（Root）取得專利的四分體引擎。其原理與圖 422 相同，不過使用了兩支單動活塞 B、B，且均與曲柄 D 相連。進氣閥 a 將蒸汽輪流導入兩支活塞的外側，再經由活塞之間的空間排出。活塞與曲柄的配置使蒸汽在曲柄轉到約三分之二圈時驅動活塞，因此不會產生死點。

424 雙往復式、或方型活塞引擎也是魯特的專利。長方形「汽缸」A 擁有兩支活塞 B 與 C；B 做水平運動，C 則在 B 裡面做垂直運動。C 藉由軸節 a 與主軸 b 上的曲軸相連。圖中的黑色區塊是蒸汽注入口。這兩個活塞的配置能讓曲軸旋轉而不產生死點。

425 圖為多種旋缸引擎的之一。B 為汽缸 A 的中軸，偏心活塞 C 固定在 B 上，運作時與汽缸接觸於一點。進氣與排氣的方向如箭頭所示，蒸汽在活塞其中一側產生的壓力會帶動活塞與 B 軸一同旋轉。進氣口與排氣口之間的滑動橋座 D 會移開，讓活塞通過。

426 圖為另一種旋缸引擎。汽缸中有兩個固定橋座 D、D 及兩支活塞 A、A。為了讓活塞順利通過橋座，轂 C 表面有兩道溝槽讓活塞來回滑動，且相對於主軸 B 呈輻射狀排列。蒸汽同時推動兩支活塞，使軸、轂轉動。進氣與排氣方向如箭頭所示。

427

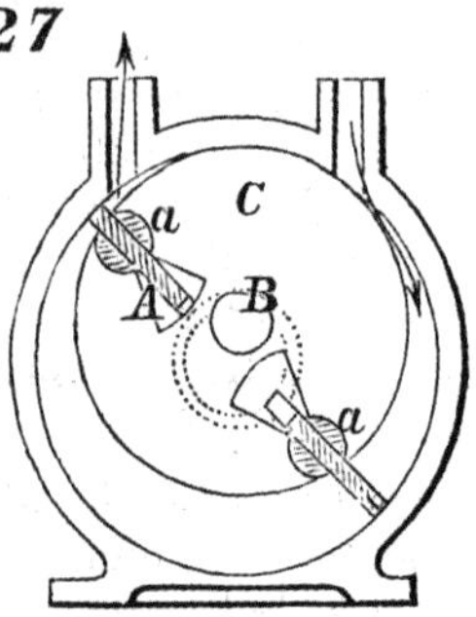

428

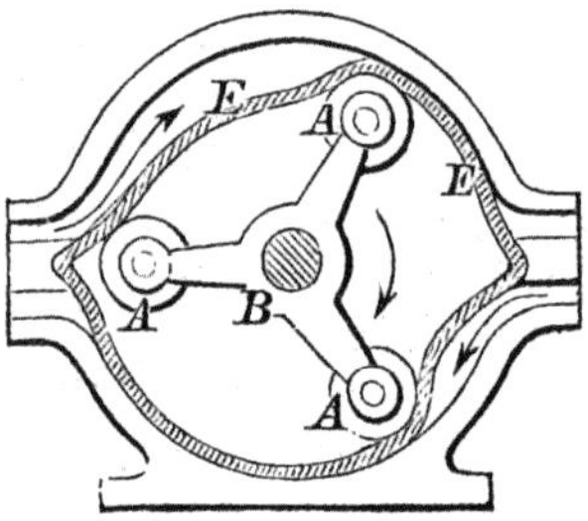

429

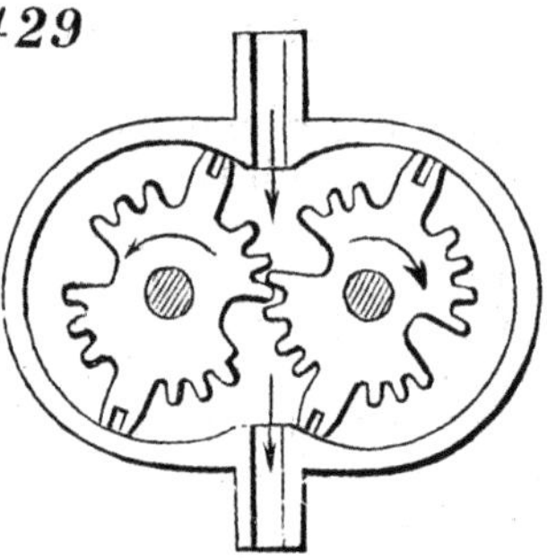

427 ～ 429

427 圖為另一種旋缸引擎，B 軸在與汽缸偏心的固定軸承中轉動。相對於 B 軸，偏心的轂 C 有兩道溝槽，活塞 A、A 在槽中來回滑動。位在汽缸頂部的轂 C，表面有一個圓環（虛線部分）能讓兩支活塞相對於整個汽缸進行放射狀運動。兩支活塞會分別在轂 C 的兩個襯輪 a、a 中來回滑動。

428 圖為印度橡膠旋缸引擎。汽缸中有一層用印度橡膠製成的彈性襯墊 E，以及安裝在主軸 B 放射狀軸臂上、用來代替活塞的滾輪 A、A。蒸汽作用在橡膠墊及其周圍的汽缸剛性部位之間，使橡膠墊推擠滾輪，讓滾輪繞著汽缸旋轉，並帶動主軸旋轉。

429 圖為何利（Holly）取得專利的雙橢圓旋缸引擎。兩個互相嚙合的橢圓形活塞受到中間穿過的蒸汽所驅動，呈現相反的旋轉方向。

以上介紹的旋缸引擎都可以當做泵來使用。

機械運動

430

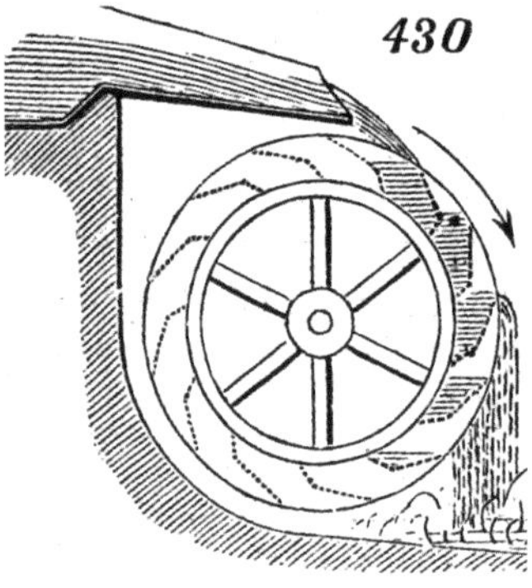

431

432

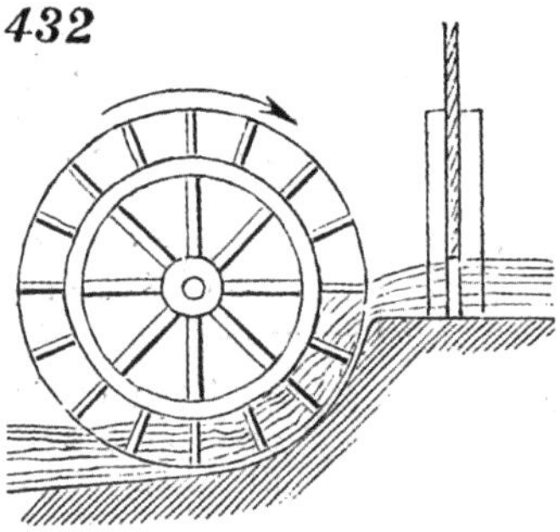

433

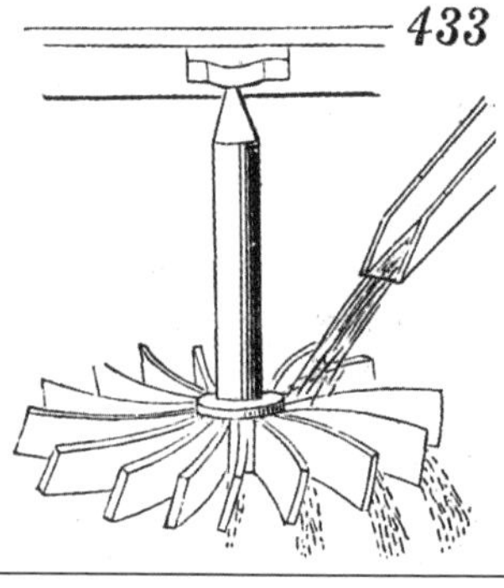

434

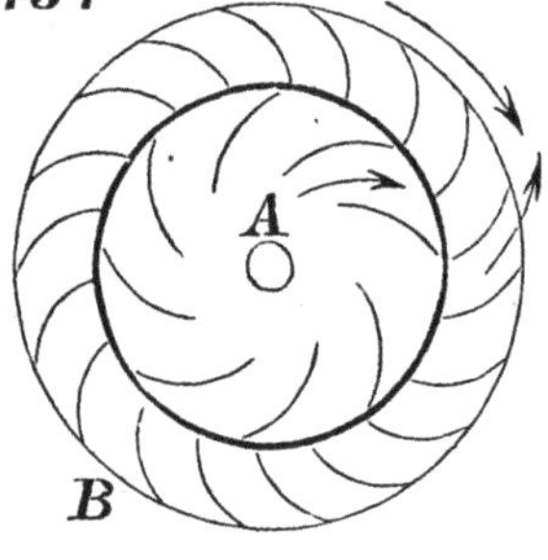

435

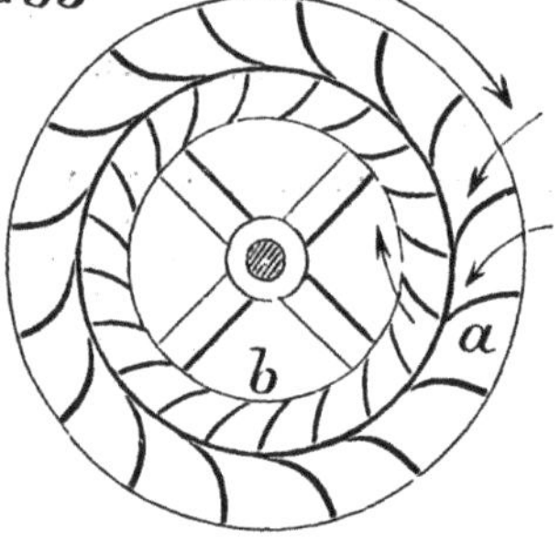

436

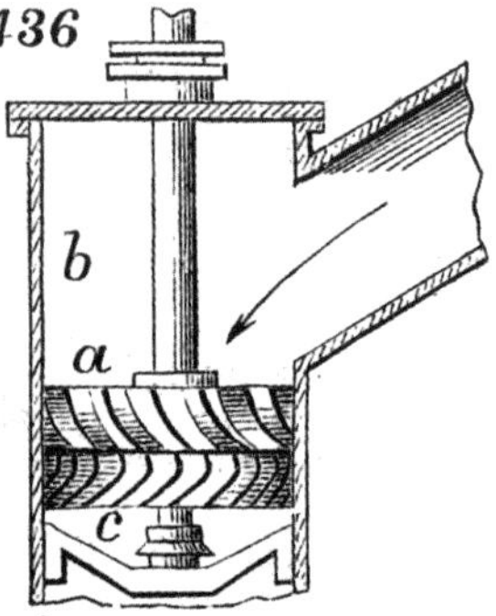

437

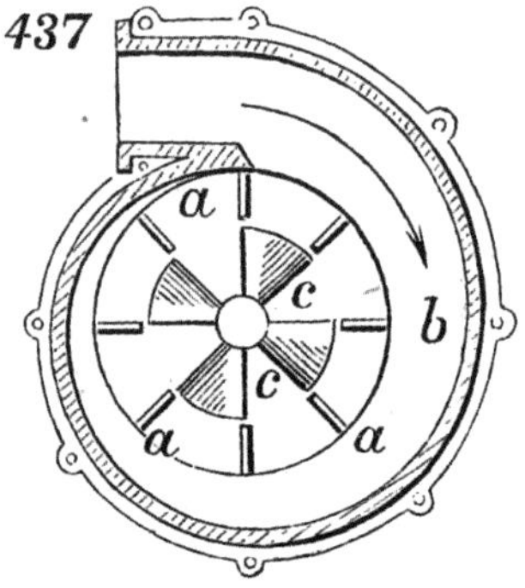

438

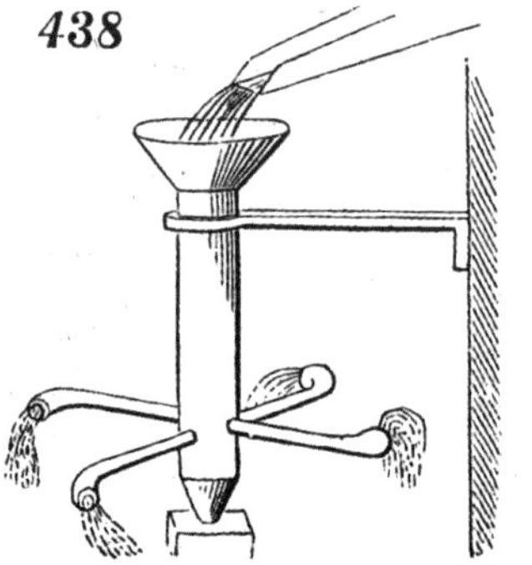

430 ～ 438

430 上射式水車。

431 下射式水車。

432 中射式水車，介於上射式與下射式之間。跟前者一樣，也有明輪輪葉，但由於中射式水車在剛好符合其寬度與圓周的水道中轉動，使得葉片之間的空間能如水斗般儲水。水流入的高度與輪軸相同。

433 水平的上射式水車。

434 福爾內隆（Fourneyron）渦輪水輪的平面圖。中央有許多彎曲的固定斜槽或導槽 A，會引導水流沖擊外輪 B 的水斗中使其旋轉，水再沿圓周流出。

435 此平面圖為華倫（Warren）發明的中央流出式渦輪。導槽 a 位於外側，水輪 b 與 a 一起旋轉，將水排向中央。

436 張維爾（Jonval）渦輪。滾筒外圍刻有朝向同一個中心、呈放射狀排列的斜槽，並固定於水槽或外殼 b。轉輪 c 用類似方法製作，不過水斗的數量多於斜槽，排列方式略為相切、而非放射狀。曲線則通常是擺線或拋物線。

437 圖為渦形輪，內部的放射狀羽片 a 受水流沖擊而帶動水輪旋轉。渦形外殼 b 會限制水流，衝擊水輪周圍的羽片。額外安裝在底部的斜斗 c、c，能讓水流在從流出水斗時的力道增強。

438 圖為巴克（Barker）式碾磨機，或稱為反作用力碾磨機。水從軸臂底部流出所造成的反作用力會帶動中央的空心軸轉動，轉動方向與水流方向相反。

機械運動

439

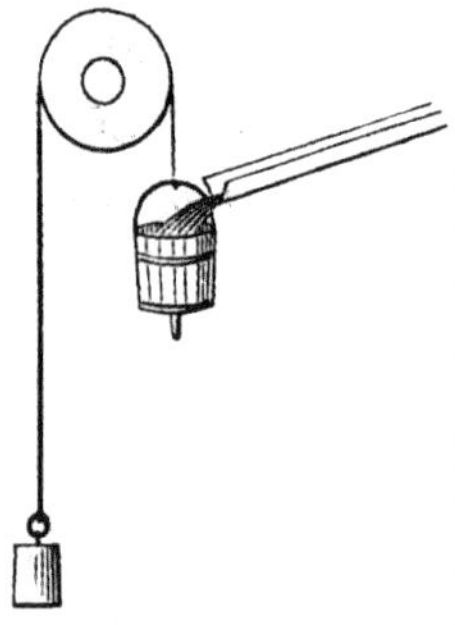

440

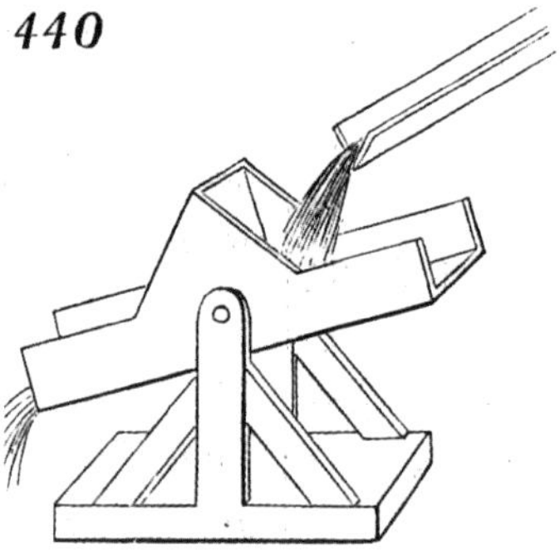

441

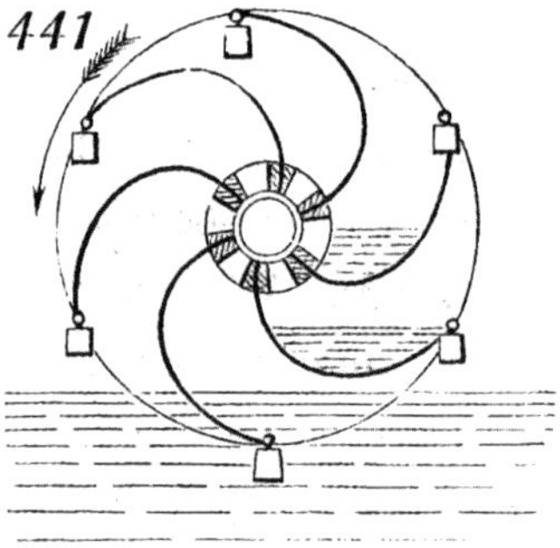

442

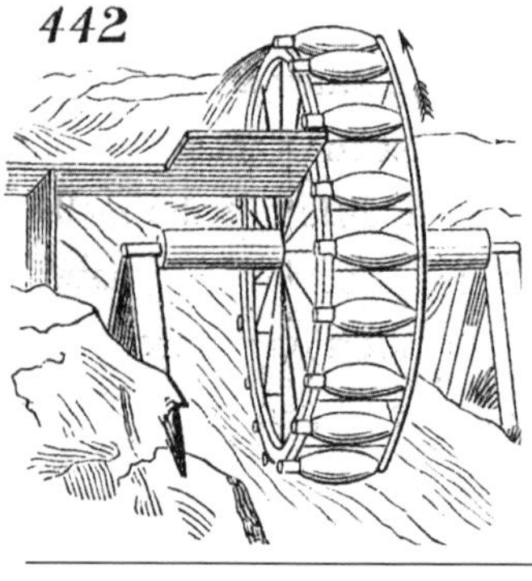

443

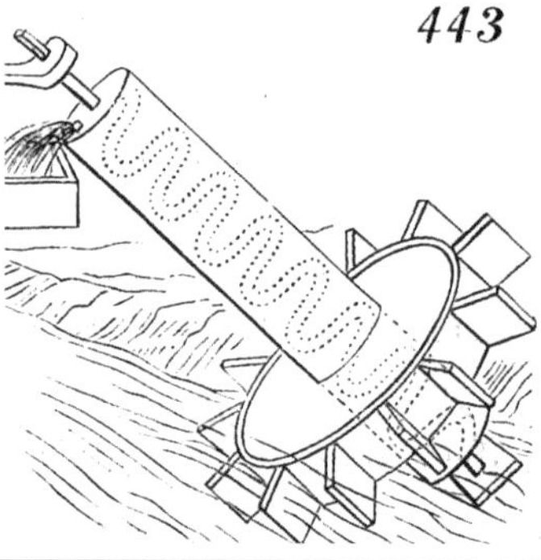

444

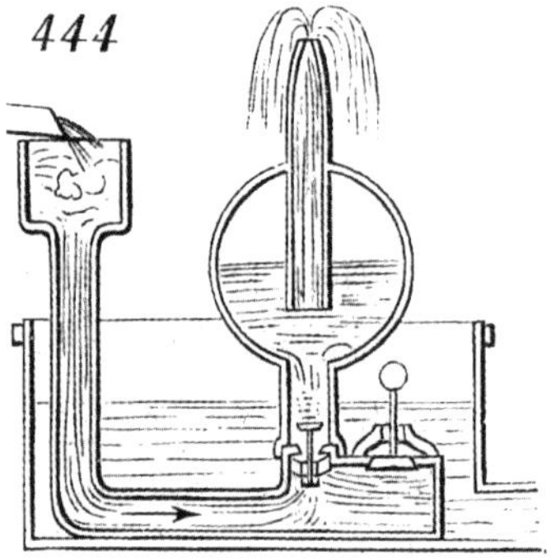

445

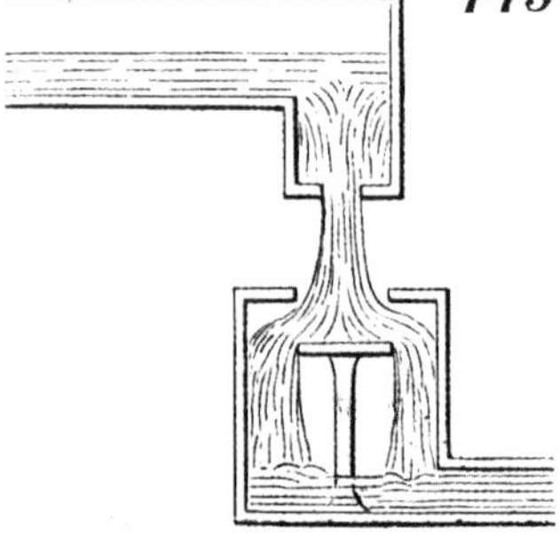

446

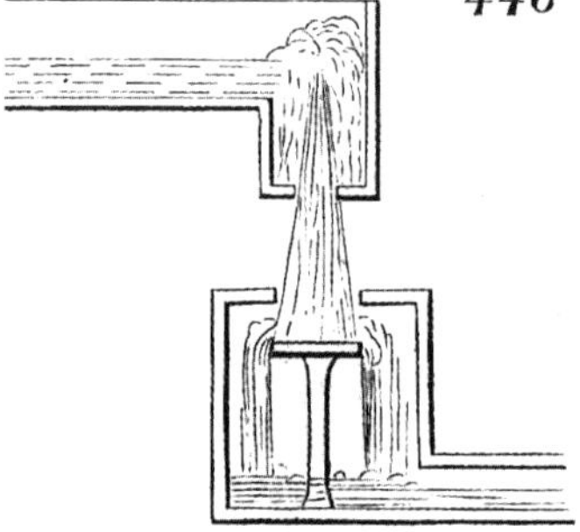

447

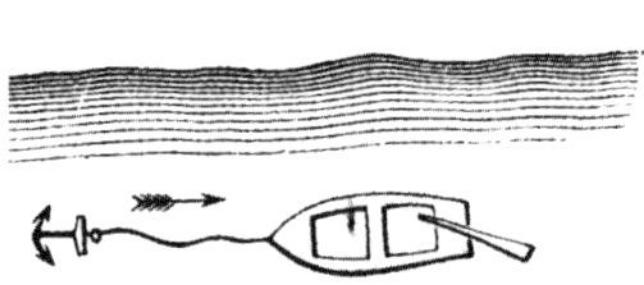

439 ～ 447

439 圖為利用連續下降水流製造往復運動的方法。水桶底部裝有閥門，在撞擊地面時會打開，讓水流出。此時由於水桶吊在滑輪上，滑輪另一端的配重便會將水桶拉起。

440 圖中的水槽從中間隔成兩半，藉由轉軸固定至下方的框架。水流下裝滿半邊水槽後，水槽會在轉軸上擺動；水流動的同時，另外半邊水槽隨之下降而裝滿水，於是水槽再往反方向擺動。此裝置曾被當做水量計來使用。

441 圖為波斯水車，東方國家用它來灌溉。波斯水車有一支空心軸與彎曲的葉片，葉片末端吊著水桶或盆子。水車的局部泡在水流中，水流作用在葉片的凸面而帶動水車轉動。每次轉圈，葉片都會撈起一些水。當裝滿水的水桶轉到高處時，水桶會因為接觸固定在巧妙位置上的插銷而傾斜，將水倒出，注入空心軸中。

442 這座古代發明的水車，至今在提洛（Tyrol）艾薩克河（Eisach）地區仍用於汲水。水流使水車保持轉動，輪緣的水罐逐一浸入水中、裝滿水後再倒入河流上方的水槽中。

443 此機構應用的是阿基米德的螺桿取水原理，以河流為動力來源。傾斜軸中有一條螺旋通道，末端浸在水中。河流衝擊水輪的末端使其轉動，將水經由螺旋通道向上傳送，從頂端流出。

444 圖為孟格菲（Montgolfier）兄弟發明的衝擊起水機，只需落下少量的水便能噴出相當高的水柱，或將水送往高處。右閥門藉由配重或彈簧而保持開啟，讓水管中沿箭頭方向流動的水洩出，直到壓力超過配重或彈簧的力道才關閉。當右閥門關閉時，水流的動量便會超過另一個閥門的壓力而將其打開，空氣膨脹力讓水注入球型氣室中，再從噴嘴向上噴出。此時由於力量平衡，右閥門重新開啟，而左閥門再度關閉。藉由兩個閥門的交替作用，每次行程水都會注入氣室，而空氣的彈性則使流量保持均一。

445 和圖 446 是帝托（D' Ectol）發明的擺柱，利用完全固定的零件，就能將定量的落水升到超過水槽或水龍頭水位的高度。此裝置包含一支較高且較細的水管，不斷供應水流，以及另一支較低且較粗的水管，管內有一片與管口同心的圓板，承接來自上方細管的落水。當水流如圖 445 向下流時，會如圖 446 所示，在圓板上逐漸形成圓錐狀，進而往細管中凸出，以遏止向下的水流。隨著水流繼續供應，水柱將逐漸升高，直到錐形崩潰。此動作會因應供水的調控，形成週期性循環。

447 圖為一種將船隻從岸的一側移到對岸的方法，常見於萊茵河等地。此方法受到沖擊船舵的水流影響，船隻得以沿著圓弧軌跡渡河。圓弧的中心是用來固定船隻、使其不被水流沖走的船錨。

448

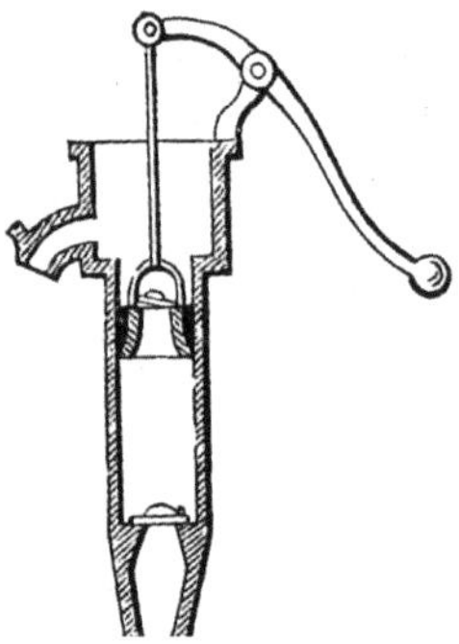

449

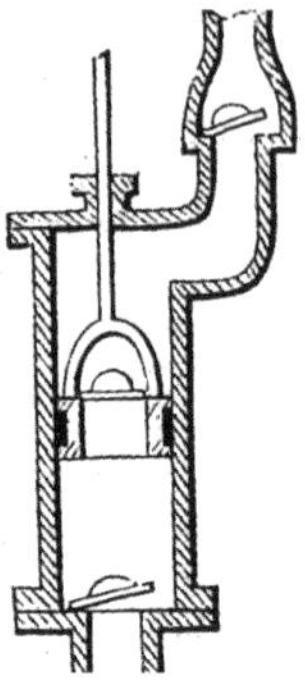

450

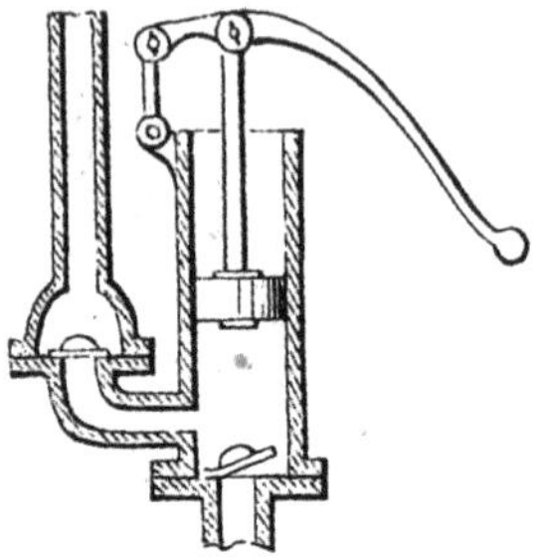

451

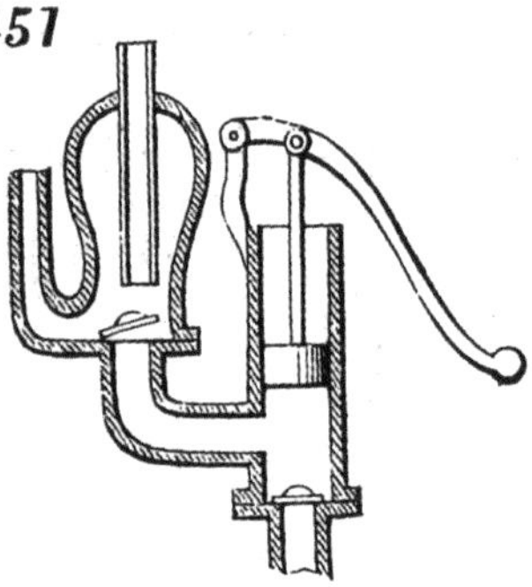

452

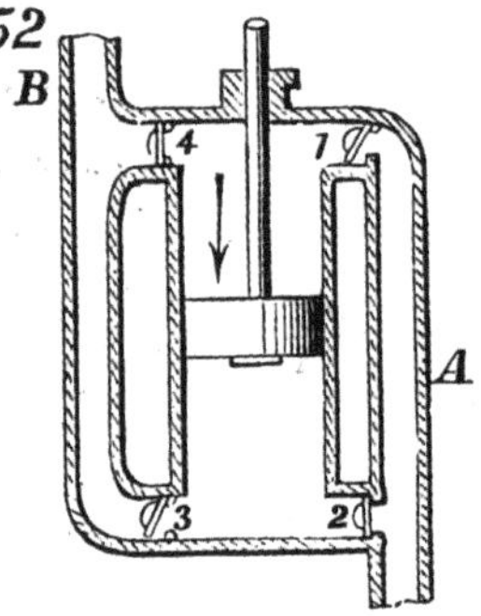

453

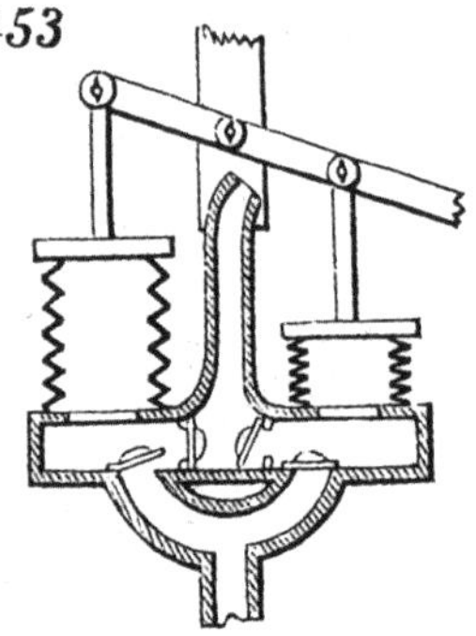

454

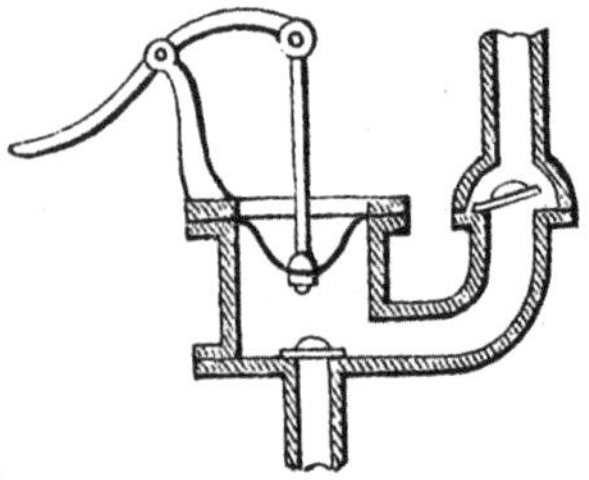

455

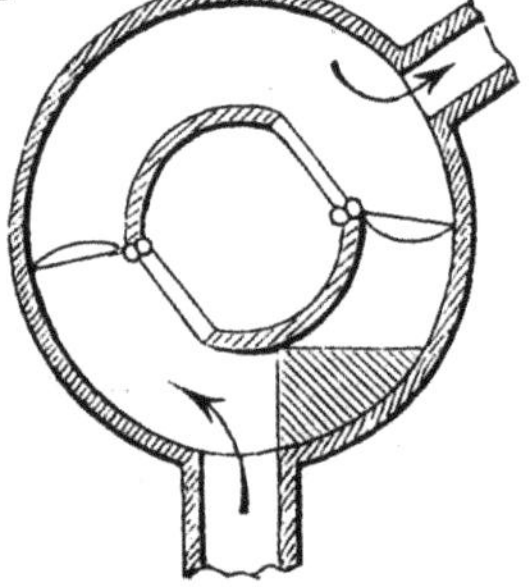

456

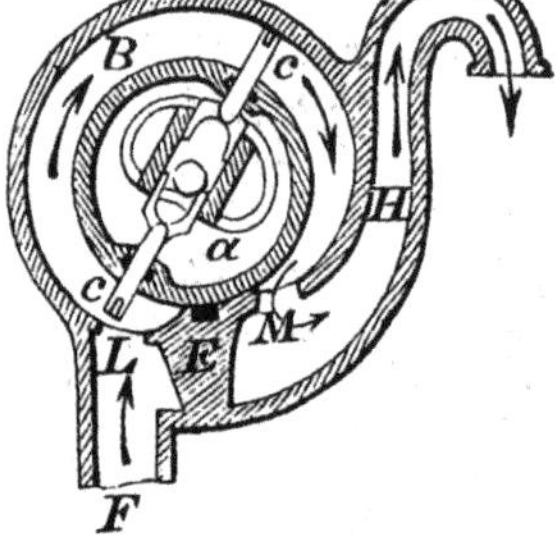

448 ～ 456

448 圖為一座常見的揚升泵。當活塞或水桶上升時，下方閥門開啟、而活塞內的閥門關閉，空氣被抽出吸氣管外，水於是進入以填補真空。活塞下降時，下方閥門關閉而活塞內的閥門開啟，水便通過活塞。每一次上升行程中，活塞上方的水會被揚起、從流出口洩出去。這種揚升泵無法將水抽高超過三十英呎。

449 圖為一座現代的揚升泵，運作原理同上，不過活塞桿會穿過一個填料函，且出水口內裝有一個能向上開啟的止回閥，如此便可將水往上抽到超過泵的任意高度。

450 圖為裝有兩個閥門的普通壓力泵。缸體位於水面上，用實心活塞堵住。出水管和進水管各有一個閥門負責關閉。活塞上升時，進水閥會打開，水即進入缸內，此時出水閥封閉。活塞下降時，進水閥封閉，水於是強制穿過出水閥，輸往任意的距離或高度。

451 另一種壓力泵，相較於上圖，出水口多了一個氣室，可產生持續的水流。氣室對外的出水口有兩個，皆可取水。當活塞行程向下時，空氣被水壓縮；當活塞行程向上時，空氣膨脹而將水壓出。

452 圖為雙動泵。缸體的兩端封閉，活塞由一端貫穿填料函進入。缸體有四個裝有閥門的開口，其中兩個控制進水，另外兩個控制出水。A 為進水管，B 則為出水管。當活塞下壓，水會從上方的 1 號進水閥進入，活塞下方的水被壓出 3 號出水閥、注入 B 中。活塞上升時，水被壓出上方的 4 號出水閥，再由下方的 2 號進水閥進水。

453 圖為雙蛇腹泵。當其中一個蛇腹被槓桿拉開時，內部的空氣會變稀薄，水便通過進水管進入以填補空間。與此同時，另一個蛇腹被壓縮，將內容物排至出水管。閥門的作用方式與一般的壓力泵相同。

454 圖為隔膜壓力泵，以一片彈性隔膜來取代蛇腹。閥門的配置同上。

455 圖為舊式的旋轉泵。水由下方開口進入，由上方開口排出。中央部位與閥門一起旋轉，閥門剛好可以貼合外圍缸體的內側。圖中右下方的陰影部位為橋座，閥門在轉到該處時便會關起。

456 圖為卡瑞（Cary）發明的旋轉泵。固定的缸體中有一個可旋轉的滾筒 B，安裝在 A 軸上。心型固定凸輪 a 也環繞著軸 A。當滾筒旋轉時，兩支活塞 c、c 會跟隨凸輪 a 的造型來回滑動。水從 L 進入，從 M 排出，方向如箭頭所示。凸輪的形狀讓其中一個活塞在接觸 E 的時候縮回，同時間，另一個活塞會頂住泵室的內側，因此將活塞前端的水導入出水管 H 中，再從給水管 F 將水抽入。

機械運動

457

458

459

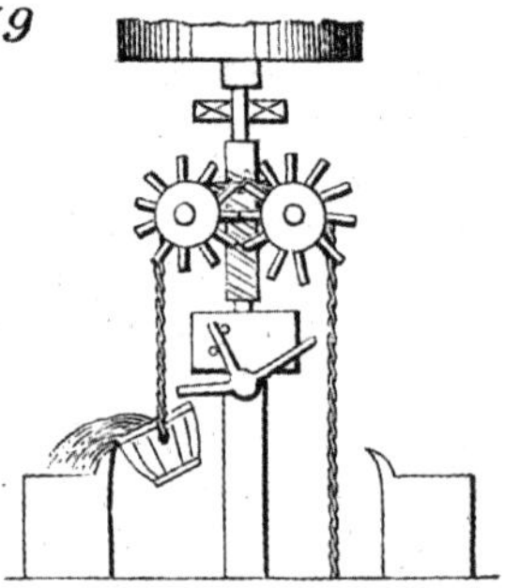

460

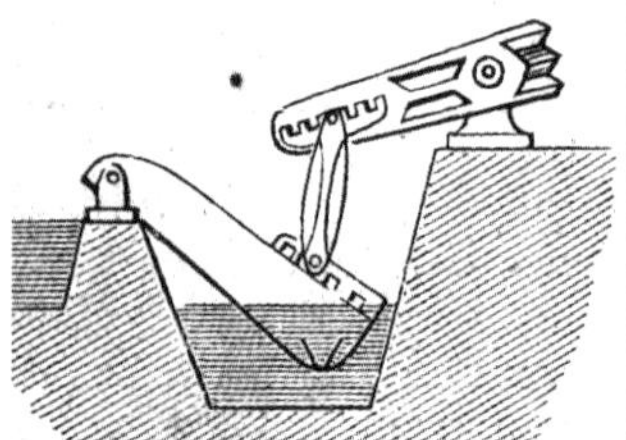

461

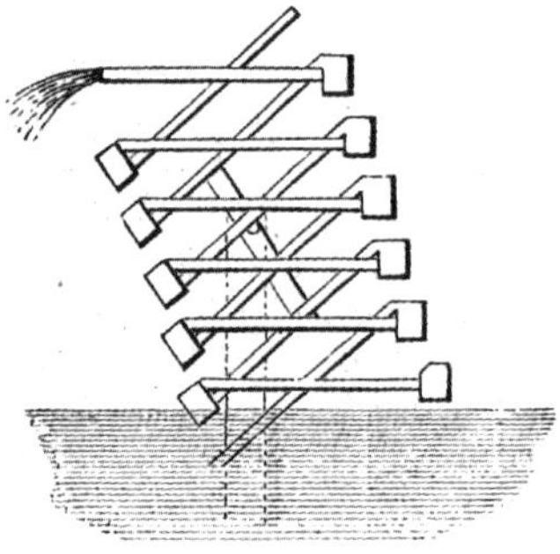

462

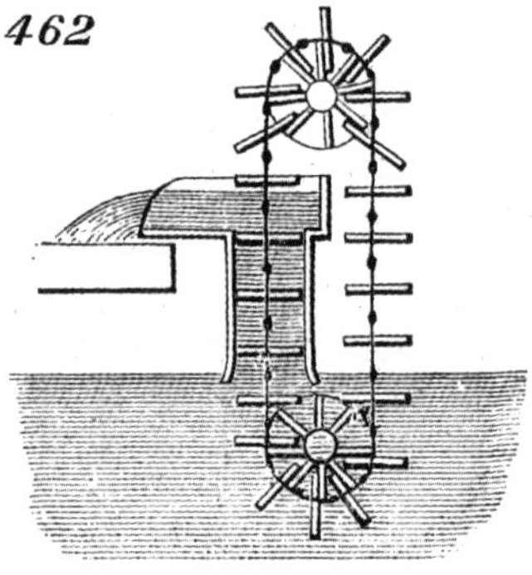

463

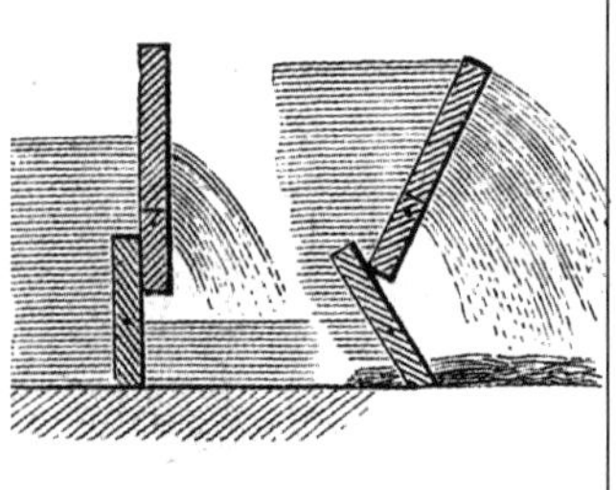

464

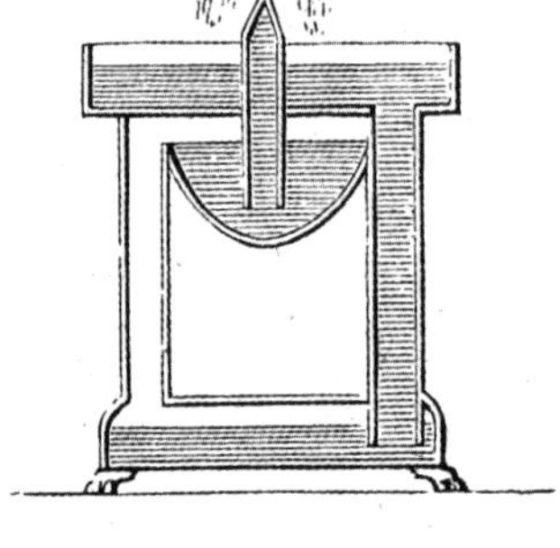

465

457 ~ 465

457 此裝置常用來汲取淺井中的水。後方的配重大約是取水重量的一半，因此能將空桶降下，然後在配重的輔助下將裝滿的水桶拉上來。

458 常用於取水的滑輪組與水桶。將空桶降下即可提起裝滿的水桶。

459 圖為水井的往復式升降裝置。最上方的水平風車安裝在刻有螺紋的軸上。軸的耦合方式使其能輕微搖動，一次驅動一個蝸輪。蝸輪後方掛著在兩端繫有水桶的滑輪組。中間是可擺動的挺桿，水桶上升時會撞擊挺桿。螺紋軸的支柱上有兩根錯位的短臂，能夠導引螺紋桿在蝸輪中間轉動，帶動其中一個滑輪拉起裝滿的水桶，同時讓另一個滑輪降下空桶。

460 圖為費爾貝恩（Fairbairn）發明的撈勺，能將水升高一小段距離。勺子藉由搖桿連接至槓桿或單動引擎的橫樑。將連桿置於圖中的槽孔中，就可調節升水的距離。

461 圖為藉由鐘擺運動來取水的鐘擺式流水溝槽。溝槽末端裝有水勺，前端則是開放的水管；轉角全部做成匣型、裝上止回閥，各自再與兩支水管相連。

462 圖為鏈式泵，藉由持續轉動來取水。金屬或木材製成的兩個圓盤以無端鏈條環繞，裝上不透水的水缸，再結合一連串盛水容器。動力施加在上方圓盤。

463 圖為自動水壩與沖刷閘。下方的兩片葉片藉由樞軸旋轉，上方較大的葉片隨水流方向轉動，下方較小的葉片則往反方向轉動。下方葉片的頂端與上方葉片的末端重疊，兩者因水壓而貼合。在一般水流下，壓力會使水壩呈現左圖中關閉的垂直狀態，水從上方葉片的缺口流出；但當水位超過一般高度時，大面積和槓桿作用造成的壓力會超過下方阻力，使上方葉片翻轉、推擠下方葉片往後退。此時阻礙減少，河床將出現一條排水的通道。

464 圖為希羅噴泉（Hero's fountain）。倒入上方容器中的水經由右方水管流入下方容器；中央容器也裝滿水。持續倒水至上方容器，進而擠壓中間和底下兩個容器與左方水管中的空氣。被壓縮的空氣便憑其彈力將水擠出中央管，形成噴泉。

465 圖為平衡泵，兩個一對的泵由人力操作，來回下壓槓桿或橫樑的兩端。

466

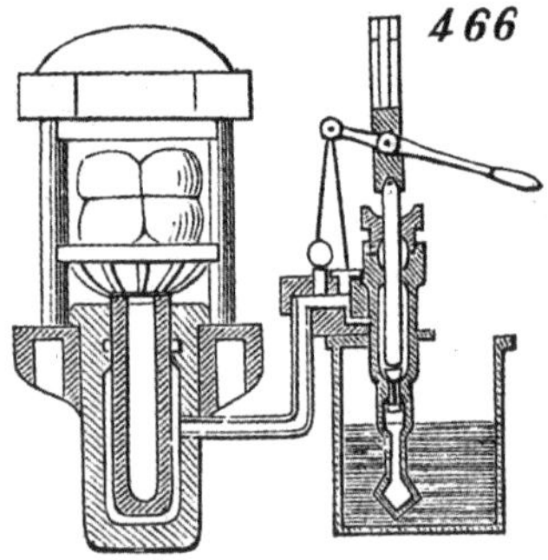

467

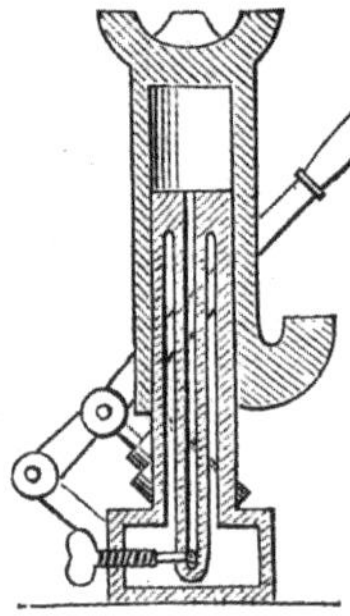

468

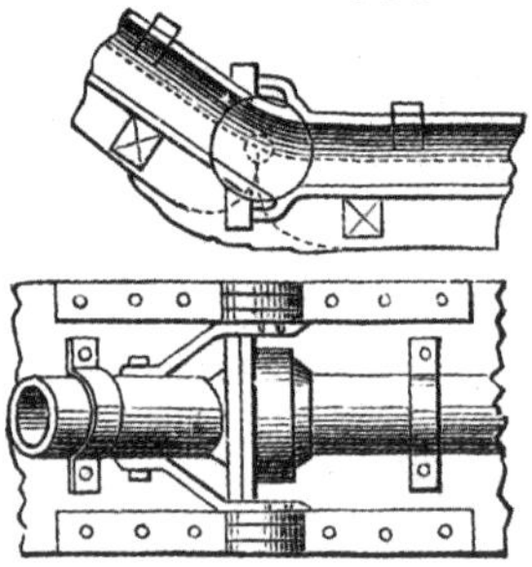

469

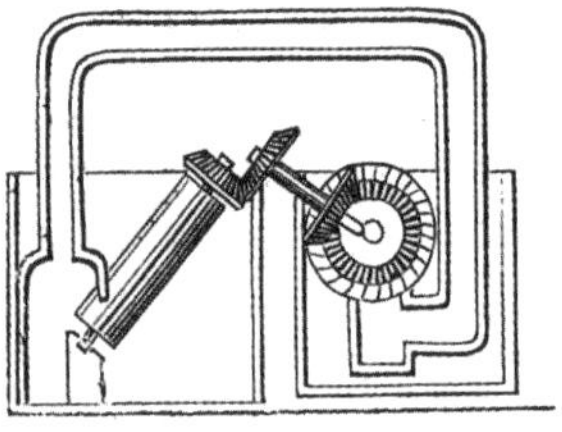

470

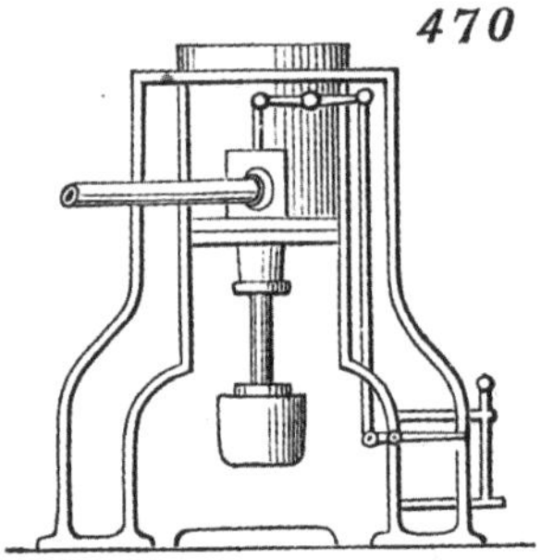

471

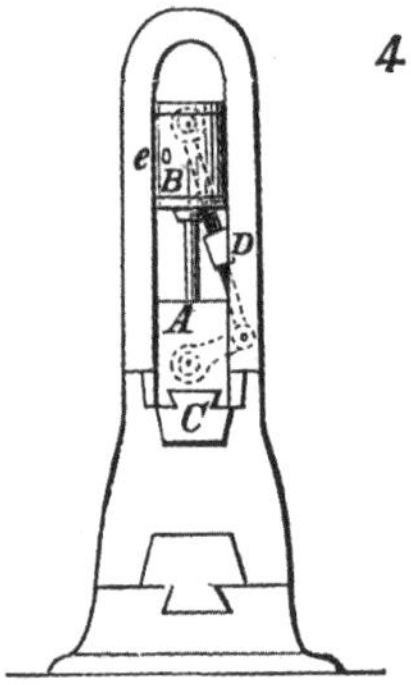

466～471

466 圖為流體靜力式壓床。泵將水經由細管打入衝柱式液壓缸與固形衝柱的下方，將衝柱往上推。產生的力量與泵的活塞、或衝柱面積成比例關係。舉例來說，若泵的活塞直徑為 1 英吋、衝柱的直徑為 30 英吋，衝柱得到的向上壓力即為活塞下壓力的 900 倍。

467 圖為羅伯森（Robertson）發明的流體靜力式千斤頂。椿塞固定在空心的底座上，附爪的液壓缸在椿塞上滑動。泵將水從底座中抽出，經由椿塞內的管道灌入缸中，缸因此上升。管道底部有一個用手轉螺釘操作的閥門可以洩水，讓負載物體依所需的速度降下。

468 圖中分別是可彎式供水總管的剖面圖與平面圖。兩支內徑分別為 15 英吋與 18 英吋的水管，接頭造型如圖所示。其用途是將克萊德河（Clyde）的河水輸往格拉斯哥水公司（Glasgow Water-works）。水管安裝在堅固的木架上，附有絞鏈與水平樞軸。管架與水管在河的南岸進行組裝、將水管的北端封住後，由機器拉至北岸。水管的彈性結構使其能貼合河床地形進行鋪設。

469 此項法國發明的原理，是藉由兩個水體之間的水溫差異來製造旋轉運動。左水箱的水為常溫，右水箱的水溫較高。右邊的水輪與左邊的阿基米德螺旋互相嚙合。後者的螺旋桿中有一條管道延伸至齒輪下方。將螺旋桿往要取水的反方向旋轉即啟動機器，使空氣下降後，經管道上升、橫移、再下降，進而驅動齒輪。驅動力會隨著水溫的差距加大，而使裝置維持運轉。保持溫差的方法則不得而知。

470 圖為蒸汽搗槌。汽缸固定在上方，搗槌固定在活塞桿下端。蒸汽導入活塞下方再洩出，以此將搗槌舉起再放下。

471 圖為霍奇科斯（Hotchkiss）發明的氣壓槌，以壓縮空氣為打擊力的來源。槌頭 C 安裝在汽缸 B 的活塞上。汽缸透過連桿 D 和曲柄 A 來連接旋轉的驅動軸。當汽缸上升時，從 e 孔進入的空氣在活塞下方受壓而舉起槌頭。當汽缸下降時，從 e 孔進入的空氣則在活塞上方受壓並儲存起來，在曲柄和連桿轉到底部中點時瞬間膨脹而產生打擊力。

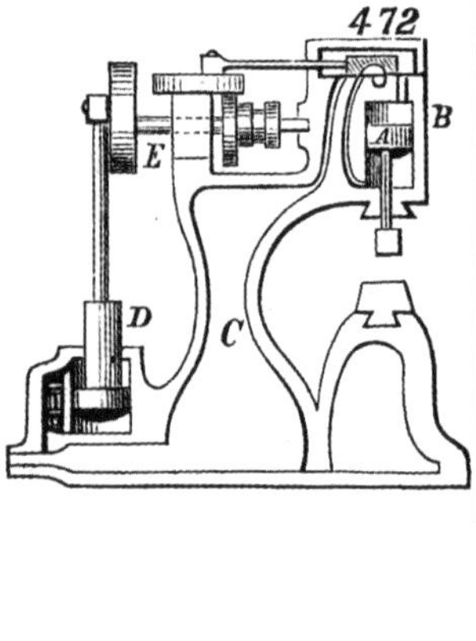
472
A
B
C
D
E

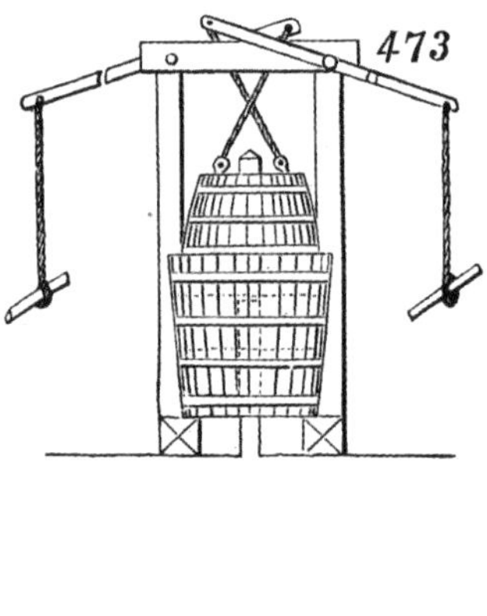
473

474

472 ～ 474

472 圖為葛倫索（Grimshaw）發明的壓縮空氣槌。連接槌頭的活塞 A 在汽缸 B 中活動，空氣則經由頂部的活動閥交互送入活塞上方和下方，類似蒸汽引擎。這些空氣是由空氣泵 D 打入儲氣箱 C 內。D 則藉由曲柄，受旋轉的驅動軸 E 帶動。

473 這座空氣泵的構造非常簡單。大桶套著小桶，大桶裝水至第一條虛線的高度。一支從豎井或是某空間伸出的管線貫穿大桶後露出水面數吋，末端裝有向上開的閥門。上方水桶用繩索吊在槓桿上，桶中裝有短管，頂端也有向上開的閥門。當上方水桶下降時，桶中的空氣會經由閥門向外排放。如此一來，桶中空氣會變得稀薄，氣體或空氣因此從下方閥門灌入。這種泵裝置能成功將碳酸從大型深坑中抽出來。

474 圖為汽轉球，或稱希羅的蒸汽玩具，由亞力山大港（Alexandria）的希羅在西元前 130 前提出。根據它所呈現的旋轉方式，被公認為世界上第一台蒸汽引擎。兩條管線從底下的容器或鍋爐中伸出，將蒸汽導入上方的球形容器。這兩條管線同時也構成樞軸，當蒸汽由數支彎管噴出時，球便會依照圖中箭頭的方向旋轉。此裝置的運作原理與圖 438 巴克式碾磨機相同。

機械運動

475

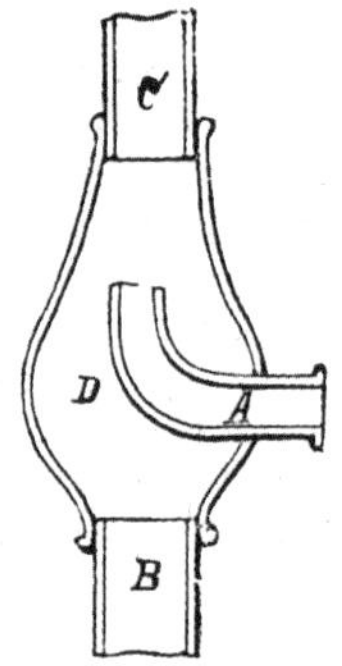

476

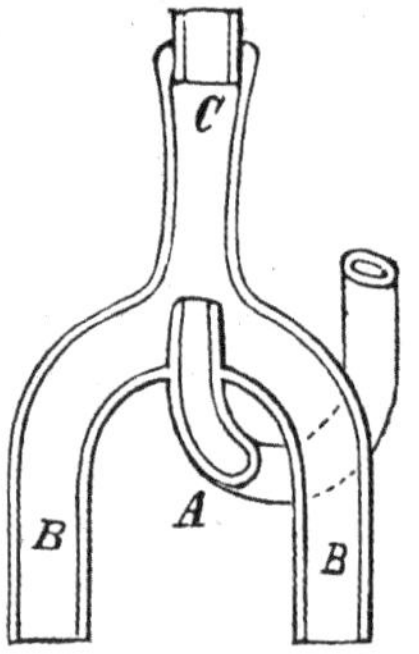

477

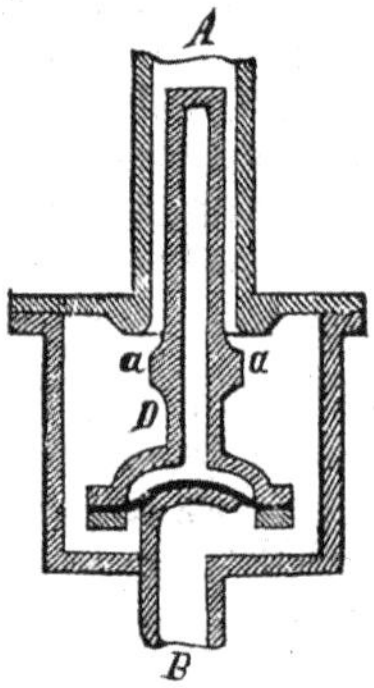

478

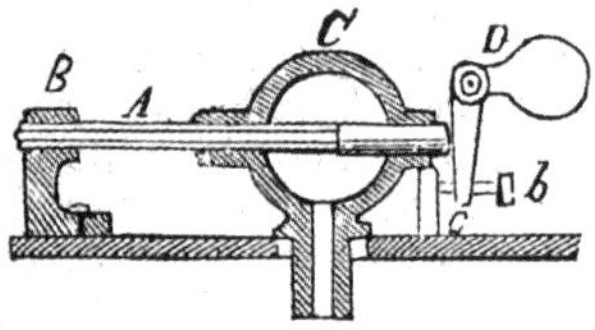

479

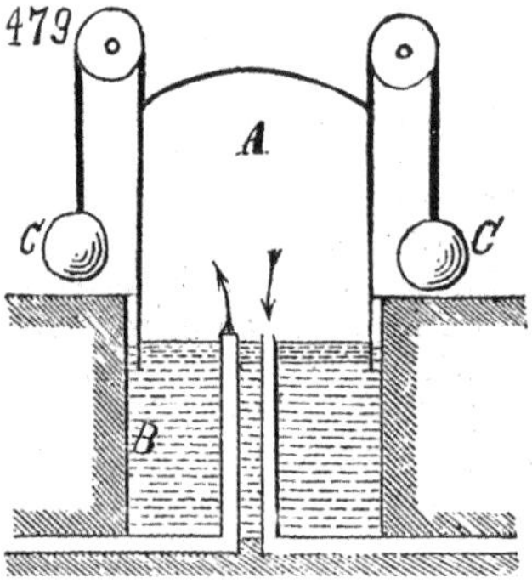

475 ～ 479

475 圖為舶水抽射器，由貝瑞爾（Brear）取得專利，可以在各種情況下將汙水從船的艙底抽出，或者揚水和控水。D 是一個空室，裝有進水管 B、排水管 C，還有一根從側面插入的蒸汽管，其噴嘴直接瞄準排水管 C。由 A 進入的蒸汽將空氣從 D 和 C 擠出，使 B 成為真空。於是水從 B 管上升，再經過 D 和 C，形成一股穩定而規律的水流。上述的蒸汽可用壓縮空氣替代。

476 圖為蒸汽虹吸泵，運作原理同上，為蘭斯德爾（Lansdell）的專利。A 為蒸汽管，B、B 兩支進水管的分叉處與排水管 C 相連。蒸汽管 A 導入分叉處的蒸汽不會妨礙水的上升路徑，因此形成向上的連續水流。

477 圖為蒸汽疏水閘，能在封住蒸汽的同時讓水從蒸汽盤管和散熱器流出，為霍德（Hoard）與威金（Wiggin）的專利。此裝置由一個箱子組成，A 處連接盤管或排氣管的末端，B 處為出口。箱中的空心閥 D 底部有一片彈性隔膜，閥內有液體並加以密封，隔膜則置於出水管的橋座上。注入箱中的蒸汽會加熱閥中的液體使隔膜膨脹，閥因此上升到 a、a 座片的位置。蒸汽冷凝成水後，閥體溫度下降，隨著閥中液體收縮，隔膜會帶動閥體下降、讓水從箱中排出。

478 圖為雷（Ray）的專利蒸汽疏水閘。a 閥門隨著 A 排氣管的縱向伸縮而開關，A 的一端置入固定的空心球體 C 中，另一側則固定在支架 B 上。閥門的活塞零件在球體的填料函中活動，受彎肘槓桿 D 帶動，往 A 的方向施壓。D 推動活塞移動的距離取決於止動螺絲 b 和止動器 c。當管內裝滿水時，其長度會縮短、使閥門開啟；但當管內充滿蒸汽時，便會伸長、使閥門關閉。螺絲 b 用來調整閥門的動作。

479 圖為氣量計。一個底部開放的容器 A 置於水槽 B 中，並由兩邊的配重 C、C 來保持局部平衡。氣體由水槽底部的其中一條管路進入容器，並由另一條離開。A 在氣體進入時上升，氣體離開時便下降。壓力可透過增減 C、C 的重量來調節。

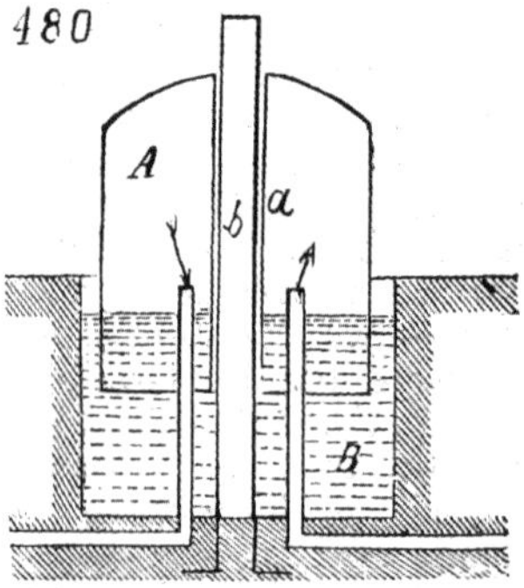
480
A
b
a
B

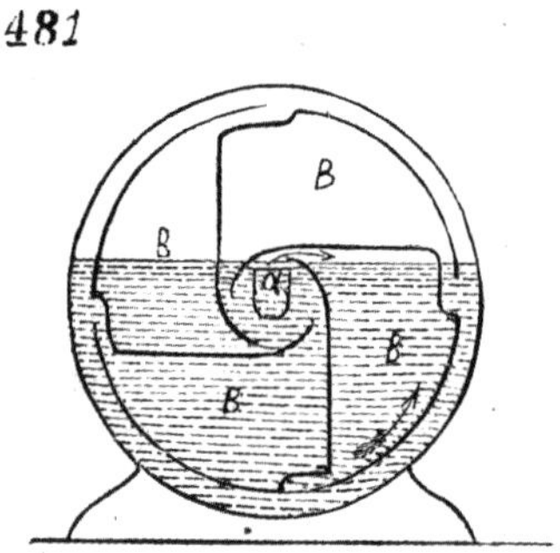
481
B
a

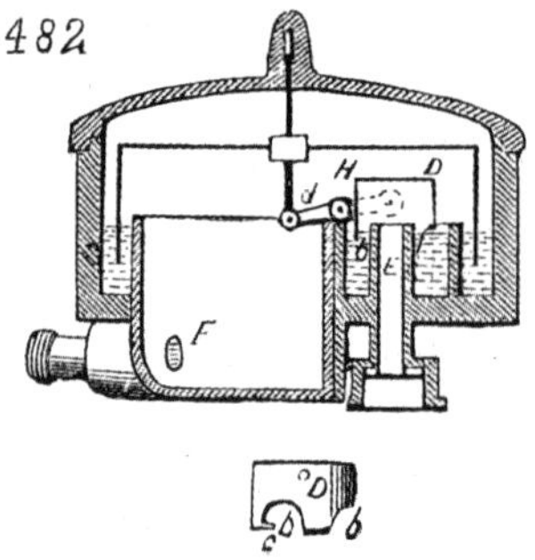
482
H
D
F
b

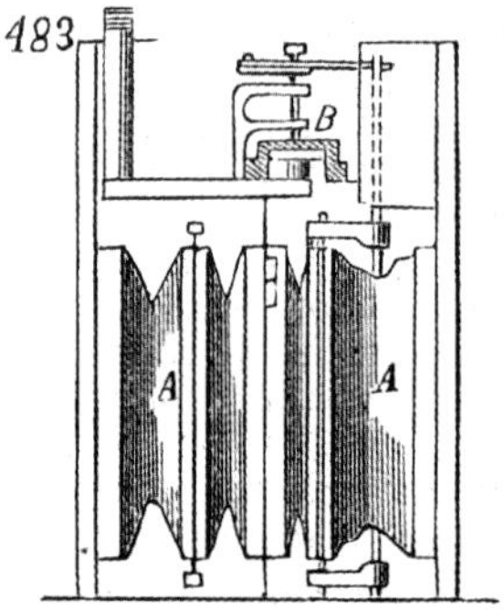
483
B
A
A

480 ～ 483

480 圖為另一種氣量計。A 容器固定不動，中央有管路 a 可在水槽中央的固定管 b 上滑動。

481 圖為濕式氣量計。固定外殼 A 裝水超過容積的一半。殼內的滾筒隔成四個 B 空間，分別有進水口接至中央管路 a 的周圍。A 會將氣體打入其中一個氣室。a 管路朝上，使氣體從液面上方進入（如圖正中央的箭頭方向）。當氣體依序注入 B 時，滾筒便會依圓周上箭頭方向逆時針旋轉，使 B 中的水倒出。隨著滾筒旋轉，這些中間中再度裝滿水。已知空間的容積，再以刻度計記錄滾筒的轉動圈數，便可得知經過氣量計的氣體總量。

482 圖為氣體調節器，由帕厄斯（Powers）取得專利。此裝置可將相同的氣體量供應至整棟建築物或公寓的每一座燃燒器，而不會產生管線壓力不均、或因為開關瓦斯或爐具數量多寡而使壓力變化的情形。調節閥 D（下方是其外觀圖）套在進氣管 E 上方，並藉由槓桿 d 連接至倒蓋的容器 H。H 和 D 的下緣浸入裝有水銀的槽中。H 下緣沒有空間供氣體洩出；D 則有缺口 b 讓氣體由水銀上方排出。當氣壓上升時，壓力會作用在比 D 大的 H 內側，H 因此上升，連帶使 D 陷入水銀中而導致缺口 b 縮小、減少氣體排出量。隨著氣壓下降，便會發生與上述相反的動作。F 為通往燃燒器的出口。

483 圖為乾式氣量計。兩個蛇腹形氣室 A、A' 輪流充滿氣體，再經由安裝在旁邊、類似蒸汽引擎滑動閥的閥門 B 排出。由於已知空間的容量，刻度計也記下氣體充滿氣室的次數，通過氣量計的氣體總量因此顯示於刻度計上。

機械運動

484

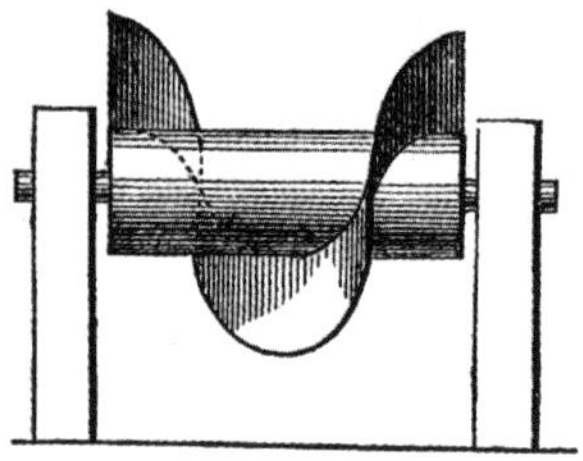

485

486

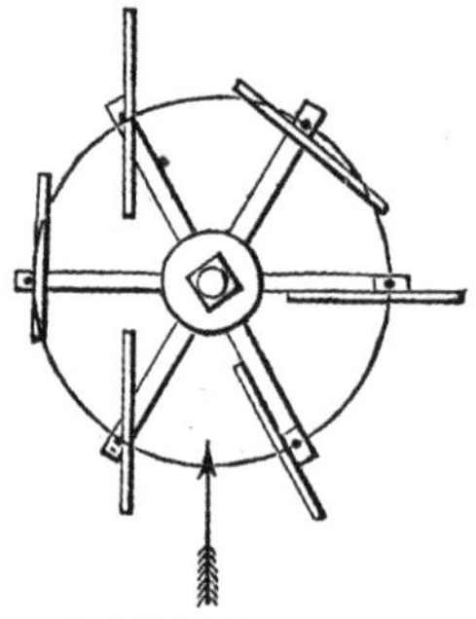

487

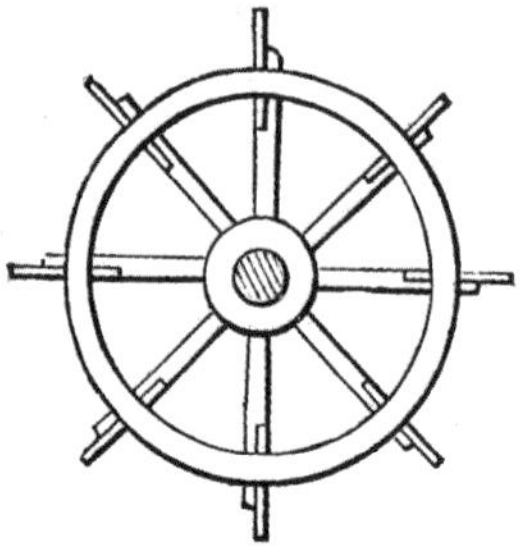

488

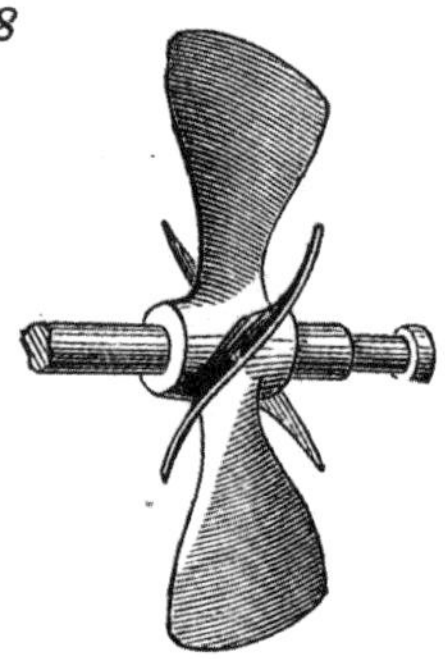

489

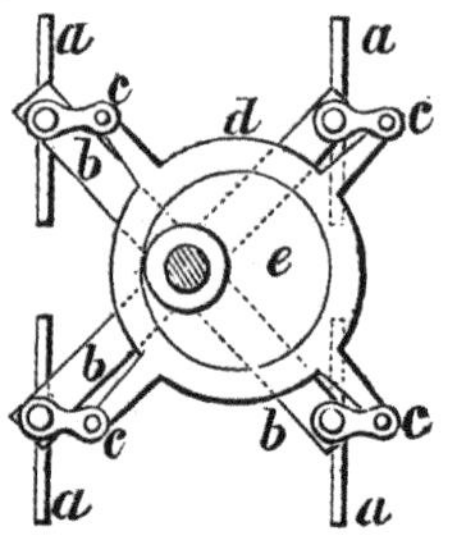

490

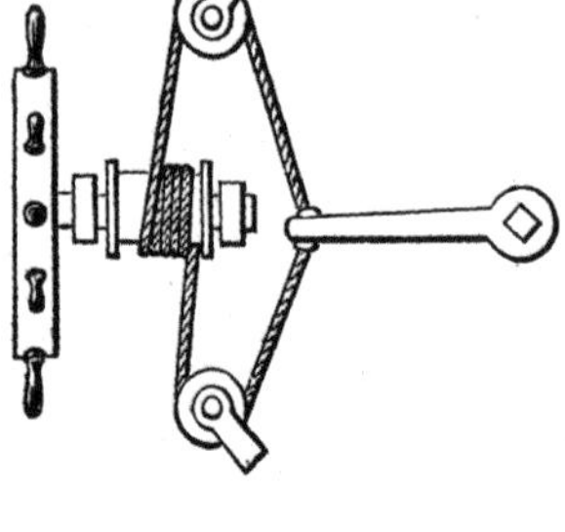

491

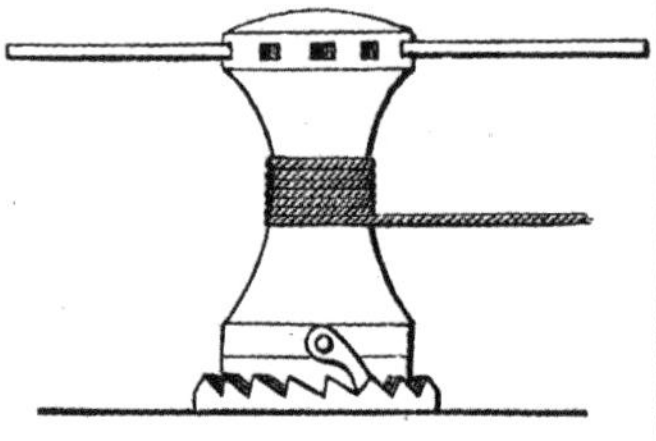

492

484 ～ 492

484 裝有螺旋葉片的圓筒，可將風或水的流動轉換成旋轉運動。

485 圖為一座普通的風車，藉由風直接吹在傾斜風帆上來製造轉動。

486 垂直風車的平面圖。如圖，風帆用樞軸固定，迎風旋轉時會露出邊緣，受風吹動時則轉到正面。圖中的風向應該就是箭頭的方向。

487 圖為一個普通的明輪，用於推進船隻。當明輪旋轉，葉片將水流向後推擠，使船隻前進。

488 圖為推進用的螺旋槳。葉片本身即為螺紋的一部分，在水中旋轉時的效果就像是螺桿在螺帽中旋轉一樣，產生軸向運動而推進船隻。

489 圖為垂直葉片型明輪。葉片 a 全部用樞軸固定在轉臂 b 上，與中軸等距。曲柄 c 的一端固定至上述樞軸，另一端則由另一樞軸固定至 d 環的轉臂。d 環安裝在固定偏心 e 上。當轉臂和葉片在中軸上旋轉，會帶動 d 環做離心旋轉。d 環再驅動曲柄，讓葉片保持直立。如此一來，葉片就能以其側邊垂直入水和離水，而不受到水的阻力或升力影響，在水中發揮最大的推進效益。

490 圖為一般操舵裝置的平面圖。操作手輪的軸上有一個圓筒，繩索纏在圓筒上並穿過導輪，兩端繫在舵柄，也就是舵頂端的槓桿上。轉動手輪時，一端繩索會拉緊、其中一端會放鬆，舵柄便依照手輪轉動的方向轉動。

491 圖為一個絞盤。轉動插入圓筒頂端洞中的手把或桿子，將圓筒繞其軸心旋轉，繫在圓筒上的纜繩便會捲起。絞盤底部的棘爪會與圍繞底座的棘輪嚙合，防止絞盤向後迴轉。

492 圖為布朗（Brown）和勒夫（Level）發明的船用分離鉤，固定在船身的垂直支架前端。用絞鏈安裝在支架上的榫舌，插入在支點（垂直支架的中心）上運作的槓桿眼孔中。船頭、船尾各有一副類似的裝置。使用時，將滑車的彎鉤勾住榫舌，就能將船固定。只要拉動槓桿底端的繩索，眼孔就會從槓桿的榫舌上滑落，榫舌也將脫離彎鉤，將船鬆開。

493

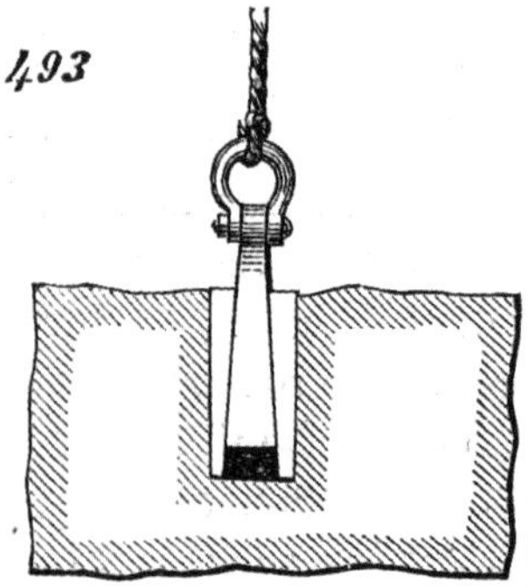

494

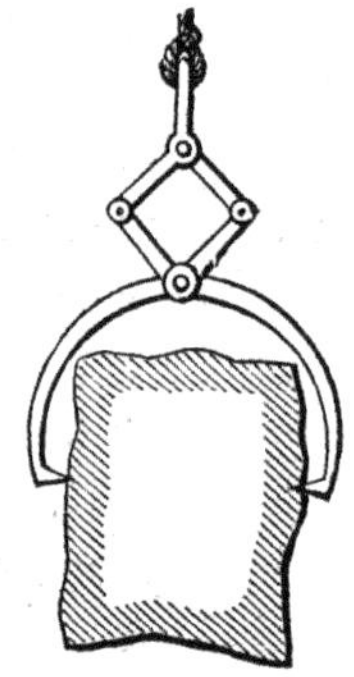

495

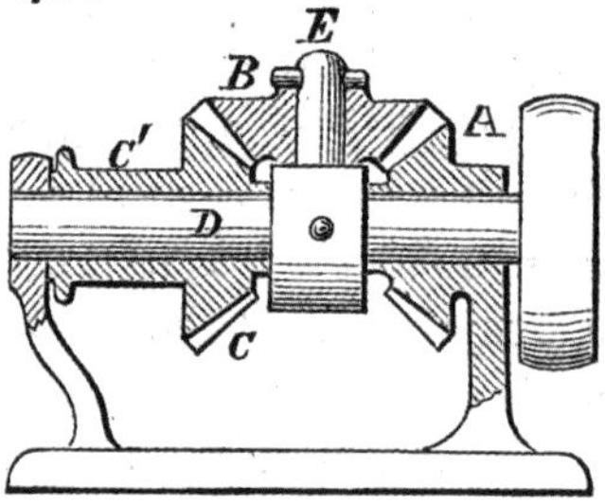

496

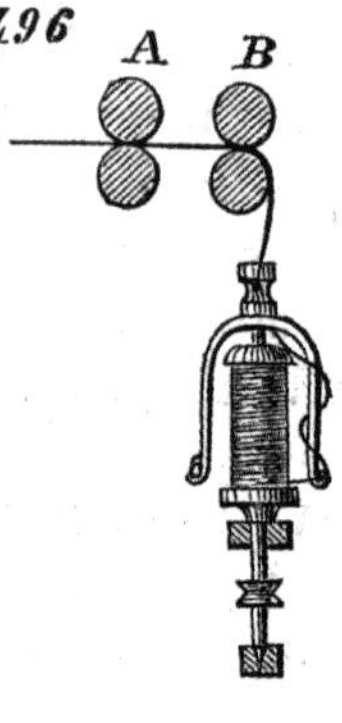

497

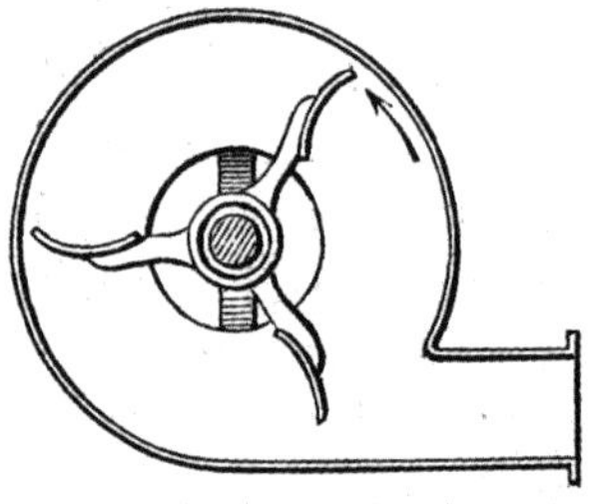

498

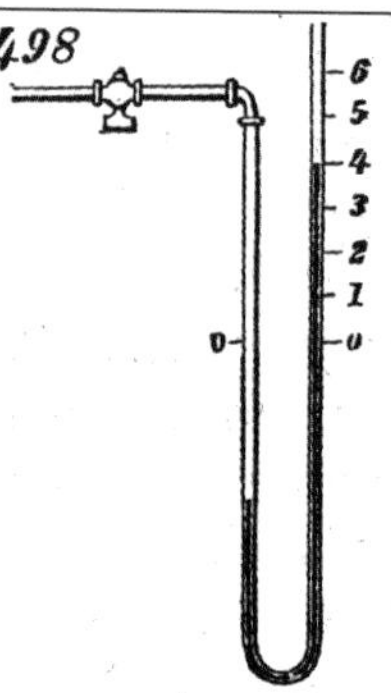

493 ～ 498

493 圖中的「吊楔」用來吊起建築石塊。此裝置包含中央的楔子及貼在兩側的楔形墊片，將這三個零件塞入預先在石塊中鑿出的鑽孔中。當楔子被吊起時，左右墊片會緊緊抵住石塊表面，因此能將石塊吊起。

494 圖為用來夾起石塊等物的鉗子。與兩支連臂相連的接環被向上拉時，連臂便會拉動鉗子的頂端，使其尖端夾緊或夾住石塊。石塊愈重，鉗子夾得愈緊。

495 圖為恩特維斯托（Entwistle）的專利齒輪組。斜齒輪 A 固定，與 A 嚙合的 B 在固定軸 D 的短軸 E 上旋轉，B 再與套在 D 上的斜齒輪 C 嚙合。當 D 軸旋轉時，B 會一邊自轉、一邊繞著 A 旋轉，這兩種旋轉分別會以不同方式來驅動 C。若 A、B、C 三個齒輪的尺寸相同，D 軸每轉一圈，C 會轉兩圈。轉速可透過改變齒輪的相對尺寸加以調節。圖中的 C 齒輪與圓筒 C' 結合。這套齒輪可用在操舵裝置、螺旋槳裝置上。如果改對 C 齒輪施加動力，運作方向將反轉，此時 D 軸以慢速轉動。

496 圖為棉花或羊毛等材料在紡成絲時所經歷的延伸和紡紗流程。前方的延伸滾筒 B 轉得比後方的滾筒 A 快，因而產生拉力將兩個滾筒之間的纖維條或紗束拉長。紗束經過滾筒後進入紡紗機，紡紗機繞著捲線軸旋轉，將紗紡成線並纏繞在捲線軸上。

497 圖為鼓風機。安裝扇葉的軸旋轉，將空氣從外殼的圓形開口抽入，然後在壓力下將空氣從噴氣口排出。

498 圖為虹吸式壓力計，彎管的底部裝有水銀。管身標上刻度的一段在頂端開放，另一段則連接蒸汽鍋爐或其他壓力明確的裝置。水銀在其中一段受到壓力擠壓時會下降，並在另一段上升，直到一端的水銀重量加蒸汽壓力和另一端的水銀重量加大氣壓力達到平衡為止。這是目前已知最準確的壓力計，不過由於壓力愈大，需要的彎管也愈長，因此逐漸被其他準確度還算標準，但比較方便設置的類型所取代。

機械運動

499

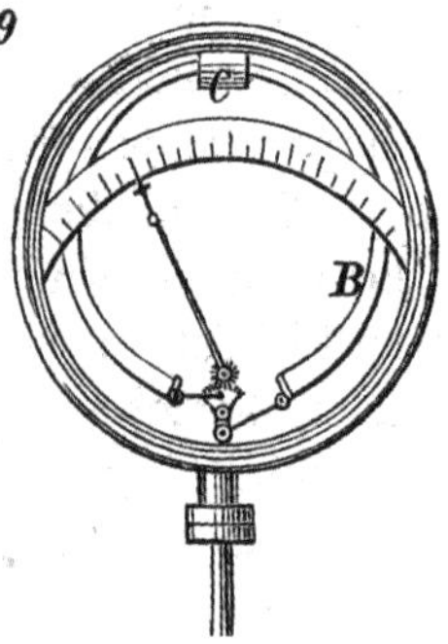

500

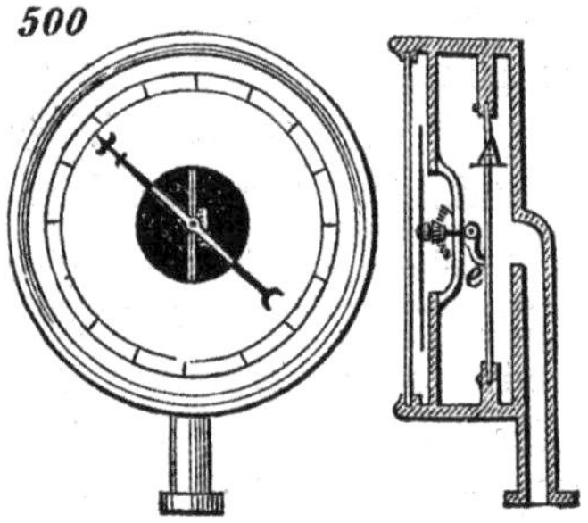

501

499 ～ 501

499 圖為空盒氣壓計，又以其發明者尤金・波頓（Eugène Bourdon）命名，稱為「波頓壓力計」（Bourdon gauge）。B 彎管的兩端封閉、可自由移動，中點 C 固定。蒸汽或其他液體的壓力在注入彎管時，視其壓力的強度，會將彎管拉直到某種程度。彎管的兩端與扇形齒輪相連，另一個與其嚙合的小齒輪軸上裝有指針，在刻度計上指示壓力。

500 此裝置為目前最常用的壓力計，有時候會以其原產地命名，稱為「馬德堡壓力計」（Magdeburg gauge）。圖中是前視圖和剖面圖。由於受測液體的壓力作用在金屬圓盤上，圓盤因此大致呈波浪狀變形而觸動一個有齒的零件 e，和 e 嚙合的小齒輪軸上裝有指針。

501 圖為水銀氣壓計。彎管長端的頂部封閉、標有英吋刻度；短端與大氣接觸，或僅以有小孔的材料蓋住。長端內的空氣已經被抽出，而水銀柱的高度則是由短端表面承受的大氣壓力來支撐，因此水銀柱的長度會隨氣壓變化而升降。舊式氣壓表是將類似的彎管裝在刻度計的背面，並在短端中放入浮標。浮標再藉由齒條和齒輪組、或繩索和滑輪與指針的轉軸相連。

502

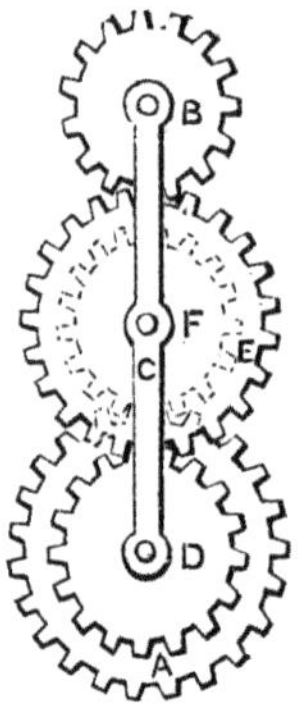

503

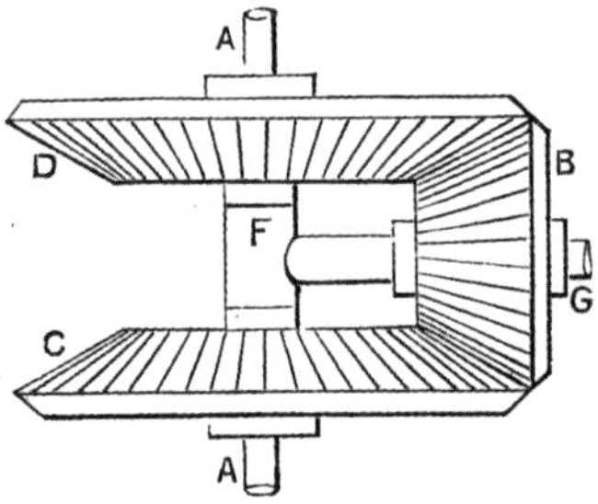

504

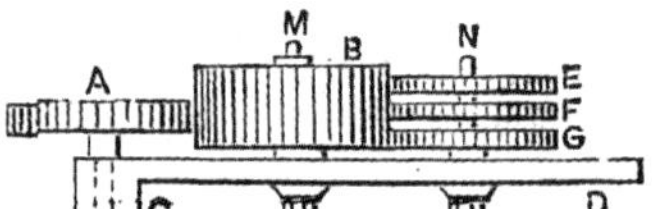

502 ～ 504

502 圖為周轉輪系。任何不同軸的齒輪互相嚙合、圍繞同一個中心旋轉的齒輪系都可稱為周轉輪系。此輪系其中一端或兩端的齒輪必定會與旋轉框架同軸。C 是框架，或稱為輪系旋臂。與框架同軸的中央齒輪 A 嚙合較小的齒輪 F，F 的軸上裝了另一個齒輪 E，E 又與齒輪 B 嚙合。如果第一個齒輪 A 固定，當旋臂 C 開始擺動，輪系會繞著固定齒輪轉動，此時框架與固定齒輪間的相對運動將透過輪系的運作使齒輪 B 開始繞其軸心旋轉。如果第一個齒輪及框架以不同速度旋轉，得到的結果仍然不變，只有齒輪 B 的轉速會改變。上述周轉輪系中，只有其中一端的齒輪與框架同軸，但如果齒輪 E 改與齒輪 D 嚙合而非齒輪 B，由於齒輪 D 和齒輪 A 一樣都與框架同軸，因而形成一個兩端齒輪都與框架同軸的周轉輪系。在此輪系中，驅動力能夠傳遞至框架和其中一端的齒輪，藉以帶動另一端齒輪；或是驅動 A 和 D 兩個末端齒輪，將組合運動傳到旋臂上。

503 圖為一個簡單的周轉輪系。FG 為固定在中軸 A 上的旋臂，斜齒輪 C、D 套在 A 上。旋臂組成斜齒輪 B 的心軸，B 可在其中自由旋轉。動力可傳至 C、D 兩個齒輪，以使旋臂產生組合運動；或傳給旋臂和上述齒輪之一，再帶動其他齒輪產生組合運動。

504 圖為「弗格森的機械悖論」（Ferguson's mechanical paradox）裝置，用於展示周轉輪系的有趣性質。齒輪 A 裝在一支固定的樁柱上，旋臂 CD 繞此軸旋轉。旋臂上有兩根插銷 M、N，套在 M 上的厚齒輪 B 與 A 嚙合，套在 N 上的三個齒輪 E、F、G 則分別與 B 嚙合。當 CD 繞著樁柱旋轉時，E、F、G 會受帶動而繞其軸心、也就是插銷 N 旋轉。這三個齒輪各自與 A、B 形成三個不同的周轉輪系。假設 A 和 F 各有 20 齒、E 有 21 齒、G 有 19 齒，當 E、CD 都在旋轉，那麼除了 F 會因為其圓周上的任何一點永遠指往同一方向，所以看起來像是沒在自轉一樣，此外的其他齒輪比如 E 則緩慢旋轉，G 的旋轉方向與 E 相反。這就是此裝置被稱為悖論的原因。

505

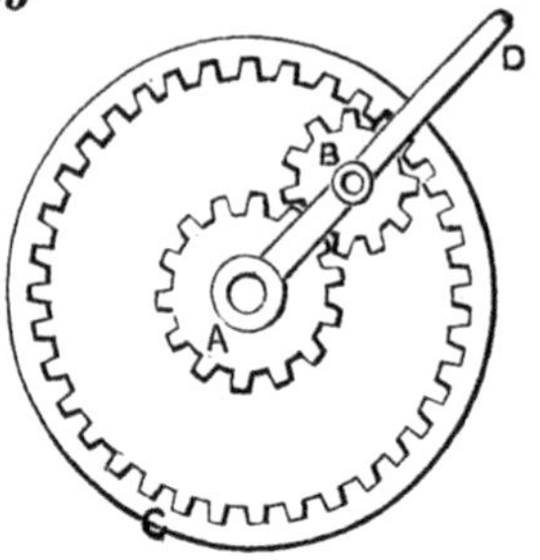

506

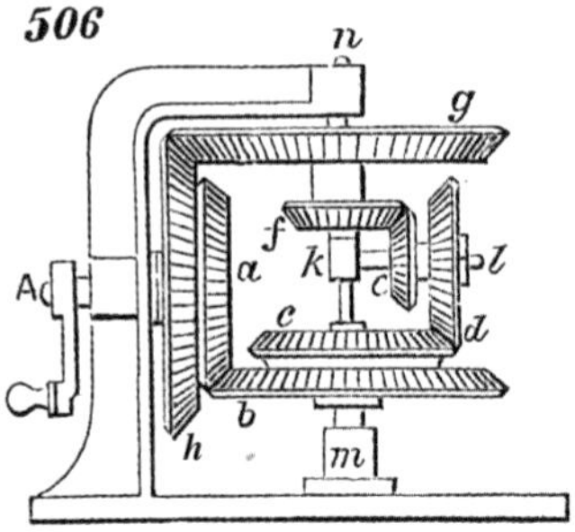

507

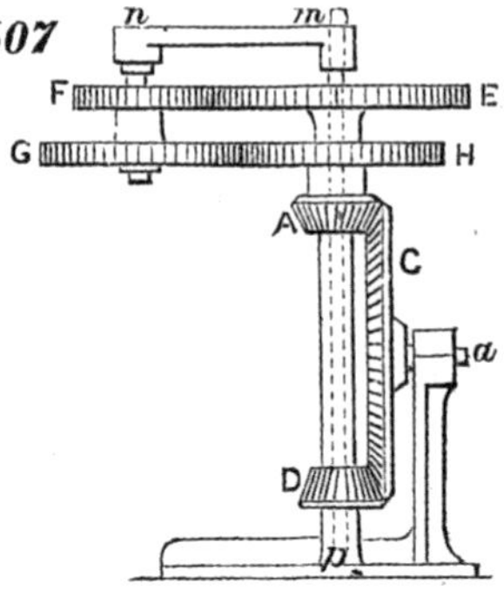

505 ～ 507

505 圖為另一種簡單的周轉輪系。旋臂D上的小齒輪B同時與正齒輪A與環齒輪C嚙合。A和C皆與旋臂同心。不管輪系中是A還是C靜止不動，旋臂及小齒輪的旋轉動作都會帶動另一個齒輪旋轉。

506 在此周轉輪系中，第一個與最後一個齒輪都不固定。支撐輪系的kl旋臂牢牢固定在mn軸上，齒輪d、e相連，但能夠分別在kl上旋轉。齒輪b、c相連，一起在mn軸上轉動；f、g也一樣。c、d、e、f形成一個周轉輪系，c是第一個齒輪，f則是最後一個。A軸為動力源，軸上固定了兩個齒輪a、h。a和b嚙合，因而將動作傳達給周轉輪系的第一個齒輪c；h則驅動g，因而帶動f。傳遞至頭尾兩個齒輪的動作亦帶動kl旋臂與mn軸產生組合運動。此輪系還能加以改造：假設把g和f分開，g固定於mn軸上，而f只能在mn軸上旋轉。驅動軸A仍然可藉由a、b將動作傳至輪系的第一個齒輪c；也可以藉由h來帶動齒輪g、mn軸與kl旋臂旋轉，此組合運動最後將傳至游齒輪f上。

507 圖為另一種周轉輪系，用來製造非常慢速的轉動。m為固定軸，外面裝上一個長套筒，套筒底部固定著齒輪D，頂端則固定著齒輪E。長套筒上方套了另一支短套筒，兩端分別固定齒輪A和H。齒輪C與A和D嚙合，一支可在mp軸上自由旋轉的mn旋臂，在n的位置裝有一支短椿柱並搭載聯合齒輪F和G。如果A有10齒、C有100齒、D有10齒、E有61齒、F有49齒、G有41齒、H有51齒，則旋臂mn必須轉動25000轉才能讓C轉動1圈。

中英詞彙對照表

中文	英文	參考機構編號
Y型尺	centrolinead	408
3劃		
三爪式重力擒縱機構	three-legged gravity escapement	310
上射式水車	overshot water-wheel	430
下射式水車	undershot water-wheel	431
千斤頂	lifting-jack	389
小齒輪	pinion gear	34
工字輪擒縱機構	cylinder escapement	294.295
弓轉式鑽頭	fiddle drill	124
4劃		
中央流出式渦輪	central discharge turbine	435
中式絞盤	Chinese windlass	129
中射式水車	breast-wheel	432
內齒輪	internally toothed spur-gear	34
分離式鐘擺擒縱機構	detached pendulum escapement	308
反向齒輪	reversing-gear	179
反衝式擒縱機構	recoil escapement	288.289
天平	scale	244
太陽齒輪	sun-gear	39
巴克式碾磨機（反作用力碾磨機）	Barker's mill（reaction mill）	438
心型凸輪	heart-cam	96
心軸	spindle	274
手動裝置	hand-gear	181.182
手錶調節器	watch regulator	318
支架	carriage	358
支點	fulcrum	190
方型活塞引擎	square piston engine	424
木工夾鉗	joiner's clamp	381
止回閥	flap-valve	448
比例分規	proportional compass	409

水銀氣壓計	mercurial barometer	501
水銀補償式鐘擺	mercurial compensation pendulum	316
牙；爪	jaw	120
	5劃	
凸輪	cam	64
凹節	gab	186
半徑桿	radius rod	337
可調式磨擦齒輪	adjustable frictional gearing	413
四分體引擎	double-quadrant engine	423
四向旋塞	four-way cock	395
四動進給機構	four-motion feed	400
平行尺	parallel ruler	322
平衡泵	balance pump	465
平衡擺輪擒縱機構	balance-wheel escapement	302
弗格森的機械悖論	Ferguson's mechanical paradox	504
打孔機	punching machine	140
打樁機	pile-driving machine	251
卡爪	dog	277
正矢	versed sine	403
正齒輪	spur-gear	24
皮帶	band	57
	6劃	
交叉皮帶	crossed belt	1
交替橫向運動	alternating traverse motion	143
合成桿型補償鐘擺	compound bar compensation pendulum	317
吊楔	Lewis	493
多重嚙合	multiple gearing	27
成形機	shaping machine	178
扣環	button	112
曲柄	crank	39
曲柄推程	throw of a crank	119
曲柄運動	crank motion	92
曲柄銷	crank-pin	98
曲柄軸	crank-shaft	89
死點	dead point	230
羽片	vane	437
耳軸	trunnion	171

自由擒縱機構	free escapement	291
自記平面計	self-recording level	411
行星齒輪	planet-gear	39
行程	stroke	118
西班牙滑輪	Spanish bartons	16.17
7劃		
伸縮滑輪	expanding pulley	224
伸縮鉗	lazy tong	144
刨床	planing machine	121
刨鐵機	iron-planing machine	44
夾鉗鑽	cramp drill	379.380
希羅噴泉	Hero's fountain	464
汽轉球；希羅的蒸汽玩具	Æolipile or Hero's steam toy	474
肘節接頭	toggle-joint	140
車床	lathe	8
8劃		
供水總管	water main	468
止動器	stop	73
刷輪	wiper-wheel	72
刻槽；缺口	notch	65.71
周轉輪系	epicyclic train	502
固形衝柱	solid ram	466
定位螺絲	set screw	409
定滑輪	fast pulley, fixed pulley	2
弦	chord	403
往復曲線運動	reciprocating curvilinear motion	145
往復轉動	reciprocating rotary motion	6
拉條	brace	403
明輪	paddle-wheel	487
明輪輪葉	float-board	432
波斯水車	Persian wheel	441
波斯鑽	Persian drill	112
直動引擎	direct action engine	339
空盒氣壓計（波頓壓力計）	aneroid gauge (Bourdon gauge)	499
軋輥架	mangle-rack	197
軋輥輪	mangle wheel	36

長鍵	long key	47
阿基米德的螺桿	Archimedes's screw	443
陀螺儀或轉動儀	gyroscope or rotascope	355
冠輪	crown-wheel	219
垂直風車	vertical wind-mill	486
急回曲柄運動	quick return crank motion	100
星狀輪	star wheel	54
柱狀導軌	pillar guide	331
9劃		
泵	pump	86
泵斗	pump-bucket	86
泵桿	pump rod	86
活塞桿	piston-rod	119
活鍵	feather key	47
流體靜力式千斤頂	hydrostatic jack	467
流體靜力式壓床	hydrostatic press	466
虹吸式壓力計	siphon pressure gauge	498
計時器	chronometer	291
重力式擒縱機構	gravity escapement	309
飛輪	fly-wheel	145
10劃		
套筒	sleeve	507
展式偏心輪	expansion eccentric	137
差速運動	differential movement	60
振動手臂	vibrating arm	137
挺桿	tappet	65
振盪式船用引擎	oscillating marine engine	171
捕捉彈簧	catch-spring	73
桌型引擎	table engine	346
氣量計	gasometer	478
氣壓槌	atmospheric hammer	471
氣體調節器	gas regulator	482
起毛機	gig-mill	383
起拱線	springing line	407
起絨刷頭；起絨草	teasel	383

配重繩索	weighted cord	154
馬德堡壓力計	Magdeburg gauge	500
11 劃		
乾式氣量計	dry gas meter	483
偏心輪	eccentric	89
側向槓桿	side lever	332
動程	throw	150
動輪	going-wheel	320
捲線器	spooling-frame	110
接頭	joint	76
斜方齒輪	miter-gear	25
斜槌運動	tilt-hammer motion	72
斜槽	shute	434
斜齒輪	bevel-gear	7
旋缸引擎	rotary engine	425-429
旋臂	radius arm	336
旋轉泵	rotary pump	455
旋轉動作	rotary motion	23
旋轉螺帽	swivel-nut	399
桿	bar	35
牽桿動作	drag-link motion	227
球窩接頭	ball-and-socket joint	249
眼孔	eye	492
脱接引擎	uncoupling engine	176
舶水抽射器	bilge ejector	475
船用分離鉤	boat-detaching hook	492
船舵	rudder	447
蚱蜢式橫樑引擎	Grasshopper beam engine	341
軛	yoke	90
軛桿	yoke-bar	146
連桿	connecting-rod	39
連桿運動	link-motion	171
連續運動	continuous movement	77
12 劃		
單動橫樑引擎	single-acting beam engine	334
單插銷式鐘擺擒縱機構	single-pin pendulum escapement	305

掣子	click	121
描跡針	tracing-point	246
插孔	socket	382
插床	slotting machine	178
插旋接頭	Bayonet joint	245
插銷	pin	63
棘爪	pawl	63
渦輪水輪	turbine water-wheel	434
測力計	dynamometer	244
測微螺絲	micrometer screw	111
游滑輪	loose pulley	2
游齒輪	loose gear	53
無端帶鋸	endless-band saw	141
無端螺桿	endless screw	31
發條盒	spring-box	46
等分儀	bisecting gauge	410
筒塞機	trunk engine	421
絞盤	capstan	412
軸	shaft	1
軸承	bearing	250
軸節	wrist	143
軸箱	journal-box	279
軸頸	journal	331
進給運動	feed-motion	99
進給輪	feed-roll	195
開口	opening	70
開口皮帶	open belt	1
13劃		
圓周運動	circular motion	105
圓弧規	cyclograph	403.404
圓盤引擎	disk engine	347
圓錐輪和鏈條（芝麻鏈）	fusee chain	46
填料函	stuffing box	478
搖桿	pitman	93
搖軸	rock shaft	83
溝槽；長孔	slot	35

滑車組	blocks and tackle	14
滑動車床	slide-lathe	104
滑動閥	slide-valve	137
滑輪	pulley	1
節流閥	throttle	84
萬向接頭	universal joint	50
落槌	drop	63
跳躍（間歇旋轉）運動	jumping（intermittent rotary）motion	61
隔膜壓力泵	diaphragm forcing pump	454
鼓風機	fan-blower	497
	14劃	
對角線捕捉夾	diagonal catch	181.182
榫舌	tongue	492
槓桿	lever	6
槓桿率	leverage	168
槓桿擒縱機構	lever escapement	296
滾筒	tumbler	67
滾筒；鼓輪	drum	244
管口	orifice	445
管套聯結器	union couplings	248
蒸汽引擎	steam engine	89
蒸汽虹吸泵	steam siphon pump	476
蒸汽疏水閘	steam trap	477
蒸汽搗槌	steam hammer	470
鉸鏈	pivot	76
閥桿	valve stem	185
閥動機構	valve-gear	185
	15劃	
線鋸	gig-saw	392
彈簧	spring	63
摩擦式有溝齒輪	frictional grooved gearing	45
摩擦式離合器	frictional clutch-box	47
摩擦輪	friction-wheel	32
撈勺	bailing-scoop	460
樁擒縱機構	stud escapement	292
樞軸	pivot	180

樞軸	pintle	355
線性往復運動	reciprocating rectilinear motion	75
線軸	spool	110
蝸形齒輪	scroll-gear	191
蝸桿	worm	31
蝸輪	worm-wheel	31
衝柱式液壓缸	ram cylinder	466
衝壓機	press	132
衝擊起水機	hydraulic ram	444
調速滑輪	speed-pulley	8
調速器	governor	84
調整閥	regulating valve	84
踏板	treadle	82
輪框	rim	267
輪樁	stud	37
輪輾機	edge runner	375
輪轂	hub	60
銷輪擒縱機構	pin-wheel escapement	304
齒圈	circle of teeth	193
齒桿	rack-rod	81
齒條	rack-bar	80
16 劃		
導軌	guide	23
導輪	guide pulley	3
擒縱叉	pallet	238
擒縱輪	escape-wheel	288.289
機板	plate	291
機軸擒縱機構	verge escapement	234
機碓	trip hammer	353
橢圓正齒輪	elliptical spur-gears	33
橢圓規	ellipsograph	152
燈型小齒輪	lantern-pinion	199
燈輪	lantern wheel	233
磨粉機	pulverizers	85
磨輪	chaser	375
鋸齒輪	rag-wheel	237

錐型滑輪	cone-pulley	9
靜止式或不擺（無幌）式擒縱機構	repose or deadbeat escapement	288.289
靜止式鐘擺擒縱機構	dead-beat pendulum escapement	303
頰板	cheek	381
17 劃		
壓力泵	force pump	450
壓板	platen	132
壓製磚塊	brick-press	166
擊輪	striking-wheel	320
濕式氣量計	wet gas meter	481
環圈	rim	70
環節	link	227
環齒輪	annular gear	505
縮放儀	pantograph	246
聲探測鎚	sounding-weight	247
螺栓	screw bolt	102
螺旋夾	screw-clamp	190
螺旋規	helicograph	384
螺旋槳	screw propeller	44
螺桿	screw	103
螺桿衝壓機	screw stamping-press	105
螺帽	nut	102
螺絲切削	screw-cutting	104
螺距；節距	pitch	109
錨型固定器	anchor	288.289
18 劃		
擺動式引擎	oscillating engine	344
擺動桿	oscillating rod	268
擺臂	vibrating arm	98
轉式發條盒	going-barrel	321
轉速計數器	revolution counter	63
轉輪	cylinder	277
雙向擒縱機構	duplex escapement	293
雙往復式引擎	double-reciprocating engine	424
雙重三爪式重力擒縱機構	double three-legged gravity escapement	311
雙動泵	double-acting pump	452

雙蛇腹泵	double lantern-bellows pump	453
雙臂曲柄	bell- crank lever	126
離合器	clutch-box	48
19劃以上		
鏈式泵	chain pump	462
鏈輪	chain pulley	227
鏈輪	sprocket-wheel	254
礦石搗碎機	ore-stampers	85
鐘擺擒縱機構	pendulum escapement	290
驅動輪	driver	2
彎肘槓桿	elbow lever	278
鑲齒輪	cog wheel	121
鑽孔機	drilling machine	99

國家圖書館出版品預行編目資料

圖解 507 種機械傳動／亨利 · 布朗（Henry T. Brown）著；郭政宏譯 . -- 初版 . -- 臺北市：易博士文化 , 城邦文化出版：家庭傳媒城邦分公司發行，2019.02
面； 公分
譯自 : 507 mechanical movements
ISBN 978-986-480-073-5（平裝）

1. 傳動系統

446.2 108000056

DA3005

圖解 507 種機械傳動：

科技史上最經典、劃時代的機構與裝置發明

原著書名／507 Mechanical Movements
作　　者／亨利・布朗（Henry T. Brown）
譯　　者／郭政宏
責任編輯／邱靖容
監　　製／蕭麗媛

業務經理／羅越華
總 編 輯／蕭麗媛
視覺總監／陳栩椿
發 行 人／何飛鵬
出　　版／易博士文化
城邦文化事業股份有限公司
台北市中山區民生東路二段141號8樓
電話：（02）2500-7008　傳真：（02）2502-7676　E-mail：ct_easybooks@hmg.com.tw
發　　行／英屬蓋曼群島商家庭傳媒股份有限公司城邦分公司
台北市中山區民生東路二段141號2樓
書虫客服服務專線：（02）2500-7718、2500-7719
服務時間：周一至周五上午09:00-12:00；下午13:30-17:00
24小時傳真服務：（02）2500-1990、2500-1991
讀者服務信箱：service@readingclub.com.tw
劃撥帳號：19863813
戶名：書虫股份有限公司
香港發行所／城邦（香港）出版集團有限公司
香港灣仔駱克道193號東超商業中心1樓
電話：（852）2508-6231　傳真：（852）2578-9337　E-mail：hkcite@biznetvigator.com
馬新發行所／城邦（馬新）出版集團 [Cite (M) Sdn. Bhd.]
41, Jalan Radin Anum, Bandar Baru Sri Petaling, 57000 Kuala Lumpur, Malaysia
電話：（603）9057-8822　傳真：（603）9057-6622　E-mail：cite@cite.com.my

美編・封面／林雯瑛
製版印刷／卡樂彩色製版印刷有限公司

2019年2月12日初版1刷
2023年1月16日初版6.5刷
978-986-480-073-5
定價500元　HK$167